高职高专"十二五"规划教材

金 工 实 习

柳 成 刘顺心 主编

北 京

冶 金 工 业 出 版 社

2020

内 容 提 要

本书是根据高等职业技术院校教学的实际情况和特点而编写的金工实习教材，主要内容有钢的热处理、铸造、锻压、焊接、钳工、车削加工、铣削加工、刨削、插削、拉削与镗削加工、磨削加工和数控加工等。重点介绍了焊接、钳工、车削加工等通用工种，并配有习题和实训项目，以提高基本操作技能。

本书适合高等职业院校机械类、近机械类专业使用，也可作为职业技术培训教材或供有关技术人员参考。

图书在版编目(CIP)数据

金工实习/柳成，刘顺心主编 . —北京：冶金工业出版社，2012. 2（2020. 1 重印）
高职高专"十二五"规划教材
ISBN 978-7-5024-5855-3

Ⅰ. ①金… Ⅱ. ①柳… ②刘… Ⅲ. ①金属加工—实习—高等职业教育—教材 Ⅳ. ①TG-45

中国版本图书馆 CIP 数据核字(2012)第 012104 号

出 版 人　陈玉千
地　　址　北京市东城区嵩祝院北巷 39 号　邮编　100009　电话　(010)64027926
网　　址　www.cnmip.com.cn　电子信箱　yjcbs@cnmip.com.cn
责任编辑　卢　敏　美术编辑　李　新　版式设计　葛新霞
责任校对　卿文春　责任印制　李玉山
ISBN 978-7-5024-5855-3
冶金工业出版社出版发行；各地新华书店经销；北京印刷一厂印刷
2012 年 2 月第 1 版，2020 年 1 月第 3 次印刷
787mm×1092mm　1/16；17 印张；411 千字；264 页
32. 00 元
冶金工业出版社　投稿电话　(010)64027932　投稿信箱　tougao@cnmip.com.cn
冶金工业出版社营销中心　电话　(010)64044283　传真　(010)64027893
冶金工业出版社天猫旗舰店　yjgycbs.tmall.com
(本书如有印装质量问题，本社营销中心负责退换)

前　言

随着我国国民经济和产业升级的迅速发展，对高技能人才的大量需求，促使高等职业教育发展迅猛。高等职业技术院校成为了高技能人才的重要培养基地，为适应新形势下高等职业教育教学内容和教学体系的要求，培养高技能人才，根据新时期高等职业技术院校"金工实习"课程教学大纲的基本要求，编写了本教材。

本教材充分考虑教学对象的实践能力、岗位能力和职业技术素质的要求，教材内容的选取上以简洁够用为原则，增强了教材的适用性和实用性，实训项目内容的选择上以增强学生基本操作技能为主，并依次拓展，提高操作技能。

本教材适合高等职业院校机械类、近机械类专业使用，也可作为职业技术培训教材或供有关技术人员参考。

本书由唐山科技职业技术学院柳成、刘顺心担任主编。其中项目一、项目三、项目四、项目五主要由柳成编写，项目二、项目六、项目七、项目八、项目九、项目十、项目十一主要由刘顺心编写，刘惠鹏、王宝香、单小明、牛贵玲参加编写。

本书编写过程中，参考了有关资料和文献，在此向其作者表示衷心的感谢！

由于编者水平有限，书中疏漏和不足之处，恳请读者批评指正。

作　者
2011 年 12 月

目　录

项目一　钢的热处理

项目导语

　　热处理是通过加热、保温和冷却固态金属的方法来改变其内部组织结构，并获得所需性能的一种工艺方法。热处理不仅可以强化金属材料、充分发挥其内部潜能、提高或改善工件的使用性能和加工工艺性，而且还是提高加工质量、延长工件和刀具使用寿命、节约材料、降低成本的重要手段。

　　钢的热处理可分为退火、正火、淬火、回火及表面热处理等5种基本方法。

　　钢的热处理这部分内容主要介绍热处理设备及钢的热处理基本方法，通过项目实训巩固提高所学知识。

学习目标

知识目标：

* 了解钢的热处理特点及应用
* 熟悉热处理设备结构
* 掌握基本热处理工艺方法

能力目标：

* 能掌握钢的热处理基本方法及其应用
* 能按照项目训练进行基本技能操作

任务一　钢的热处理概述

一、钢的热处理原理

　　钢的热处理原理主要是利用钢在加热和冷却时内部组织发生转变的基本规律，根据这些基本规律和要求来确定加热温度、保温时间和冷却介质等有关参数，以达到改善材料性能的目的。热处理之所以能使钢的性能发生变化，其根本原因是由于铁有同素异构转变，从而使钢在加热和冷却过程中，发生组织与结构变化。

　　热处理方法虽多，但任何一种热处理都是由加热、保温和冷却三个阶段组成的，因此可以用"温度-时间"曲线图表示，如图1-1所示。

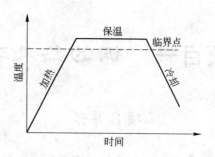

图 1-1 热处理的基本工艺曲线

通过热处理可以最大限度地发挥材料的性能潜力，提高和改善材料的性能，延长工件的使用寿命，因此，在机械制造中，大多数机械零件都要进行热处理。热处理是机械制造过程中的重要环节。

二、热处理设备

热处理车间的常用设备有加热炉、测温仪表、冷却水槽、油槽及硬度计等。

（一）加热炉

加热炉是热处理车间的主要设备，通常按下列方法分类。按工作温度分为高温炉（大于 1000℃）、中温炉（650～1000℃）和低温炉（小于 600℃）；按热能来源分为电阻炉、燃烧炉；按工艺用途分为正火炉、退火炉、淬火炉、回火炉、渗碳炉等；按加热介质分为空气炉、盐浴炉、真空炉等；按炉膛外形的形状分为箱式炉、井式炉等。

常见的热处理加热炉主要有箱式电阻炉、井式电阻炉和盐浴炉。

1. 箱式电阻炉

箱式电阻炉是利用电流通过金属或非金属时产生的热能，借助于辐射或对流而对工件加热，外形呈箱体状的一种加热设备。箱式电阻炉具有结构简单、体积小、操作简便、炉温分布均匀及温度扩展准确等优点。箱式电阻炉分为高温、中温和低温 3 种，其中中温箱式电阻炉的应用最为广泛。

中温箱式电阻炉结构如图 1-2 所示。其炉膛由耐火砖砌成；炉壳是用角钢、槽钢及钢板焊接而成；电热元件一般是铁铬铝合金或镍铬合金，放置在炉膛两侧的搁砖上和炉底上，炉底电热元件的上方是用耐热合金制成的炉底板；炉门由铸铁制成，内衬以轻质耐火砖；炉门设有观察孔、提升机构和手摇装置；热电偶从炉顶插入炉膛。

箱式电阻炉的型号可用字母加数字表示。如 RX30-9，其中 R 表示电阻炉，X 表示箱式，第一组数字 30 表示炉子的额定功率为 30kW，第二组数字 9 表示炉子的最高工作温度为 950℃。箱式炉

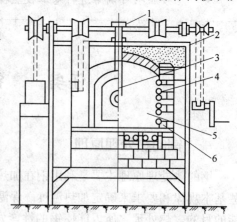

图 1-2 中温箱式电阻炉
1—热电偶；2—炉壳；3—炉门；
4—电热元件；5—炉膛；6—耐火砖

可用于碳钢、合金钢件的退火、正火、淬火及
固体渗碳等。

2. 井式电阻炉

这类炉子因炉口向上，形如井状而得名。
井式电阻炉结构如图 1-3 所示。其外壳是由型钢
及钢板焊接而成；炉衬由轻质耐火砖砌成；螺
旋状的电热元件分布在炉衬内壁上，炉盖装有
升降机构，为了使炉温均匀，炉子带有风扇。

井式电阻炉的型号也用字母加数字表示。
如 RJ36-6，其中 R 表示电阻炉，J 表示井式，第
一组数字 36 表示炉子的额定功率为 36kW，第
二组数字 6 表示炉子的最高工作温度为 650℃。
当前我国生产的中温井式电阻炉最高工作温度
为 950℃。井式炉可用于长轴类零件的垂直悬挂
加热，以减少弯曲变形。

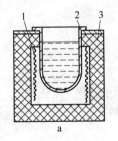

图 1-3　井式电阻炉

1—炉体；2—电热元件；3—炉膛；4—装料筐；
5—风扇；6—炉盖；7—炉盖升降机构

3. 盐浴炉

盐浴炉用中性盐（氯化钠、氯化钾、氯化
钡等）作为加热介质，因此工作范围很大，根据盐的种类和比例，可在 150～1350℃ 范围
内应用。同一般电阻炉相比，盐浴炉具有加热速度快、热效率高、加热均匀、工件不易氧
化脱碳和工件变形小、结构简单、制造容易、可以进行局部加热等优点。但有的熔盐蒸气
对人体有害，故应注意要有良好的通风。

盐浴炉按其加热方式可分为内热式和外热式两种。

外热式盐浴炉结构如图 1-4a 所示。主要由炉体和坩埚组成，将用耐热钢制成的坩埚
置于电炉中加热，使坩埚内的盐受热熔化，熔盐将工件加热。外热式盐浴炉仅适用于中、
低温。优点是不需要变压器，开动方便。

内热式盐浴炉结构如图 1-4b 所示。其实质也是电阻加热，在插入炉膛的电极上，通
上低压大电流的交流电，使熔化盐的电阻发出热量来达到要求的温度。

利用盐浴炉可进行正火、淬火、化学热处理、局部加热淬火和回火处理等。

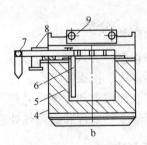

图 1-4　盐浴炉

a—外热式；b—内热式

1—电热元件；2—坩埚；3—炉体；4—炉壳；5—炉衬；6—电极；
7—连接变压器的铜排；8—风管；9—炉盖

（二）测温仪表

加热炉的温度测量和控制主要是利用热电偶、温度控制仪表及开关器件，其精度直接影响到热处理的质量。

（三）冷却设备

冷却水槽和油槽是热处理生产中主要的冷却设备，通常用钢板焊接而成。槽的内外涂有防锈油漆，槽体设有溢流装置。油槽的底部或靠近底部的侧壁上开有事故放油孔。冷却水槽和油槽都有循环功能，保证淬火介质温度均匀。

（四）检验设备

热处理质量的检验设备主要有检验硬度的硬度计、测量变形的检弯机，以及检验内部组织的金相显微镜等。

三、热处理一般安全技术

热处理一般安全技术为：
（1）热处理操作人员必须严格按设备和工艺的操作规程进行操作。
（2）工作时，操作者必须穿戴好防护用品，如工作服、口罩、手套等。
（3）设备应运转良好，有故障及时修理。
（4）工作场地的危险区（如电源接线、转动机构、可燃气体等）应用挡板等加以防护或设警示牌。
（5）化学药品及可燃、易爆、有毒物品应由专人保管并严格发放制度。
（6）工作场地内应配备必要的急救药品或器械，操作者应懂得一般急救常识。
（7）工作场地内应配有消防器材，操作者应懂得其性能和使用方法。
（8）应保持工作场地内通道畅通。

任务二　钢的热处理工艺

一、热处理工艺方法分类

热处理的工艺方法很多，大致可分为以下三大类：
普通热处理：包括退火、正火、淬火、回火等；
表面热处理：包括表面淬火和化学热处理（如渗碳、氮化等）；
特殊热处理：包括形变热处理和磁场热处理等。

二、热处理工艺方法

（一）退火

退火是将工件加热到一定温度，保温一定时间，然后缓慢（一般为随炉冷却或灰冷）

冷却的热处理工艺。

1. 退火目的

退火的目的为降低钢的硬度，提高塑性，以利于切削加工及冷变形加工；细化晶粒，均匀钢的组织及成分，改善钢的性能或为以后的热处理做准备；消除钢中的残余内应力，以防止变形和开裂。

2. 退火种类

常用的退火方法有完全退火、球化退火、去应力退火等几种。

完全退火主要用于中碳钢及低、中碳合金结构钢的锻件、热轧型材等，有时也用于焊接结构件。

球化退火适用于锻造后的碳素工具钢、合金工具钢、轴承钢等，有利于切削加工和为最后的淬火处理做准备。

去应力退火适用于锻造、铸造、焊接及切削加工后的工件，钢的组织不发生变化，只是消除内应力。

退火加热时，温度控制应准确，温度过低达不到退火的目的，温度过高又会造成过热、过烧、氧化和脱碳等缺陷。操作时还应注意零件的放置方法，对于细长工件的退火，最好在井式炉中垂直吊装，以防工件由于自身重力引起变形。

（二）正火

正火是将工件加热到一定温度，保温适当时间，然后出炉空冷的热处理工艺。

正火与退火的目的基本相同，但正火的冷却速度比退火快，因此正火工件比退火工件的组织细密，强度和硬度稍高，而塑性和韧性稍低，内应力消除不如退火彻底。

正火能提高退火后低碳钢和低合金钢的硬度，改善其切削加工性；当力学性能要求不高时，可作为最终热处理；改善钢的力学性能，为球化退火做组织准备；代替中碳钢和低合金钢的退火，改善它们的组织结构和切削加工性能。

正火时工件在炉外冷却，不占用设备，因此生产周期短，成本较低，所以一般低碳钢和中碳钢大都采用正火。

（三）淬火

淬火是将工件加热到 A_{c3} 或 A_{c1} 以上某一温度，保温一定时间后，以适当速度冷却，以获得马氏体或下贝氏体组织的热处理工艺。

1. 淬火目的

淬火的主要目的是提高钢的强度和硬度，增加耐磨性。淬火配合高温回火，可使钢的力学性能在很大范围内得到调整，并能减小或消除淬火产生的内应力，降低钢的脆性。

2. 淬火介质

常用的淬火介质有油、水、盐水和碱水等，其冷却能力依次增加。油的冷却速度慢，可以防止工件产生裂纹等缺陷，一般用于临界冷却速度较小的合金钢零件的淬火。水的价格便宜且冷却能力强，若在水中溶入少量的盐，冷却能力更强，适用于碳钢的淬火。盐水冷却速度快，易引起开裂，常用于形状简单的碳钢零件的淬火。

淬火操作时，除正确选择加热温度、保温时间和冷却介质外，还必须注意工件浸入淬火介质的方式，如果浸入方式不当，会使工件各部分冷却不一致，造成较大的内应力，产生变形、开裂或局部淬不硬等缺陷。

3. 淬火缺陷

淬火缺陷主要有：

（1）氧化和脱碳。钢加热时，炉内氧化气氛与钢材表面的铁和碳相互作用，引起氧化和脱碳，造成金属承载能力、强度、硬度和疲劳强度降低。为了防止氧化和脱碳通常在盐浴炉内加热。

（2）过热和过烧。工件过热后，晶粒粗大，降低钢的力学性能，引起变形和开裂，可用正火处理来纠正。过烧后的工件只能报废。为了防止过热和过烧，必须严格控制加热温度和保温时间。

（3）变形和开裂。淬火内应力是造成工件变形和开裂的原因。为了防止变形和开裂的产生，可采用不同的淬火方法或在设计上采取一些措施。

（4）硬度不足。这是由于加热温度低、保温时间不足、冷却速度过低或表面脱碳等原因造成的。一般情况下，可采用重新淬火消除，但淬火前要进行一次退火或正火处理。

（四）回火

回火是将淬火后的工件重新加热到 A_{c1} 以下的某一温度，保温一定时间，然后冷却至室温的热处理工艺。

1. 回火目的

回火的主要目的是减小或消除内应力，降低脆性，调整工件的力学性能，稳定组织和工件。回火操作主要应控制回火温度。回火温度越高，工件的韧性越好，内应力越小，但强度和硬度下降越多。

2. 回火种类

根据回火温度不同，回火可分为三种：

（1）低温回火。在加热温度为 150~250℃ 进行的低温回火工艺，所得组织为回火马氏体。其目的是减小工件淬火后的内应力和脆性而保持其高的硬度和耐磨性，主要用于刀具、量具及冲模等。

（2）中温回火。在加热温度为 350~500℃ 进行的中温回火工艺，所得组织为回火托氏体。其目的是提高工件的冲击韧度，使工件具有高的弹性和屈服强度，主要用于弹簧、发条、锻模等。

（3）高温回火。在加热温度为 500~650℃ 进行的高温回火，所得组织为回火索氏体。其目的是使工件获得既有一定的强度和硬度，又有良好的塑性和韧性相配合的综合力学性能，广泛应用于轴、齿轮、连杆等重要的结构件。习惯上把淬火加高温回火的复合工艺称为调质处理。

（五）表面热处理

常见的表面热处理方法有表面淬火和化学热处理两种。

1. 表面淬火

仅对工件表层进行淬火的工艺称为表面淬火。常用的表面淬火方法有感应加热表面淬火和火焰加热表面淬火。

感应加热表面淬火是指利用感应电流通过工件所产生的热效应，使工件表层局部很快加热到淬火温度，随即快速冷却的淬火工艺，如图1-5所示。将工件放在铜管制成的感应线圈内，给感应线圈通以一定频率的交流电，在感应线圈周围产生交变磁场，通过电磁效应在工件内产生同频率的感应电流。由于集肤效应，表层电流密度大，中心部分几乎为零。依靠电流在工件内产生的电阻热效应，使工件表层在几秒钟内就被加热到淬火温度，立即喷水冷却，即达到了表面淬火的目的。电流频率越高，淬硬层越浅。

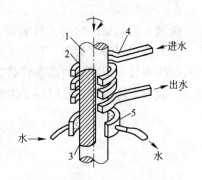

图1-5 感应加热表面淬火示意图
1—工件；2—间隙；3—加热淬火层；
4—加热感应圈；5—淬火喷水套

火焰加热表面淬火是指利用氧-乙炔（或其他可燃气体）火焰对零件表面进行快速加热，随之快速冷却的工艺。火焰淬火的淬硬层一般为2～6mm。其特点是设备简单，成本低，使用方便灵活，但淬火质量不稳定。一般适合于单件或小批量生产。

2. 化学热处理

化学热处理是将工件置于一定的活性介质中加热、保温，使一种或几种元素的原子渗入工件表层，以改变其化学成分、组织和性能的热处理工艺。其目的是提高零件表面的硬度、耐磨性、耐热性和耐腐蚀性，而心部仍然保持原有的性能。常用的方法有渗碳、渗氮和碳氮共渗。

A 渗碳

渗碳可分为固体渗碳、液体渗碳和气体渗碳，生产中常用的是气体渗碳，如图1-6所示。将工件装于密封的井式气体渗碳炉中，加热至900～950℃，滴入煤油、甲醇等渗碳剂，煤油分解出活性碳原子被工件表面吸收并向内部扩散，形成一定深度的渗层。多余的气体从废气管中逸出，并要点燃，以防环境污染。渗碳适用于低碳钢。当渗碳钢件淬火并低温回火后，表层可获得高硬度和高耐磨性，而心部具有高的韧性。

B 渗氮

渗氮是指将零件表面渗入氮原子的过程。常用的气体渗氮方法是将工件加热至550℃左右通入氮气，分解出活性氮原子被工件表面吸收并扩散，形成一定深度的渗氮层。渗氮处理后可大大提高表面硬度、耐磨性、耐热性和耐腐蚀性及疲劳强度。渗氮加热温度低，工件变形小，但渗氮的成本高，生产周期长，主要用于处理高精度、受冲击载荷不大的耐磨件，如精密机床主轴、锁床撞杆等。

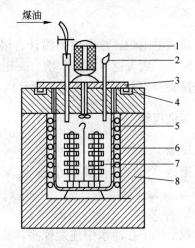

图1-6 气体渗碳示意图
1—风扇电动机；2—废气火焰；3—炉盖；4—砂封；
5—电阻丝；6—耐热罐；7—工件；8—炉体

C　碳氮共渗

碳氮共渗是指同时向工件表面渗入碳原子和氮原子的过程。分为碳氮共渗和氮碳共渗。碳氮共渗以渗碳为主，其温度比渗碳低，零件变形小，耐磨性和疲劳寿命比渗碳高，故对某些零件可用碳氮共渗来代替渗碳。氮碳共渗以渗氮为主，其温度比渗氮高，生产周期短，成本较渗氮低，故可用于齿轮、气缸套等耐磨性要求较高的零件。

习题与实训

习题

1. 什么是热处理? 热处理安全技术有哪些主要内容?
2. 热处理加热设备有哪些?
3. 比较退火和正火的异同点。
4. 淬火的目的是什么? 水淬和油淬有什么不同?
5. 什么是回火? 目的是什么? 回火温度对钢的性能有什么影响?
6. 要使低碳钢齿轮获得表面硬、心部韧的性能，可采用何种热处理方法?

实训项目：锤子锤头的淬火、回火

实训目的

- 了解回火对淬火钢性能的影响
- 能熟悉箱式电阻炉的使用过程
- 能掌握淬火基本操作方法
- 能掌握淬火＋回火工艺的操作方法

实训器材

箱式电阻炉、热电偶高温计、洛氏硬度计、钟表、放大镜、淬火水槽、夹钳、45 钢锤子锤头（形状尺寸如图 1-7 所示）。

实训指导

1. 加热

把锤子放在电阻炉中加热至 820 ~ 850℃，保温 15min。

2. 淬火

取出锤子在冷水中连续掉头淬火，淬入水中深度约为 5mm，待锤头呈暗黑色后，全部浸入水中。

3. 回火

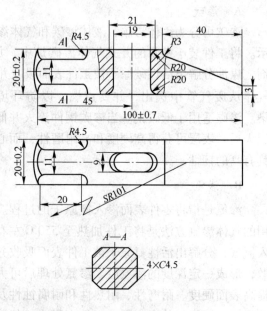

技术要求:

1.两端淬火49~56HRC,中间部分不淬火,深4~5mm;

2.发蓝。

图 1-7　锤子锤头

淬火结束后再将其放入回火炉中进行回火，温度为 250~300℃，保温 90min。

4. 检验

热处理后用硬度计检验硬度是否符合要求。

实训成绩评定

锤子锤头淬火、回火成绩评定见表 1-1。

表 1-1　锤子锤头淬火、回火成绩评定

序号	项目	考核技术要求		配分	检测工具	得分
1	锤头淬火、回火	淬火温度	820~850℃	15	热电偶高温计	
2		淬火保温时间	15min	15	钟表	
3		淬火深度	<5mm	15	估计值	
4		回火温度	250~300℃	15	热电偶高温计	
5		回火保温时间	90min	10	钟表	
6		热处理后硬度值	49~56HRC	10	洛氏硬度计	
7		表面缺陷	无	10	目测、放大镜	
8	安全及其他	文明生产、安全操作		10	视违反规定的程度扣分	
合　计				100		

评分标准：尺寸精度超差时扣该项全部分，粗糙度降一级扣 2 分

项目二　铸　　造

项目导语

铸造是机械制造业的基础，所以应用极其广泛，在各类机器设备中铸件所占的比重很大。在国民经济的其他各个部门中，铸件也得到了广泛的应用。

铸造生产是制造毛坯的主要方法之一，在机械制造中占有极其重要的地位。对于形状复杂、受压应力为主的一般性结构件多以铸件为毛坯。对于塑性很差的金属材料，铸造几乎是其毛坯成形的唯一方法。砂型铸造是铸造生产中最基本、应用最广泛的方法。随着科技水平的提高，铸造方法有了长足的发展，又形成了许多不同于砂型铸造的特种铸造方法。

学习目标

知识目标：
- 了解铸造在机械制造毛坯生产中的作用和地位
- 了解砂型铸造内容及注意事项以及造型过程常用的工具和装备
- 了解特种铸造的特点及应用
- 了解熔炼设备
- 理解浇注系统的组成、分类及作用；铸件常见缺陷及其产生的主要原因
- 掌握砂型铸造生产工艺过程、特点和应用；掌握基本造型的生产工艺过程、特点和应用

能力目标：
- 能理解手工整模、分模、活块、挖砂、假箱、刮板、三箱造型的造型方法及型芯的制造
- 能操作简单手工砂型铸造

任务一　铸造概述

铸造是将熔融金属浇注、压射或吸入铸型型腔中，待其冷却凝固后而得到一定形状和性能铸件的方法。利用铸造方法获得的金属制品称为铸件。铸造的金属有铸铁、铸钢、有色合金等。

一、铸造的分类

铸造方法很多，按生产方法不同，铸造可分为砂型铸造和特种铸造两大类。但任何铸造方法都包括以下几步：

（1）制造具有和零件形状相适应空腔的铸型。

（2）制备成分、温度都合格的液态金属。

（3）将液态金属浇注入铸型的空腔内。

（4）凝固后取出铸件并清理它的表面和内腔。

（一）砂型铸造

砂型铸造是用型砂紧实成形的铸造方法。砂型铸造的工艺过程一般由造型（制造砂型）、造芯（制造砂芯）、烘干（用于干砂型铸造）、合型（合箱）、浇注、落砂、清理及铸件检验等组成。齿轮毛坯的砂型铸造工艺过程，如图2-1所示。

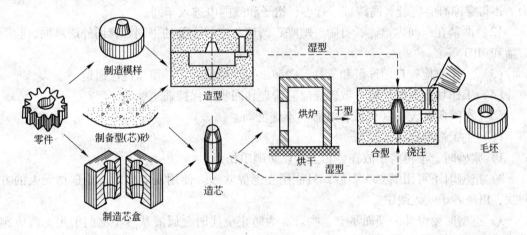

图2-1 齿轮毛坯的砂型铸造工艺过程

由于砂型铸造简单易行，原材料来源广，铸造成本低，见效快，因而在目前的铸造生产中仍占主导地位，用砂型铸造生产的铸件，约占铸件总质量的90%。

（二）特种铸造

除砂型铸造以外的其他铸造方法一般称为特种铸造。

常用的特种铸造有：金属形铸造、压力铸造、离心铸造和熔模铸造等。此外，特种铸造还包括低压铸造、壳型铸造、陶瓷型铸造、消失模铸造等。

二、铸造的特点

优点主要有：

（1）可以铸造各种形状（外形、内腔）复杂的铸件，如箱体、机架、床身、汽缸体等。

（2）铸件的尺寸与质量几乎不受限制，小至几毫米、几克，大至十几米、数百吨的铸件均可铸造。

（3）可以铸造任何金属和合金铸件。

（4）生产设备简单，投资少，原料来源广泛，因而铸件成本低廉。

（5）铸件的形状、尺寸与零件接近，因此减少了切削加工工作量，可节省大量金属材料。

缺点主要有：

（1）生产工序繁多，工艺过程较难控制，因此铸件易产生缺陷。

（2）铸件的尺寸均一性差，尺寸精度低。

（3）与相同形状、尺寸的锻件相比，铸件内在质量差，承载能力弱。

（4）铸造生产的工作环境差，温度高，粉尘多，劳动强度大。

三、铸工实习安全操作规程

（1）进入车间实习时，要穿好工作服，戴好防护用品。大袖口要扎紧，衬衫要系入裤内。不得穿凉鞋、拖鞋、高跟鞋、背心、裙子和戴围巾进入车间。

（2）严禁在车间内追逐、打闹、喧哗、阅读与实习无关的书刊、背诵外语单词、收听广播和 MP3 等。

（3）工作前检查自用设备和工具，砂型必须排列整齐，并留出浇注通道。

（4）工作场地上的铁钉、散砂应随时清理和回收，保持通道畅通。

（5）车间所有设备（机械和电器）不许乱动。

（6）手工造型：

1）紧砂时，不得将手放在砂箱上，以防砸手伤人。

2）造型时不可用嘴去吹型砂，只能用皮老虎吹砂。使用皮老虎时，要选择无人的方向吹，以防砂子吹入眼中。

3）造型时要保证分型面平整、吻合。为防止浇注时金属液从分型面间射出，造成跑火，可用泥砂将分型面的箱缝封堵。

4）人力搬运或翻转芯盒、砂箱时，要小心轻放，应量力而行，不要勉强。两人配合翻箱时，动作要协调。弯腰搬动重物时，防止扭伤。

5）合箱时，手要扶住箱壁外侧，不能放在分型面上，以防压伤手。

6）手锤应横放在地上，不可直立放置，以防伤脚。

7）每人所用的工具应放在工具盒内，不得随意乱放。起模针和气孔针放在盒内时，尖头应向下，以防刺伤手。

8）在造型场地内行走时，要注意脚下，以免踏坏砂型或被铸件碰伤。

（7）开炉与浇注：

1）浇注前，要清理好砂型四周及通道，不得阻挡。

2）在熔炉周围观察开炉与浇注时，应站在安全位置，不要站在浇注运行的通道上。如遇火星或铁水飞溅时，要保持冷静及时避让。

3）不准与抬浇包的人谈话或并排行走。

4）熔炉、出炉、抬包和浇注等工作，必须经指导师傅同意和指导下，按操作规程操作。开炉使用的铁勺、铁棒必须预热，不得使用湿棒冷勺。

5）浇注时，浇包内金属液不能太满，浇注速度和流量要适当。浇注时，人不能站在高温金属液体正面，严禁从冒口正面观察金属液。未浇注同学要远离浇包。

6）刚浇铸的铸件，不许用手拿或摸，以免损坏工件或烫伤人。

7）落料清砂时不得将砂抛高飞扬，不能乱吹砂，注意不许伤害他人。

8）电炉熔化金属时，加入金属与流出金属前应先切断电源。

（8）每天实习结束，做好工具、用具的清理，打扫场地卫生，保持车间整洁。清理场地时，不许乱丢铸件。

任务二　砂型铸造

一、铸造生产的基本工序

铸造生产过程是一个复杂的综合性工序的组合，它包括许多生产工序和环节，从金属材料及非金属材料的准备，到合金熔炼、造型、造芯、合型浇注，金属凝固冷却以至获得合格的铸件。铸造生产包括下列主要工序。

（一）型砂和芯砂的制备

最常用的铸造砂是硅质砂。硅砂的高温性能不能满足使用要求时，则使用锆英砂、铬铁矿砂、刚玉砂等特种砂。

最常用的黏土型（芯）砂是由原砂、黏土、水和其他附加物（如煤粉、木屑等）按所需配比混制而成。原砂是构成型砂的基本材料，砂粒间依靠黏附在表面的湿黏土膜彼此黏结起来，成为具有一定性能（如强度、透气性、耐火度）的混合料，称作型（芯）砂。

黏土砂分湿型（也称潮模）砂、表面干型砂和干型砂三类。型（芯）砂性能对铸件的产量和质量影响很大。较高的强度，能保证砂型在起模和搬运中不易损坏，浇注时不会发生冲砂或跑火等现象；型砂的透气性好，能将浇注时产生的大量气体及时排出，防止铸件产生气孔；良好的耐火度能防止粘砂。不同的合金种类对黏土砂的性能要求也有所不同。

由于生产的需要以及对铸件质量的要求，开发了许多其他类型的型砂。如水玻璃砂，其特点是流动性好，容易紧实，硬化后强度、透气性均较高，但溃散性差，旧砂回用较困难。另外用树脂作为黏结剂的树脂砂也正在推广使用，其特点是：可直接硬化，不需进炉烘干，硬化反应快，只需几分钟即可完成，大大提高了生产效率；工艺过程简单，便于实现机械化和自动化；砂型变形小，提高了铸件的精度，并且可减少加工余量；缺点是成本高，旧砂回用较复杂。另外，水泥砂、油砂也在一定范围内得到应用。

型砂的制备过程直接影响到型砂的质量，型砂的制备一般分为原材料的准备及检验和型砂的制备及质量控制。严格控制各道工序的质量，才能达到型砂的各项性能指标，以保证铸件的质量。

（二）造型及造芯

1. 造型分类

用造型混合料及模样等工艺装备制造铸型的过程称为造型。

（1）按造型方法分有手工造型和机器造型。手工造型操作灵活，适应性强，但产量低、质量不稳定，适宜于小批量生产。机器造型生产准备工作量大，要求铸件形状简单，适宜于大批量生产，其产量高、质量稳定。

（2）按模样种类分有实样模造型和刮板造型。实样模造型制模要耗费较多工时和材料，但造型操作简单，铸件尺寸易保证；刮板造型制模简单、经济但造型操作复杂，只适宜单件或小批量生产。

（3）按砂型的固定方式分有砂箱造型和地坑造型。一般铸件多采用砂箱造型，便于铸型的翻转和搬运，若遇情况特殊，则可进行地坑造型。

（4）按砂型是否烘干分有湿型、表面干型和干型。干型的强度、透气性等性能较好，但要增加一道烘干工序，适用于对铸造质量要求较高的大、中型铸件。

实际生产中，究竟选择哪一种造型方法，要根据铸件的材质、尺寸大小、结构、生产批量、对铸件的质量要求以及经济性加以综合考虑。

2. 造芯及其分类

制造型芯的过程称为造芯。造芯是为获得铸件内孔或局部外形，用芯砂或其他材料制成的安放在型腔内部的铸型组元。造芯可分为手工造芯和机器造芯。

（三）砂型（芯）烘干

对一些较大型或质量要求较高的铸件一般采用干型浇注，也就是说砂型（芯）需进行烘干。烘干过程通常是在烘干炉内进行，由升温、保温和冷却三个阶段组成。

（四）熔炼

金属材料通过加热由固态转变到熔融状态的过程称为熔炼。熔炼金属的设备种类较多，有电弧炉、平炉、冲天炉、感应炉、坩埚炉、反射炉等。生产中，选择何种熔炼设备，需根据合金的种类、规模、经济性加以考虑。

（五）浇注

将熔融金属从浇包注入铸型的操作称为浇注。所谓浇包是指容纳、处理输送和浇注熔融金属用的容器。浇包用钢板制成外壳，内衬为耐火材料。

（六）落砂及清理

用手工或机械使铸件与型砂、砂箱分开的操作称为落砂。从铸件中去除芯砂和芯骨的操作称为除芯。通常所说的落砂包括落砂与除芯。

落砂后从铸件上清除表面粘砂、型砂、多余金属等的过程称为清理。

铸件浇冒口的去除多用气割或敲击的方法，表面清理可用砂轮、滚筒、抛丸、喷丸等方法来完成。

（七）铸件热处理

将铸件加热到一定的温度范围，保温一段时间，再以规定的速度冷却到适当温度的过程叫做铸件热处理。对铸件进行热处理的目的是为了消除铸件的铸造应力，防止铸件产生变形或裂纹，改善铸件的力学性能和加工性能。

热处理方法分为退火、正火、回火处理等，采用哪一种热处理方法，要由铸件的材质和技术要求决定。

二、基本造型方法

利用模样和砂箱等工艺装备将型砂制成铸型的方法统称为造型。按造型的方法不同分为手工造型和机器造型。手工造型装备简单，但对工人技术水平要求高。机器造型生产率高，质量较好。

（一）手工造型方法

1. 造型工具

全部用手工或手动工具完成的造型工序称为手工造型。手工造型方法简便，工艺装备简单，适用性强，因此在单件或小批量生产，特别是大型铸件和复杂铸件生产中应用广泛。但手工造型生产率低，劳动强度大，铸件质量不稳定。

手工造型常用工具，如图 2-2 所示。

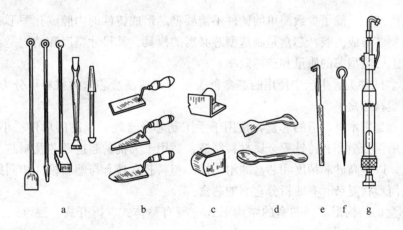

图 2-2　手工造型常用工具

a—捣砂锤；b—镘刀；c—成形镘刀；d—铲钓；e—砂钩；f—拔模针；g—风动锤

2. 造型工艺装备

A　模样

由木材、金属或其他材料制成，用来形成铸型型腔的工艺装备称为模样。

模样必须具有足够的强度刚度和尺寸精度，表面必须光滑，才能保证铸型的质量。模样大多数是用木材制成，它具有质轻、价廉和容易加工成形等特点，但木模强度和刚度较低，容易变形和损坏，所以只适宜小批量生产。大量成批生产一般采用金属模或塑料模。

B　砂箱

构成铸型的一部分，容纳和支撑砂型的刚性框。它具有便于舂实型砂，翻转和吊运砂型，浇注时防止金属液将砂型胀裂等作用，如图2-3所示。

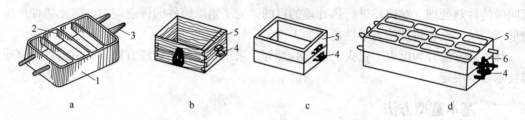

图2-3　砂箱
a—砂箱结构；b—可拆式砂箱；c—无挡砂箱；d—有挡砂箱
1—箱壁；2—箱带；3—箱把；4—下箱；5—上箱；6—定位销

砂箱是铸造车间造型所必需的工艺装备。砂箱结构既要符合砂型工艺的要求，又要符合车间的造型、运输设备的要求。因此，正确地选用和设计砂箱的结构，对于保证铸件的质量，提高生产效率，减轻劳动强度，降低成本以及保证安全生产都具有重要意义。

C　造型平板

造型平板又称垫板，其工作表面光滑平直，造型时用它托住模样、砂箱和砂型。小型的造型平板一般用硬木制成，较大的常用铸铁、铸钢或铝合金等制成。

D　芯盒

在铸造生产中，除了少数简单的铸件不需要型芯形成铸件的内腔或孔洞形状外，大部分铸件都由型芯形成内腔。芯盒是制造型芯必需的模具，其尺寸精度和结构是否合理，将在很大程度上影响型芯的质量和造芯效率。

（1）芯盒的种类。生产中使用的芯盒种类很多，按制造芯盒的材料可分为木质芯盒、金属芯盒和塑料芯盒。

木质芯盒是用木材制造的芯盒，常用于手工制芯及自硬砂制芯的单件、小批量生产。金属芯盒常用铝合金和灰铸铁等金属材料制造，适用于大批量制造砂芯及制芯工艺有特殊要求的情况，以提高砂芯精度和芯盒的耐用性。塑料芯盒具有与塑料模样相同的优点，适用于制造几何形状复杂、有曲折分盒面的芯盒。

（2）芯盒的结构形式。芯盒的结构形式一般有整体式、拆开式、脱落式三种，如图2-4所示。

3. 手工造型基本过程

A　造下型

安放下砂箱于底板上，将模样大端朝下置于砂箱内的合适位置，然后分批加砂舂实。第一次加砂时要轻轻放入，用于将模样周围的型砂塞紧，以免舂砂时模样移位。舂砂时箱壁附近的紧实度应大些，以免塌型。模样附近的紧实度以能承受金属液的冲刷力为宜，过紧则不利于排气。图2-5为舂砂示意图。

B　造上型

将造好的下型翻转180°并在其上安放好上砂箱后，便可撒分型砂（分型砂的作用是防

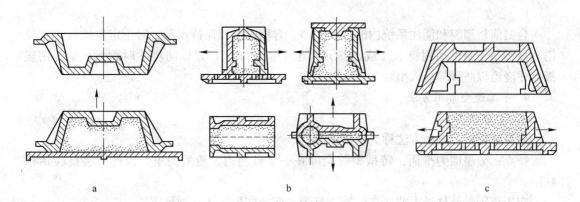

图2-4　芯盒的结构形式

a—整体式芯盒；b—拆开式芯盒；c—脱落式芯盒

止上下型黏在一起而无法取出模样）；然后将直浇道模样安放到适当位置再添砂紧实；刮平上砂箱后，拔除直浇道模样并用浇口杯压模将浇口压实；最后在模样上方砂型处用通气针扎出气孔，如图2-6所示。

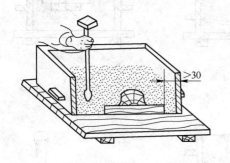

图2-5　舂砂示意图

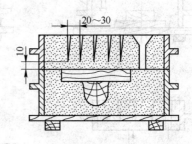

图2-6　上型通气眼

C　起模

打开铸型，将起模针插入模样重心部位，并用木棒在四个方向轻击起模针下部以使模样松动，此亦称靠模，如图2-7所示。

取模时应保持水平提升模样，以免碰坏型腔。若模样形状复杂不易取出时，可在靠模前用水笔蘸少许水均匀涂刷于模样四周砂型上，以增加其强度和黏结力。

D　修型

起模后型腔若有损坏，则应进行修补。修型前应先用水笔在被修处刷水少许，修型用的型砂湿度应较造型用砂大些。

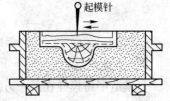

图2-7　靠模示意图

E　下芯

下芯前应仔细检查型芯尺寸，型芯排气道是否合乎要求。下芯时先找正位置再缓缓放入，并检查是否偏芯和有无散砂落入型腔内。用泥条填塞芯头与芯座的间隙，以防浇注时金属液从其间流出或堵塞砂型的排气道。

F　合型

合型前将型腔和浇注系统内的散砂吹净，合型时上型保持水平，对正定位线（或定位销）缓缓落下；然后用箱卡（或压铁）将上下箱卡（压）紧以防浇注时跑火；最后用盖板盖住浇道以防砂粒落入型腔。

4. 手工造型常用方法

A　整模造型

用整体模样造型的方法称为整模造型。

特点：分型面为平面，铸型型腔全部在一个砂箱内，造型简单，铸件不会产生错箱缺陷。

应用范围：铸件最大截面在一端，且为平面，如齿轮坯、轴承座等。

整模造型过程，如图 2-8 所示。

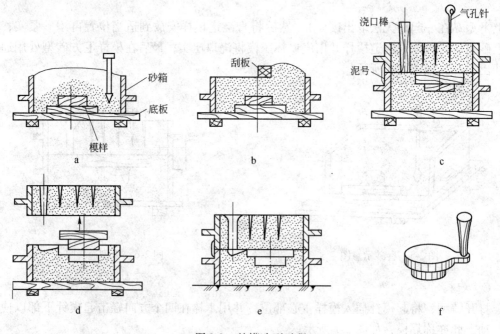

图 2-8　整模造型过程

a—造下型；b—刮平砂箱；c—造上型、扎出气孔、打泥号；
d—起模、开浇道；e—合型；f—铸件（带浇注系统）

B　分模造型

分模造型将模样在某一方向上沿最大截面分开，并在上下砂箱造出型腔的造型方法称为分模造型。

特点：模样沿最大截面分为两半，型腔位于上、下两个砂箱内。造型方便，但制作模样较麻烦。

应用范围：最大截面在中部，一般为对称性铸件。

分模造型过程，如图 2-9 所示。

C　挖砂造型

当模样的最大截面不在端面而又不便将其分开时（如分模后的模样过薄或分模面是较

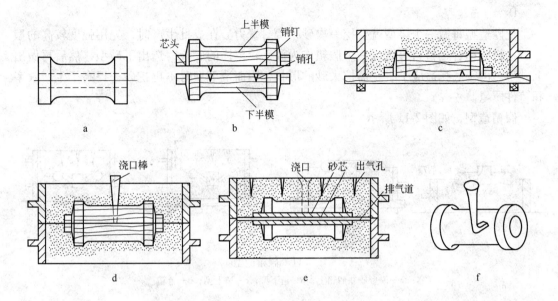

图 2-9　套筒的分模造型过程

a—零件；b—模样；c—造下型；d—造上型；e—扎出气孔、取模、
开浇道、下芯、合型；f—铸件（带浇注系统）

复杂的曲面等），可将整体模样置于一个砂箱内（常为下砂箱）造型。在选另一箱之前，应将妨碍起模的型砂挖掉，使模样的最大截面位于分型面上。此工艺称为挖砂造型。

特点：模样为整体模，造型时需挖去阻碍起模的型砂，故分型面是曲面。造型麻烦，要求技术水平高，生产率低。

应用范围：单件小批生产模样薄、分模后易损坏或变形的铸件。

挖砂造型过程，如图 2-10 所示。

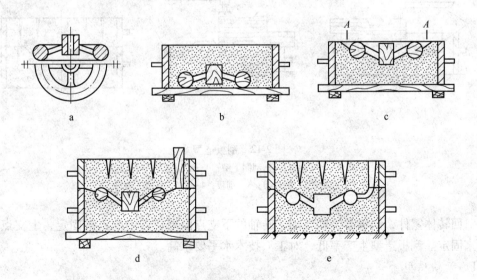

图 2-10　手轮的挖砂造型过程

a—铸件；b—造下型；c—挖下型分型面（A—A）；d—造上型；e—合箱

D　假箱造型

挖砂造型每做一个铸型就要挖一次砂，费时费力。在成批生产时，先用强度较高的型砂、木材或铝合金材料等做成一个假箱作为放手轮模样的底板，造出下砂型，然后再做出上砂型。由于底托适应了手轮需挖去砂的形状，因而造下型时不再挖砂，提高了生产效率和铸件质量。

假箱造型，如图 2-11 所示。

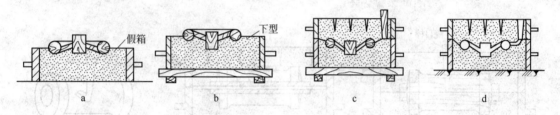

图 2-11　假箱造型
a—模型放在假箱上；b—造下型；c—造上型；d—合箱

E　刮板造型

刮板造型是不用模样而用刮板操作的造型方法。当单件小批生产回转体或等截面的铸件时，为节省模样费用，可用与铸件截面相适应的木板（称为刮板）刮出所需的铸型型腔，其造型过程如图 2-12 所示。

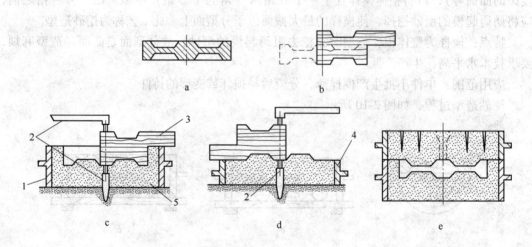

图 2-12　刮板造型
a—铸件；b—刮板；c—刮制下型；d—刮制上型；e—合型
1—下砂箱；2—刮板架；3—刮板；4—上砂箱；5—型砂

对回转体零件，刮板需绕轴转动，转轴的下支点由埋在砂中的木桩固定，上支点常由马架来固定。刮板造型生产率低，对工人技术水平要求高。

F　活块造型

将模样上妨碍起模的凸台做成可与主体脱开的活块模的造型方法称为活块模造型。活块通常用燕尾榫或销子等形式与模样主体连接。起模时先取出模样主体，再将活块取出。

特点：将模样上妨碍起模的部分，做成活动的活块，便于起模。造型和制作模样都很麻烦，生产率低，铸件尺寸精度不易保证。

应用范围：单件小批生产带有突起部分的铸件。

活块造型的过程，如图 2-13 所示。

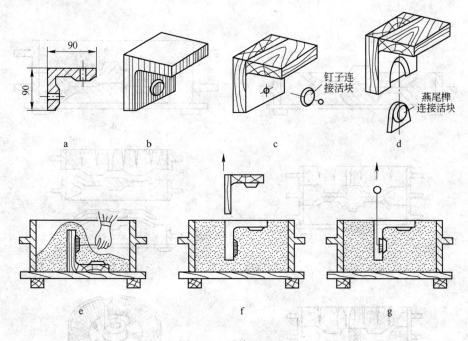

图 2-13　活块造型过程

a—零件剖面图；b—铸件；c—模样；d, e—造下型，拔出钉子；f—取出模样主体；g—取出活块

G　三箱造型

铸件两端截面尺寸比中间部分大，采用两箱无法起模，将铸型放在三个砂箱中，组合而成。三箱造型的关键是选配合适的中箱。

特点：铸型放在三个砂箱中组合而成，有两个分型面，造型复杂，易错箱，生产率低。

应用范围：单件小批生产具有两个分型面的铸件。

三箱造型的过程，如图 2-14 所示。

（二）机器造型

随着现代化大生产的发展，机器造型已代替了大部分手工造型。用机器完成紧砂和起模或至少完成紧砂操作的造型工序称为机器造型。

机器造型的优点是生产率高、质量易保证、工人劳动强度低，对工人操作技术要求不高。其缺点是设备投资高、工艺装备较严格，且只适于两箱造型。机器造型按型砂的紧实方式不同，可分为振压造型、微振压实造型、高压造型、射压造型和抛砂造型等几种造型方法。

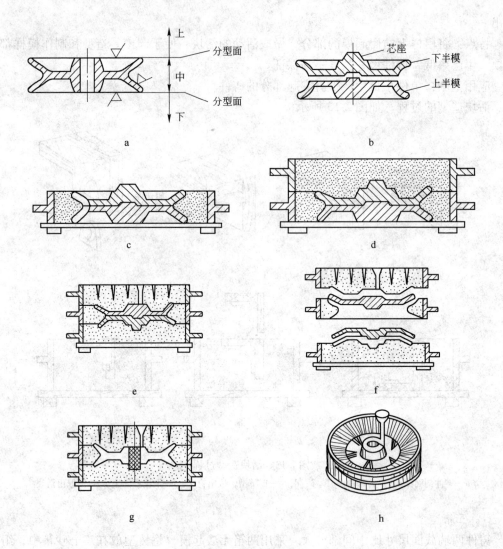

图 2-14 三箱造型过程

a—零件；b—模样；c—造中型；d—造下型；e—造上型；
f—开浇道取模；g—下芯，合型；h—铸件（带浇道）

图 2-15 为振压造型过程，主要包括：

（1）填砂。砂箱放在模板上，打开定量砂斗门，型砂从上方填入砂箱内。

（2）振击。压缩空气经进气口 1 进入振击活塞底部，顶起振击活塞并将进气路关闭。活塞在压缩空气的推力下上升，当活塞底部升至排气口以上时压缩空气被排出。振击活塞自由下落与压实活塞顶面撞击，此时进气路开通。上述过程再次重复使型砂逐渐紧实。

（3）压实。压缩空气由进气口 2 通入压实气缸底部，顶起压实活塞、振击活塞和砂箱使砂型受到压板的压实。然后排气，压实气缸下降。

（4）起模。压缩空气推动压力油进入起模液压缸内，四根起模顶杆同步上升顶起砂型，同时振动器振动，模样脱出。

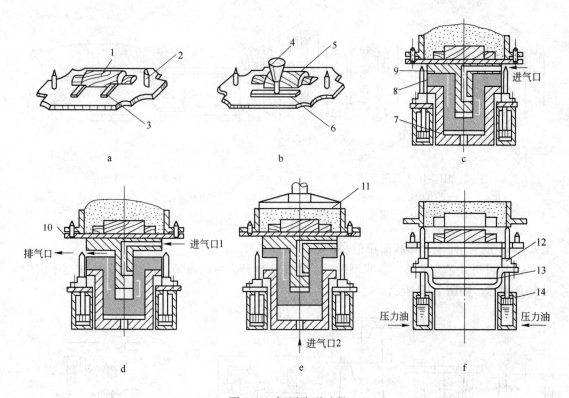

图 2-15　振压造型过程

a—下模板；b—上模板；c—填砂；d—振击；e—压实；f—取模
1—下模样；2—定位销；3—内浇道；4—直浇道；5—上模样；6—横浇道；7—压实气缸；8—压实活塞；
9—振击活塞；10—模板；11—压板；12—起模顶杆；13—同步连杆；14—起模液压缸

三、型芯的结构及制造

（一）造芯及其分类

制造型芯的过程称为造芯。造芯是为获得铸件内孔或局部外形，用芯砂或其他材料制成的安放在型腔内部的铸型组元。造芯可分为手工造芯和机器造芯。常用手工造芯的方法为芯盒造芯。芯盒通常由两半组成，芯盒造芯的示意图如图 2-16 所示。

手工造芯主要应用于单件、小批量生产中。形状复杂的型芯可以采取分块制造后黏合的方法。形状简单的回转体型芯可以采用刮板来制造，用导向刮板制造大型管子弯头的型芯示意图，如图 2-17 所示。

机器造芯是利用造芯机来完成填砂、紧砂和取芯的。机器造芯的生产率高，型芯质量好，适用于大批量生产。

（二）手工造芯常用方法

根据型砂的结构形式，常用造芯方法有如下两种：

（1）整体式芯盒造芯。造芯时将芯砂填入芯盒紧实后刮平，然后将型芯倒出即可。该

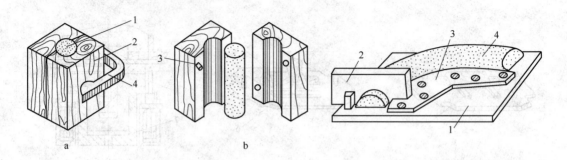

图 2-16　芯盒造芯
a—芯盒的装配；b—取芯
1—型芯；2—芯盒；3—定位销；4—夹钳

图 2-17　刮板造芯
1—底板；2—刮板；3—导板；4—型芯

法操作方便，适于制作形状简单的小型芯，如图 2-18 所示。

（2）可拆式芯盒造芯。紧实型砂后，将芯盒拆开方可取出型芯。该造芯方法适于大中型复杂型芯，如图 2-19 所示。

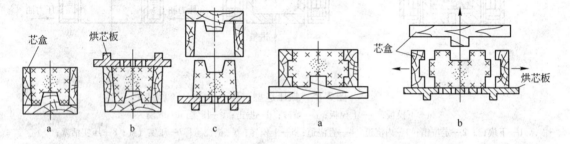

图 2-18　整体式芯盒造芯
a—春砂、刮平；b—放烘芯板；c—取出芯盒

图 2-19　可拆式芯盒造芯
a—造芯；b—取出芯盒

（三）烘干与刷涂料

成形后的型芯一般都需要烘干。用适当温度和足够时间加热型芯，使其获得一定强度的过程称为烘芯。烘芯的目的是提高型芯的强度和透气性，减少型芯的发气量。若需要增加型芯的强度，可在造芯时在型芯内放入芯骨。芯骨是一种放入型芯中用以加强或支持型芯并有一定形状的金属构架。

型芯的表面一般都要刷上涂料，涂料一般呈液态、黏稠状或粉状。型芯刷涂料的目的是用来提高型芯表层的耐火度、保温性、化学稳定性，使型芯表面光滑，并增强其抵抗高温熔融金属侵蚀的能力。

四、浇注系统

引导金属液流入铸型型腔的通道称为浇注系统。浇注系统又称浇口，是为充填型腔和冒口而开设于铸型中的一系列通道，通常由浇口杯、直浇道、横浇道、内浇道和冒口组成，如图 2-20 所示。

浇注系统的作用是保证熔融金属平稳、均匀、连续地充满型腔；阻止熔渣、气体和砂

粒随熔融金属进入型腔；控制铸件的凝固顺序；供给铸
件冷凝收缩时所需补充的金属熔液（补缩）。

（一）浇口杯

漏斗状外浇口，与直浇道顶端连接，用以承接并导
入熔融金属，可单独制造，也可直接在铸型内形成，成
为直浇道顶部的扩大部分。浇口杯能缓和熔融金属对铸
型的冲击，并使熔渣、杂质上浮，起到挡渣作用。

（二）直浇道

浇注系统中的垂直通道，通常带有一定锥度。直浇
道的作用是调节熔融金属流入型腔的速度和压力。直浇
道越高，熔融金属的流速越快，压力越大，熔融金属越
容易充满型腔的狭薄部分。

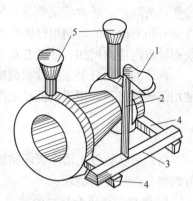

图 2-20　铸件的浇注系统
1—浇口杯；2—直浇道；3—横浇道；
4—内浇道；5—冒口

（三）横浇道

浇注系统中的水平通道部分，其截面多为梯形。横浇道用以分配熔融金属流入内浇
道，同时起挡渣作用。横浇道一般位于上型分型面处。

（四）内浇道

浇注系统中引导液态金属进入型腔的部分，其截面为梯形或半圆形。内浇道的作用为
控制熔融金属的流动速度和方向，其尺寸和数量根据金属材料的种类、铸件的质量、壁厚
的大小和铸件的外形而定。内浇道一般位于下型分型面处。一般情形下，直浇道截面应大
于横浇道截面，横浇道截面应大于内浇道截面，以保证熔融金属充满各浇道，并使熔渣浮
集在横浇道上部，起挡渣作用。

（五）冒口

冒口是在铸型内存储供补缩铸件用熔融金属的空腔。除补缩作用外，冒口有时还起排
气和集渣的功能。冒口一般设置在铸件的最高处和最厚处。

五、浇注、落砂与清理

（一）浇注

将金属液注入铸型的操作称为铸型浇注。浇注是铸造生产中的重要工序，浇注环节不
仅与铸件质量直接相关，若操作不当将会造成铁豆、冷隔、气孔、缩孔、夹渣和浇不足等
缺陷，还涉及操作者的人身安全。（浇注工艺在任务三中详细介绍）

（二）落砂

用手工或机械使铸件与型砂、砂箱分开的操作称为落砂。从铸件中去除芯砂和芯骨的

操作称为除芯。通常所说的落砂包括落砂与除芯。铸型浇注后，铸件在砂型内应有足够的冷却时间。冷却的时间根据铸件的形状、大小和壁厚确定。过早进行落砂会因铸件冷却太快而导致内应力增加，甚至变形开裂。

落砂的方法分手工落砂和机械落砂。手工落砂用于单件、小批量生产；机械落砂一般使用落砂机进行，用于大批量生产。

（三）清理

落砂后从铸件上清除表面粘砂、型砂、多余金属（包括浇口、冒口、飞翅和氧化皮）等的整个过程称为清理。

1. 浇口、浇道和冒口的清理

对于铸铁件可用铁锤敲去；铸钢件可用气割切除；有色金属铸件可采用锯削的方法除去。

2. 清砂

在落砂后除去铸件表面粘砂的操作称为清砂。清砂的方法有水力清砂、清铲、喷砂清理、抛丸清理和化学清砂等。

3. 飞翅

飞翅又称飞边，是垂直于铸件表面上厚薄不均匀的薄片状金属突起物，常出现在铸件分型面和芯头部位。较大的飞翅和毛刺可用錾子、移动式砂轮机等进行清理；较小的飞翅和毛刺可用抛丸清理、火焰表面清理等方法进行清理。

4. 精整

精整是铸件清理的最后阶段，包括根据要求进行打磨、矫正、上底漆等操作。

六、铸件的缺陷

由于铸造工艺较为复杂，铸件质量受型砂的质量、造型、熔炼、浇注等诸多因素的影响，容易产生缺陷。铸件的常见缺陷见表2-1。

表2-1　铸件常见缺陷

缺陷类型	特点	产生原因
气孔	表面比较光滑，呈梨形、圆形、椭圆形的孔洞，一般不在铸件表面露出。大的气孔常孤立存在，小气孔则成群出现	造型材料中水分过多或含有大量的发气物质，砂型和型芯的透气性差，浇注速度过快
缩孔	形状不规则、孔壁粗糙并带有枝状晶的孔洞，常出现在铸件最后凝固的部位	铸件在凝固过程中收缩时得不到足够熔融金属的补充，即由于补缩不良而造成
砂眼	铸件内部或表面有砂粒的孔洞	型砂强度不够，型砂紧实度不足，以及浇注速度太快等

缺陷类型	特　点	产　生　原　因
粘砂	铸件的部分或整个表面上粘附着一层砂粒，以及金属的机械混合物或由金属氧化物、砂子和黏土相互作用而生成的低熔点化合物。粘砂使铸件表面粗糙，不易加工	型砂的耐火性差或浇注温度过高
冷隔	铸件表面有未完全融合的圆弧状接口缝隙	浇注温度太低；浇注速度太慢或浇注时不连续；浇口太小或位置不对
浇不足	铸件未浇满，轮廓残缺	浇注温度太低；铸件壁太薄；浇口太小或未开出气孔；浇注时金属液不够
裂纹 裂纹	裂纹即铸件开裂，分冷裂和热裂两种。冷裂裂纹容易发现，呈长条形，而且宽度均匀，裂口常穿过晶粒延伸到整个断面。热裂裂纹断面严重氧化，无金属光泽，裂口沿晶粒边界产生和发展，外形曲折而不规则	铸件壁厚相差大；浇注系统开设不当，砂型与型芯的退让性差等缺陷使铸件在收缩时产生较大的应力，从而导致开裂。此外，铸件在热处理过程中也会出现穿透或不穿透的裂纹，称为热处理裂纹，其断口有氧化现象

任务三　熔炼及浇注工艺

一、铸铁的熔炼

为获得高质量的铸件必须获得一定成分的铁水，因此，铸铁的熔炼是铸造生产的重要工序。铸铁熔炼的设备有冲天炉、电弧炉、反射炉和感应炉等。我国目前普遍采用冲天炉熔炼铸铁。

冲天炉熔化铸铁工艺特点：可连续熔化金属炉料，熔化时间长；熔化的铸铁具有良好铸造性能；熔化用的铁料、燃料、熔剂单独分层连续加入，铁料在熔化带被熔化成液滴与灼热的焦炭接触而升温，经精炼后，将高温铁水储存到炉缸或前炉，以备浇铸。

冲天炉熔炼具有炉子结构简单、操作方便、热效率和生产率高、可连续生产、成本低等优点，在生产中应用广泛。但是，冲天炉熔炼也存在铁液质量不稳定和工作环境差等缺点。

（一）冲天炉结构

冲天炉结构，如图 2-21 所示。

主要组成部分包括：

（1）炉身。冲天炉的主体，其外部为钢板壳体，壳体内为用耐火砖和耐火泥砌成的炉衬。

（2）炉缸。指主风口中心线以下至炉底部分，是高温燃料和铁液容纳区。

（3）前炉。位于炉缸一侧，通过过桥与炉缸连通并略低于炉缸，用于储存铁液和排渣。

（4）烟囱。在炉身之上，用于排烟和除尘。

此外，冲天炉还应有送风、测压、炉料的称量与输送等辅助设备。

（二）炉料

1. 金属料

金属料包括新生铁、回炉料、废钢及铁合金。新生铁（或称高炉生铁）是主要的熔化用金属料；回炉料是砸碎的废旧铸件和浇冒口，用以减少新生铁消耗，降低成本；加入废钢为的是降低铁液的含碳量；常用的铁合金有硅铁、锰铁、铬铁等，用以调整铁液的化学成分。

2. 燃料

燃料采用焦炭。

3. 熔剂

石灰石（$CaCO_3$）或氟石（CaF_2），用于造渣。

（三）冲天炉操作

1. 修炉

每次装料化铁前用耐火材料将炉膛、炉缸、前炉的内壁损坏处修好，关闭炉底门，用型砂捣实炉底。

2. 点火烘炉

从炉后工作门往炉缸中加入刨花、木柴并点燃，关闭工作门，从加料口加木柴烘炉。

3. 加底焦

木柴烧旺后加入 1/2 底焦，燃着后再分批加入其余底焦至略高出风口位置，鼓风几分钟使底焦燃旺。

4. 加炉料

底焦烧旺后，先加入一批熔剂，再按金属料、燃料、熔剂的顺序一批批地向炉内加料

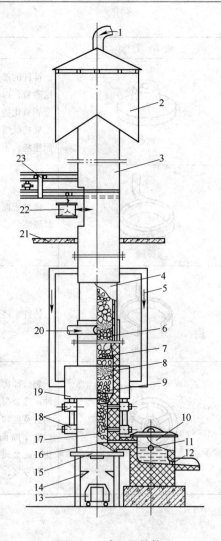

图 2-21　冲天炉结构

1—进水；2—火花除尘装置；3—烟囱；4—炉身；
5—热风；6—焦炭；7—金属料；8—熔剂；
9—底焦；10—前炉；11—出渣口；12—出铁口；
13—小车；14—支架；15—炉底；16—过桥；
17—炉缸；18—风口；19—风带；20—冷风；
21—加料口；22—加料筒；23—加料装置

至加料口位置。

5. 鼓风熔化

通过鼓风机向冲天炉送风，燃料燃烧和金属料熔化，铁液和熔渣经炉缸和过桥流入前炉。

6. 排渣与出铁

待前炉中铁液积聚到出渣口高度后即可排渣，排渣后打开出铁口出铁。

7. 打炉

当炉中铁液够浇注待浇铸件时停止加入炉料，出完最后一批铁液后，打开炉底门放出炉内剩余炉料，用水浇灭后清理场地。

二、铸钢的熔炼

铸钢的熔炼一般采用平炉、电弧炉和感应炉等。平炉的特点是容量大、可利用废钢作原料、能准确控制钢的成分并能熔炼优质钢及低合金钢，多用于熔炼质量要求高的、大型铸钢件用的钢液。

三相电弧炉的开炉和停炉操作方便，能保证钢液的成分和质量、对炉料的要求不甚严格、容易升温，故能炼优质钢、高级合金钢和特殊钢等，是生产成型铸钢件的常用设备。

此外，采用工频或中频感应炉，能熔炼各种高级合金钢和碳含量极低的钢。感应炉的熔炼速度快、合金元素烧损小、能源消耗少，且钢液质量高，即杂质含量少、夹杂少，适于小型铸钢车间采用。

工频感应炉（简称工频炉）是将工频电能转化为热能来熔化金属的设备，其构造如图2-22所示。金属炉料装于炉内，炉衬用耐火材料捣成，炉衬外面绕有内部可通冷却水的感应线圈。当50Hz的工频电流通过感应线圈时，炉膛内的金属炉料或铁液在交变磁场作用下产生感应电流，因炉料本身具有电阻而形成强大的涡流，产生电阻热，从而炉料被熔化和过热。工频炉的热效率高，金属熔炼损耗小，铁液质量稳定，操作环境好。中频感应炉的结构和熔炼原理与工频炉类似，且具有熔炼速度快、电能损耗少等特点，但是需要增加中频变频装置。

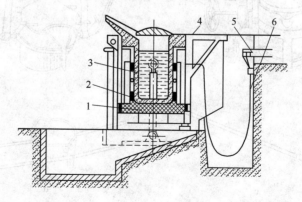

图 2-22 工频炉

1—隔热板；2—感应线圈；3—炉衬；4—工作台；5—铜板；6—电源线

三、有色金属合金的熔炼

有色金属合金的熔炼设备常用的有坩埚炉、电弧炉、电阻炉、感应炉等，其中坩埚炉应用最广。坩埚炉常用电阻、焦炭或煤气加热。

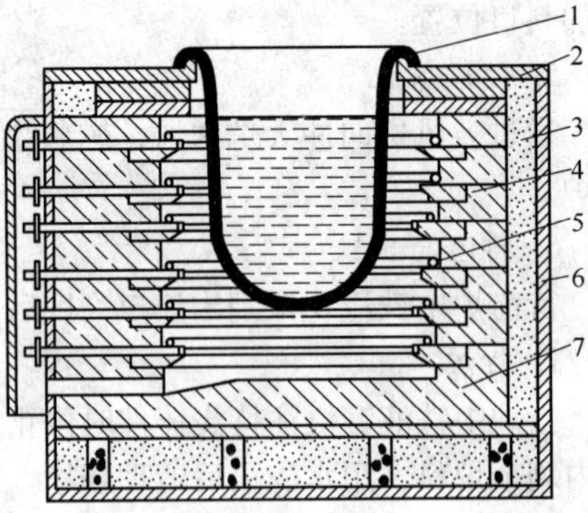

电阻坩埚炉，如图 2-23 所示。这种坩埚炉结构简单，操作方便；缺点是熔炼时间长，生产率低，耗电大。因此，它适合于中、小型非铁合金铸件生产。

铜合金熔点较高，需用石墨坩埚熔炼；铝合金、锌合金及镁合金熔点较低，可用耐热铸铁或铸钢坩埚熔炼。

图 2-23　坩埚炉

1—坩埚；2—托板；3—隔热材料；4—电阻丝
托板；5—电阻丝；6—炉壳；7—耐火砖

坩埚放在炉内，合金放在坩埚内熔炼，以避免合金与燃料直接接触。非铁合金化学性质活泼，熔炼中容易吸气和被氧化，因此熔炼过程中需用溶剂覆盖，而使合金在隔绝空气的环境中熔化。熔炼前必须对金属炉料、坩埚和工具进行清理和预热，以减少夹渣和发气量。

四、浇注工艺

（一）浇包

将熔融金属从浇包注入铸型的操作称为浇注。浇包是容纳、输送和浇注熔融金属用的容器，用钢板制成外壳，内衬耐火材料。图 2-24 所示为几种常用的浇包。

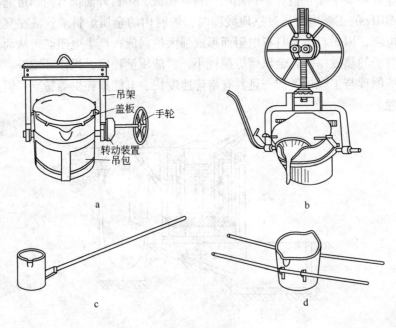

图 2-24　浇包

a，b—吊包；c—手端包或握包；d—抬包或扛包

（二）准备工作

（1）根据待浇铸件的大小准备好端包、抬包等各类浇包，并烘干预热，以免导致铁液飞溅和急剧降温。

（2）去掉盖在铸型浇道上的护盖并清除周围的散砂，以免落入型腔中。

（3）应明了待浇铸件的大小、形状和浇注系统类型等，以便正确控制金属液的流量，并保证在整个浇注过程中不断流。

（4）浇注场地应畅通。如地面潮湿积水，应用干砂覆盖，以免造成金属液飞溅伤人。

（三）浇注温度与浇注速度

为了获得优质铸件，除正确地造型、熔炼合格的铸造合金熔液外，浇注温度的高低及浇注速度的快慢是对铸件质量有影响的两个重要因素。

（1）浇注温度（℃）。金属熔液浇入铸型时所测量到的温度。浇注温度是铸造过程必须控制的质量指标之一。浇注温度控制或掌握不当，会使铸件产生各种缺陷。

（2）浇注速度（kg/s）。单位时间内浇入铸型中的金属熔液质量。浇注速度应根据铸件的具体情况而定，可通过操纵浇包和布置浇注系统进行控制。

（四）浇注方法

（1）在浇包的铁液表面撒上草灰用以保湿和聚渣。

（2）浇注时应用挡渣钩在浇包口挡渣。用燃烧的木棍在砂型四周将铸型内逸出的气体引燃，以防窝气。

（3）应控制浇注温度和浇注速度。对形状复杂的薄壁件浇注温度宜高些；反之，则应低些。浇注速度要适宜，应做到浇注开始时液流细且平稳，以免金属液洒落在浇口外伤人和将散砂冲入型腔内。浇注中期要快，以利于充型；浇注后期应慢，以减少金属液的抬箱力；浇注中铁液不能断流，以免产生冷隔。

任务四　特种铸造简介

所谓特种铸造，是指有别于砂型铸造方法的其他铸造工艺。目前特种铸造方法已发展到几十种，常用的有熔模铸造、金属型铸造、离心铸造、压力铸造、低压铸造、陶瓷型铸造、消失模铸造等。

特种铸造方法一般都能提高铸件的尺寸精度和表面质量，或提高铸件的物理及力学性能；此外，大多能提高金属的利用率（工艺出品率），减少原砂消耗量；有些方法适宜于高熔点、低流动性、易氧化合金铸件的铸造；有的明显改善劳动条件，并便于实现机械化和自动化生产。

一、熔模铸造

熔模铸造是用易熔材料（蜡或塑料等）制成精确的可熔性模样，并涂以若干层耐火材料，经干燥、硬化成整体型壳，在型壳中浇注铸件。熔模铸造又称失蜡铸造。

熔模铸造工艺过程包括压铸蜡模、组装蜡模、结壳脱蜡、浇注、落砂和清理，如图 2-25 所示。

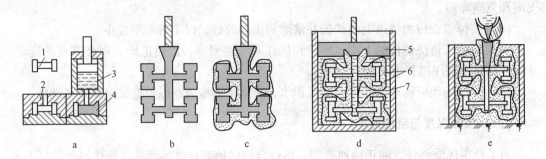

图 2-25　熔模铸造

a—压铸蜡模；b—组合蜡模；c—粘制蜡模；d—脱蜡；e—浇注

1—母模；2—压型；3—压铸；4—蜡模；5—蜡液；6—热水；7—容器

（一）压铸蜡模

首先根据铸件的形状尺寸制成比较精密的母模；然后根据母模制出比较精密的压型；再将蜡料加热至糊状后，在一定压力下压入压型内，如图 2-25a 所示。待蜡料冷却凝固后便可从压型中取出，然后修去毛刺，即得单个蜡模。

（二）组装蜡模

蜡模一般均较小，为提高生产率、降低铸件生产成本，通常将若干个蜡模焊接在一个预先制好的直浇道棒上构成蜡模组，如图 2-25b 所示，从而实现一型多铸。

（三）结壳脱蜡

结壳脱蜡是指在蜡模组上涂挂耐火材料（多用水玻璃和石英粉配制）后，放入硬化剂（通常是氯化铵溶液）中固化。反复涂挂 3 ~ 7 次，至结成 5 ~ 12mm 的坚硬型壳为止，如图 2-25c 所示。再将型壳浸泡在 85 ~ 95℃ 的热水中，使蜡模熔化而脱出，制成壳型，如图 2-25d 所示。

（四）浇注

在浇注前，通常要将壳型送入加热炉（800 ~ 1000℃）进行焙烧，以去除壳型中的水分、残余蜡料和其他杂质，并使壳型的硬度提高。为提高合金的充型能力，防止浇不足、冷隔等缺陷，要在焙烧出炉后趁热（600 ~ 700℃）进行浇注。浇注时，为防止壳型破裂，常将壳型放入铁箱中，用砂将其包围、填紧，如图 2-25e 所示。

（五）落砂和清理

待铸件冷却后，将壳型破坏，取出铸件，然后切除浇冒口。

熔模铸造铸件尺寸精度高，表面粗糙度值低；适用于各种铸造合金、各种生产批量，是少或无切削加工的重要方法之一。但其缺点和不足是生产工序繁多，生产周期长，铸件不能太大。熔模铸造特别适于难加工金属材料，难加工形状零件的生产，如铸造工具、涡轮叶片。

二、金属型铸造

用金属材料制成的铸型称为金属型。液态合金依靠重力浇入金属铸型获得铸件的方法，称为金属型铸造。由于金属型是用铸铁、钢或其他合金制成，能反复多次使用，所以习惯上又把金属型铸造称为硬模铸造或永久型铸造。

金属型可按分型面的方位，分为水平分型式、垂直分型式和复合分型式三种，如图2-26所示。其中垂直分型式便于开设浇、冒口和安放型芯，加之排气条件较好，易于取出铸件，便于实现机械化生产，所以应用最广。

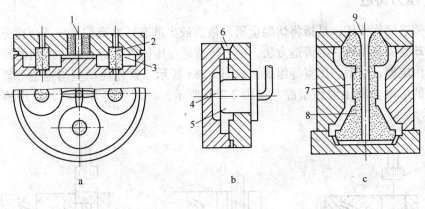

图 2-26　金属型的种类
a—水平分型式；b—垂直分型式；c—复合分型式
1，6，9—浇注系统；2，8—砂芯；3，4，7—型腔；5—金属芯

金属型铸造其铸件组织致密，力学性能好，精度和表面质量好，液态金属耗量少，劳动条件好。适用于大批量生产有色合金铸件，如铝合金活塞、气缸体、油泵壳体、铜合金轴瓦轴套等中小型铸件。

三、离心铸造

离心铸造是指将液态金属浇入高速旋转的铸型中，使金属液在离心力的作用下凝固成铸件的一种铸造方法。

离心铸造主要用于生产圆筒形铸件。为使铸型旋转，离心铸造必须在离心铸造机上进行。根据铸型旋转轴空间位置不同，离心铸造机可分为立式和卧式两大类，如图2-27所示。

离心铸造铸件致密，无缩孔、疏松、气孔、夹渣等缺陷，力学性能好；铸造中空铸件时可不用型芯和浇注系统，简化了生产过程，节约了金属。适于浇注流动性较差的合金、薄壁铸件和双金属铸件。主要用于铸造管类，套类及某些盘类铸件。

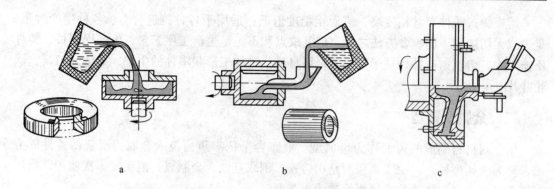

图 2-27　离心铸造

a—立式离心铸造；b—卧式离心铸造；c—成形铸件离心铸造

四、压力铸造

压力铸造简称压铸，是指将熔融金属（液态或半液态）在高温高压下快速充型，并在压力下冷却凝固获得铸件的铸造方法。压力铸造是在压铸机上进行的，所用的铸型称为压型。压型由定型、动型、压室等组成，如图 2-28a 所示。首先使动型与定型合紧，用活塞将压室中的熔融金属压射到型腔，如图 2-28b 所示，凝固后打开铸型，顶出铸件，如图 2-28c所示。

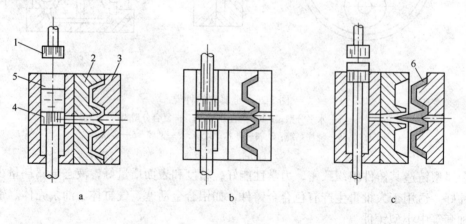

图 2-28　压力铸造

a—合型浇注；b—压射；c—开型顶件

1，4—活塞；2—定型；3—动型；5—压室；6—铸件

压力铸造的基本特点是高压高速。压铸件有较高的尺寸精度和表面质量，强度和硬度也较高，尺寸稳定性好，生产率高。适用于大量生产有色合金的小型、薄壁、复杂铸件。铸件产量在 3000 件以上时可考虑采用。目前，压力铸造已广泛用于汽车、仪表、航空、电器及日用品铸件。

五、低压铸造

低压铸造是介于一般重力铸造和压力铸造之间的一种铸造方法。浇注时压力和速度可人为控制，故可适用各种不同的铸型；充型压力和时间易于控制，所以充型平稳；铸件在压力下结晶，自上而下顺序凝固，所以铸件致密，金属利用率高，铸件合格率高。低压铸造主要用于要求致密性较好的有色合金铸件，如汽油机缸体、气缸盖、叶片等。

六、消失模铸造（又称实型铸造）

消失模铸造是将与铸件尺寸形状相似的泡沫模型黏结组合成模型簇，刷涂耐火涂料并烘干后，埋在干石英砂中振动造型，在负压下浇注，使模型气化，液体金属占据模型位置，凝固冷却后形成铸件的新型铸造方法。

与传统铸造技术相比，消失模铸造有下列特点：

（1）铸件质量好，成本低；

（2）材质不限，大小皆宜；

（3）尺寸精度高，表面光洁，减少清理，节省机加工；

（4）内部缺陷大大减少，组织致密；

（5）可实现大规模、大批量生产、自动化流水线生产；

（6）可以大大改善作业环境、降低劳动强度、减少能源消耗且环保。

习题与实训

习题

1. 何谓铸造？铸造安全技术有哪些主要内容？
2. 何谓砂型铸造？简述砂型铸造的工艺过程。
3. 型砂、芯砂各有何作用？用哪些基本材料配制的？
4. 试分析比较整模造型、分模造型、活块造型的铸件结构特点。
5. 冲天炉应如何进行操作？为保证熔炼正常进行应注意哪些方面？
6. 浇注系统由哪几部分组成？各部分的作用是什么？
7. 试说明金属型铸造、压力铸造、离心铸造、熔模铸造各自的特点及适用范围。

实训（略）

项目三　锻　压

项目导语

锻压是利用外力使金属坯料产生塑性变形，获得所需尺寸、形状及性能的毛坯或零件的加工方法。锻压是锻造和冲压的总称。锻造是指在加压设备及工（模）具的作用下，使坯料、铸锭产生局部或全部的塑性变形，以获得一定几何尺寸、形状和质量的锻件的加工方法，它包括自由锻、模锻、胎模锻等加工方法。冲压是指使坯料经分离或成形而得到制件的加工方法。锻压是金属压力加工的主要方式，也是机械制造中毛坯生产的主要方法之一。

学习目标

知识目标：
- 能了解金属锻压的特点、分类及应用
- 能熟悉金属塑性变形的有关理论知识
- 能掌握自由锻、模锻和冲压的基本工序

能力目标：
- 能了解模锻、板料冲压的基本操作
- 能熟悉锻压生产常用设备、工具
- 能掌握自由锻的基本操作方法

任务一　锻压概述

一、锻压的特点及应用

（一）锻压的特点

（1）改善金属的组织、提高力学性能。金属材料经锻压加工后，其组织、性能都得到改善和提高，锻压加工能消除金属铸锭内部的气孔、缩孔和树枝状晶等缺陷，得到致密的组织从而提高金属的力学性能。若正确选用零件的受力方向与纤维组织方向，可以提高零件的抗冲击性能。

（2）材料的利用率高。金属塑性成形主要是靠金属的形体组织相对位置重新排列，而不需要切除金属。

（3）较高的生产率。锻压加工一般是利用压力机和模具进行成形加工的。例如，利用多工位冷镦工艺加工内六角螺钉，比用棒料切削加工工效提高约400倍以上。

（4）毛坯或零件的精度较高。应用先进的技术和设备，可实现少切削或无切削加工。例：精密锻造的伞齿轮齿形部分可不经切削加工直接使用，复杂曲面形状的叶片精密锻造后只需磨削便可达到所需精度。

（5）不适合成形形状较复杂的零件。锻压加工是在固态下成形的，与铸造相比，金属的流动受到限制，一般需要采取加热等工艺措施才能实现。对制造形状复杂，特别是制造具有复杂内腔的零件或毛坯较困难。

（二）锻压的应用

由于锻压具有上述特点，因此承受冲击或交变应力的重要零件（如机床主轴、齿轮、曲柄连杆等），都应采用锻件毛坯加工。所以锻压加工在机械制造、军工、航空、轻工、家用电器等行业得到广泛应用。例如，飞机上的塑性成形零件的质量分数占85%；汽车、拖拉机的锻件质量分数约占60%～80%。

二、锻压的安全技术

（1）工作前要穿戴好规定的劳保用品。

（2）工作前必须进行设备及工具检查，如上下砧的楔铁、锤柄有无松动，锤头、铁砧、垫铁、钳子、摔子、冲子等有无开裂现象。

（3）为了保证夹持牢靠，钳子的钳口必须与锻件的截面相适应，以防锻打时坯料飞出伤人。

（4）握钳时应握紧钳子的尾部，并将钳把置于身体侧面。严禁将钳把或带柄工具的尾部对准身体的正面，或将手指放在钳股之间，以防伤人。

（5）锻打时应将锻件的锻打部位置于下砧的中部。锻件及垫铁等工具必须放正、放平，以防飞出伤人。

（6）禁止打过烧或加热温度不够的坯料。过烧的坯料一打即碎，加热温度不够的坯料锤击时易弹起，二者都可能伤人。

（7）放置及取出工具，清除氧化皮时，必须使用钳子、扫帚等工具，不许将手伸入上下砧之间。

任务二　锻　　　造

一、锻造的基础知识

用于锻造的金属应具有良好的塑性，以便在锻造加工时能产生较大的塑性变形而不被破坏。常用的金属材料中，钢、铝、铜等塑性良好，可以锻造，铸铁塑性差，不能锻造。按照成形方式不同，锻造可分为自由锻和模型锻两类。自由锻按其设备和操作方式又可分为手工自由锻和机器自由锻。

金属材料经过锻造后，其内部组织更加致密、均匀，强度及冲击韧性都有所提高。所以，承受重载及冲击的重要零件，多以锻件为毛坯。

二、坯料的加热

（一）加热的目的和锻造温度范围

1. 加热的目的

坯料在锻打前需要在加热炉中进行加热。加热的目的是提高坯料的塑性，降低其变形抗力，达到用较小的锻打力使坯料产生较大的变形量。加热到始锻温度后即开始锻打。随着锻打的进行，坯料温度逐渐降低，当温度降到其终锻温度时应终止锻打。如果锻件还未完成，应重新加热后再进行锻打。

2. 锻造温度范围

锻造是在一定温度范围内进行的。

锻造时允许加热的最高温度称为始锻温度。始锻温度一般低于熔点 $100 \sim 200℃$。锻造时金属材料允许变形的最低温度称为终锻温度。从始锻温度到终锻温度这一温度区间称为锻造温度范围。几种常用金属材料的锻造温度范围，见表3-1。

表 3-1　常用金属材料的锻造温度范围　　（℃）

种 类	始 锻 温 度	终 锻 温 度
低碳钢	$1200 \sim 1250$	800
中碳钢	$1150 \sim 1200$	800
合金结构钢	$1100 \sim 1150$	850
铝合金	$450 \sim 500$	$350 \sim 380$
铜合金	$800 \sim 900$	$650 \sim 700$

锻造时坯料的加热温度可用仪表测量，但生产中一般用观察金属的火色的方法来判断其温度。碳钢加热温度与火色的关系，见表3-2。

表 3-2　碳钢加热温度与火色的关系

大约温度/℃	1300	1200	1000	900	800	700	600
火 色	黄 色	淡 黄	暗 黄	淡 红	樱 红	暗 红	赤 褐

（二）加热设备

根据金属坯料加热所采用的热源不同，锻造加热设备主要有手锻炉、重油炉、煤气炉、反射炉及电阻炉等。

1. 手锻炉

手锻炉是以煤或焦炭作燃料的火焰加热炉。它结构简单，升温快，生火、停炉方便，易于实现坯料的局部加热，在维修及单件小批量生产中普遍采用。

手锻炉的结构简图如图3-1所示。它由加热炉膛、烟囱、送风装置及其他辅助装置构成。煤由前炉门加入，放在炉箅上，燃烧煤所需要的空气由鼓风机经风管从炉箅下面进入煤层。后炉门一般都与炉箅相对，这样不仅便于出渣，而且也可供加热长杆或轴类锻件时外伸之用。

2．重油炉和煤气炉

室式重油炉的结构如图 3-2 所示。压缩空气和重油分别由两个管道送入喷嘴。当空气从喷嘴喷出时，所造成的负压把重油从内管吸出，并喷成雾状。这样，重油就能与空气均匀地混合，进而迅速而稳定地燃烧。

煤气炉的构造与室式重油炉基本相同，主要区别是喷嘴的结构不同。

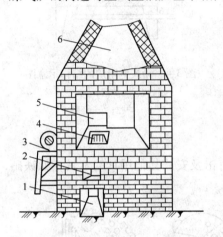

图 3-1　手锻炉的结构简图

1—灰坑；2—火沟槽；3—鼓风机；
4—炉箅；5—后炉门；6—烟囱

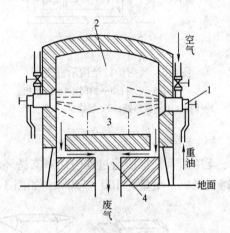

图 3-2　室式重油炉的结构示意图

1—喷嘴；2—加热室（炉膛）；
3—炉门；4—烟道

3．反射炉

反射炉也是以煤为燃料的火焰加热炉，在中小批量生产时普遍采用。其结构如图 3-3 所示。燃烧室中产生的高温炉气越过火墙进入加热室加热坯料。加热室的温度可达 1350℃ 左右。煤燃烧所需的空气由鼓风机通过送风管供给。空气进入燃烧室之前，在换热器中利用废气的余热预热到 200～500℃。坯料从炉门装取。

4．电阻炉

电阻炉是利用电阻加热器的热量来加热坯料的设备。常用的是箱式电阻炉，其结构如图 3-4 所示。炉门下设有踏杆用于开闭炉门。为了安全，炉门打开时，碰撞开关自动切断电源，关闭炉门后电流又自动接通。炉温用热电偶等控温仪控制并自动显示。电阻炉操作简便，控温准确，可通入保护性气体以减少坯料氧化，但电能消耗大，主要用于对温度要求严格的坯料的加热。

三、自由锻造

（一）手工自由锻造

1．手工自由锻造工具

手工自由锻造的工具可分为支持工具、锻打工具、成形工具、夹持工具和测量工具。

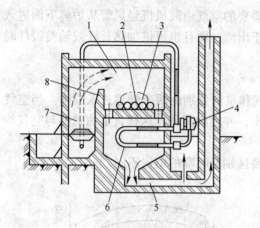

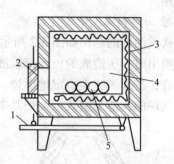

图 3-3　反射炉的结构示意图
1—加热室；2—坯料；3—炉门；4—鼓风机；
5—烟道；6—换热器；7—燃烧室；8—火墙

图 3-4　箱式电阻炉的结构示意图
1—踏杆；2—炉门；3—电阻丝；
4—炉膛；5—坯料

A　支持工具

支持工具是指锻造过程中用来支持坯料承受打击及安放其他用具的工具，如铁砧，多用铸钢制成，重量为 100～150kg，如图 3-5 所示。

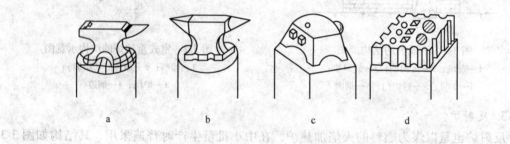

图 3-5　铁砧
a—羊角砧；b—双角砧；c—球面砧；d—花砧

B　锻打工具

锻打工具是指锻造过程中产生打击力并作用于坯料上使之变形的工具，如大锤、手锤等。大锤一般用 60 钢、70 钢或 T7 钢、T8 钢制造，可分为直头、横头和平头 3 种，如图 3-6 所示；手锤有圆头、直头和横头 3 种，如图 3-7 所示。

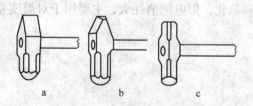

图 3-6　大锤
a—直头；b—横头；c—平头

图 3-7　手锤锤头
a—圆头；b—直头；c—横头

C 成形工具

成形工具是指锻造过程中直接与坯料接触并使之变形而达到所要求形状的工具，主要有冲孔用的冲子、修光外圆面的摔子，以及漏盘、型锤等，如图3-8所示。

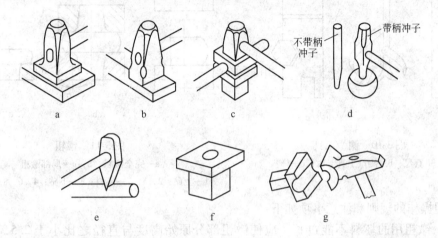

图3-8 成形工具

a—方平锤；b—窄平锤；c—型锤；d—冲子；e—錾子；f—漏盘；g—摔子

D 夹持工具

夹持工具是指用来夹持、翻转和移动坯料的工具，如图3-9所示的钳子。

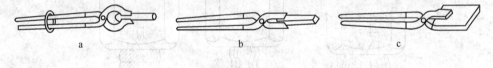

图3-9 钳子

a—圆钳子；b—方钳子；c—扁钳子

E 测量工具

测量工具是指用来测量坯料和锻件尺寸或形状的工具，如图3-10所示钢直尺、卡钳、样板等。

2. 手工自由锻的基本工序

自由锻造的基本工序有镦粗、拔长、冲孔、弯曲、扭转、错移和切割，其中前3种应用较多。

A 镦粗

镦粗是使坯料横截面增大而高度减小的锻造工序。主要用于齿轮坯、法兰盘等饼块状锻件，也可用于冲孔前的准备或作为拔长的准备工序以增加其拔长的锻造比。根据坯料的镦粗范围和所在部位不同，镦粗可分为完全镦粗和局部镦粗两种形式。手工锻造镦粗的方法如图3-11所示。

镦粗常用来锻造齿轮坯、凸缘、圆盘等高度小、截面积大的锻件；在锻造环、套筒等空心类锻件时，作为冲孔前的准备工序，以减小冲孔深度；也可作为提高锻件力学性能的准备工序。

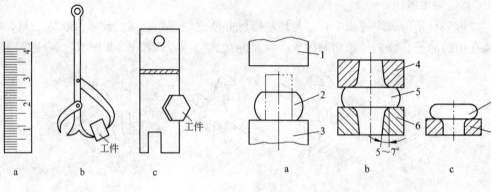

图 3-10　测量工具
a—钢直尺；b—测量工具卡钳；c—样板

图 3-11　镦粗
a—完全镦粗；b，c—局部镦粗
1—上砧；2，5，7—坯料；3—下砧；4，6，8—漏盘

镦粗操作的规则和注意事项如下：

（1）镦粗用的坯料不能过长，应使镦粗部分原始高度与直径之比小于 2.5，以免镦歪；镦歪后应将工件放平，轻轻锤击矫正。

（2）镦粗前应使坯料的端面平整，并与轴线垂直，以免镦歪。坯料镦粗部分的加热必须均匀，否则镦粗时变形不均匀，镦粗后工件将呈畸形。

（3）镦粗时锻打力要重且正，如图 3-12a 所示。否则工件会被镦成细腰形，若不及时

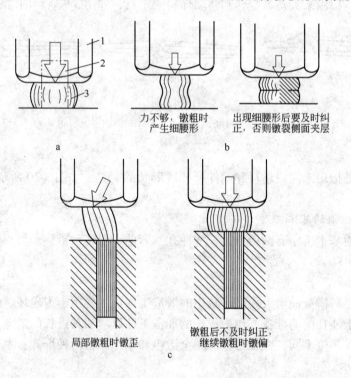

力不够，镦粗时
产生细腰形

出现细腰形后要及时纠
正，否则镦裂侧面夹层

a　　　　　　　　　　　b

局部镦粗时镦歪

镦粗后不及时纠正，
继续镦粗时镦偏

c

图 3-12　镦粗时力要重且正
a—力要重且正；b—力正，但不够重；c—力重，但不正
1—大锤；2—坯料；3—工件

纠正，在工件上还会产生夹层，如图3-12b所示；锻打时，锤还要打正，且锻打力的方向应与工件轴线一致，否则工件会被镦歪或镦偏，如图3-12c所示。

B　拔长

拔长是使坯料的横截面减小而长度增加的锻造工序。拔长用于锻制轴类和杆类锻件。

拔长的规则、操作方法及注意事项如下：

（1）坯料在拔长过程中应作90°翻转。翻转的方法有两种，质量大的锻件常采用打完一面后翻转90°，再锻打另一面，如图3-13a所示。对于质量较小的一般钢件常采用来回翻转90°锻打的拔长方法，如图3-13b所示。

（2）圆形截面的坯料拔长时，应先锻成方形截面，在拔长到方形的边长接近工件所要求的直径时，将方形锻成八角形，最后倒棱滚打成圆形，如图3-14所示。这样拔长的效率较高又能避免引起中心裂纹。

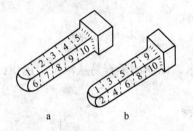

图3-13　拔长时翻转坯料的方法
a—连续90°翻转；b—来回90°翻转

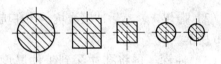

图3-14　圆形坯料的拔长方法

（3）拔长时，工件要放平，并使侧面与砧面垂直，锻打要准，力的方向要垂直，以免产生菱形，如图3-15所示。

（4）拔长后，由于表面不平整，必须修光。平面修光用平锤，圆柱面修光用摔锤，如图3-16所示。

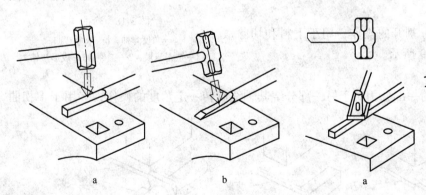

图3-15　锻打的位置与力的方向
a—正确；b—产生菱形

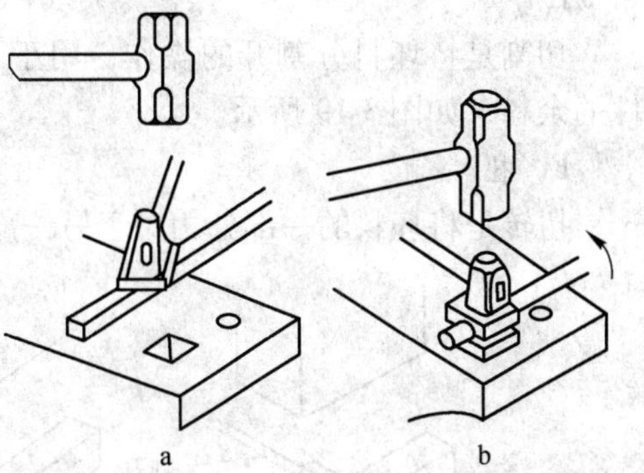

图3-16　修光
a—平面的修光；b—圆柱面的修光

C　冲孔

冲孔是在坯料上锻出通孔或不通孔的锻造工序。冲孔前一般需先将坯料镦粗，以减少冲孔深度和使端面平整。由于冲孔时锻件的局部变形量很大，为了提高塑性，防止冲裂和损坏冲子，应将坯料加热到允许的最高温度，而且均匀热透。冲通孔的步骤如图 3-17 所示。

（1）试冲。为了保证冲出孔的位置准确，需先试冲，即在孔的位置上轻轻冲出孔的痕迹，如图 3-17a 所示。

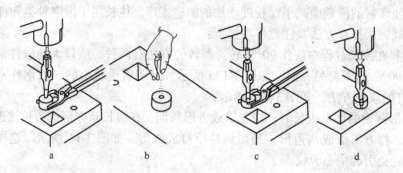

图 3-17　冲通孔步骤
a—试冲；b—冲浅坑，撒煤末；c—冲深到工件 2/3 厚度；d—翻转，冲透

（2）撒煤末。然后冲出浅坑，并在坑内撒些煤末，以便冲子容易从深坑中退出，如图 3-17b 所示。

（3）冲深。再将孔冲深到工件厚度约 2/3 的深度，如图 3-17c 所示，拔出冲子。

（4）冲透。将工件翻转，从反面冲透，如图 3-17d 所示。

D　弯曲

弯曲是使坯料弯成一定角度或形状的操作，如图 3-18 所示，用于 90°角尺、弯板、吊钩等。弯曲时，只需将坯料待弯部分加热。

E　切割

切割是将坯料分割开的操作，用于下料和切除锻件的余料，如图 3-19 所示。

F　扭转

扭转是将坯料的一部分相对于另一部分绕其轴线旋转一定角度的操作，多用于多拐曲

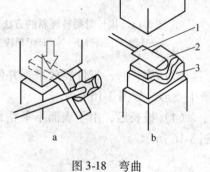

图 3-18　弯曲
a—角度弯曲；b—成形弯曲
1—成形压铁；2—工件；3—成形垫铁

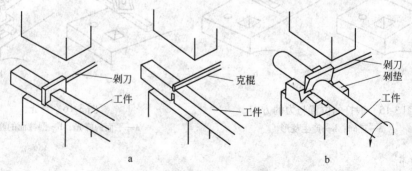

图 3-19　切割
a—方料的切割；b—圆料的切割

轴和连杆等，如图3-20所示。扭转时坯料受扭部位的温度应高些并均匀热透，扭转后应缓慢冷却避免产生裂纹。

G 错移

错移是将坯料的一部分相对于另一部分平移错开的操作，主要用于曲轴的制造。错移时先在坯料需要错移的部位压肩，再加垫板及支撑，锻打错开，最后修整，如图3-21所示。

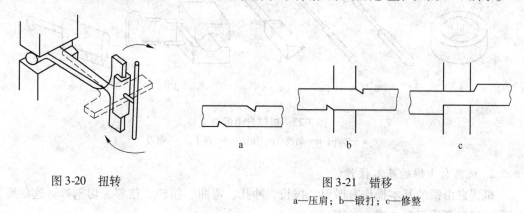

图3-20 扭转

图3-21 错移
a—压肩；b—锻打；c—修整

（二）机器自由锻

自由锻除了手工锻之外，还有机器自由锻。机器自由锻可以生产各种大小的锻件，效率较高，是目前工厂里普遍采用的自由锻造方法。

1. 机器自由锻设备及工具

机器自由锻是在设备上进行锻造的。常用的设备有空气锤、蒸汽-空气锤及水压机等。在此，这里只介绍空气锤。

A 空气锤

空气锤由锤身、压缩缸、工作缸、传动机构、操纵机构、落下部分及砧座等几部分组成。锤身和压缩缸及工作缸铸成一体；传动机构包括减速机构、曲轴和连杆等；操纵机构包括踏杆（或手柄）、旋阀及其连接杠杆；落下部分包括工作活塞、锤头和上砧铁。

空气锤自带压缩空气装置，锤身为单柱式结构，三面敞开，使用灵活，操作方便。其外形结构如图3-22所示。通过操纵手柄或脚踏杆操纵上、下旋阀，可使锤头实现空转、上悬、下压、单打、连打、轻打、重打等动作。

空气锤的规格以落下部分的总质量来表示，常用的有65kg、150kg、250kg、400kg、560kg、750kg、1000kg等空气锤。锻锤所产生的打击力约是落下部分重量的1000倍，适用于单件、小批量小型锻件的生产或制坯和修整等场合。

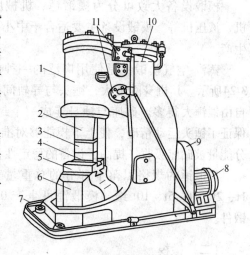

图3-22 空气锤外形结构
1—工作缸；2—锤头；3—上砧块；4—下砧块；
5—砧枕；6—砧座；7—踏杆；8—电动机；
9—减速机构；10—压缩缸；11—旋阀

B　机器自由锻工具

机器自由锻造工具与手工自由锻造工具类似，如图 3-23 所示，如夹持工具、测量工具等，但衬垫工具差别较大。

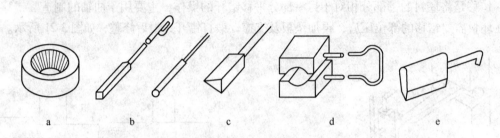

图 3-23　机器自由锻造工具

a—垫环；b—刻模；c—压铁；d—摔子；e—剁刀

2. 机器自由锻的基本操作

机器自由锻的基本操作有镦粗、拔长、冲孔、弯曲、扭转、错移、切割等。这些操作工序可以参考手工自由锻。

四、模锻

模锻是在高强度金属锻模上预先制出与锻件形状一致的模膛，并固定在锻造设备上，对原坯料预热后使其在模膛内受压变形，得到和模膛形状相符的锻件。根据所用设备不同，可分为锤上模锻和压力机上模锻两种。

（一）模锻设备

模锻设备大致可分为模锻锤、机械压力机、螺旋压机、液压机等。模锻设备主要适合于中小型锻件的大批量生产。

蒸汽-空气模锻锤是使用广泛的一种模锻设备，如图 3-24所示。其机身刚度大，锤头与导轨间隙小，砧座也比自由锻锤大得多。砧座与锤身连成一个封闭的框架结构，保证了锤头运动精确，使上下模能够对准。锤击时绝大部分能量被砧座吸收，提高了设备的稳定性和精密性。蒸汽-空气模锻锤的规格以落下部分的总重量表示，常用的有 1t、2t、3t、5t、10t 级。模锻锤可生产 0.5 ~ 150kg 的模锻件。

（二）锻模

锻模由上、下模组成。上模和下模分别安装在锤头下端和模座的燕尾槽内，用楔铁紧固，如图 3-25 所示。上、下模合在一起，其中部形成完整的模膛。

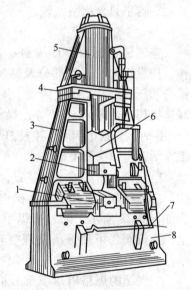

图 3-24　蒸汽-空气模锻锤

1—下模块；2—上模块；3—机架；
4—气缸垫板；5—气缸；6—锤头；
7—脚踏板；8—砧座

（三）模锻工序

1. 预锻

预锻是将坯料（可先制坯）放于预锻型腔中，锻打成形，得到形状与终锻件相近，而高度尺寸较终锻件高、宽度尺寸较终锻件小的坯料（称为预锻件）。预锻的目的是为了在终锻主要以镦粗方式成形，易于充满型腔，同时可减少终锻型腔的磨损，延长其使用寿命。

2. 终锻

终锻是将坯料或预锻件放在终锻型腔中锻打成形，得到所需形状和尺寸的锻件。

3. 精整

为了提高模锻件成形后精度和表面质量的工序称精整，包括切边、冲连皮、校正等。

预锻型腔和终锻型腔与分模面垂直的壁都应设置一个斜角（称为模压角或拔模斜角），其目的是为了便于锻件出模。

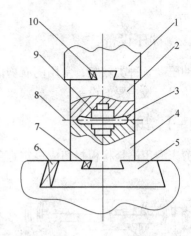

图 3-25 单模腔锻模
1—锤头；2—上模；3—飞边槽；4—下模；5—模垫；
6，7，10—楔铁；8—分模面；9—模腔

任务三 冲 压

板料冲压是金属塑性加工的基本方法之一，它是通过装在压力机上的模具对板料施压使之产生分离或变形，从而获得一定形状、尺寸和性能的零件或毛坯的加工方法。这种加工通常是在常温条件下进行的，因此又称为冷冲压。

一、板料冲压特点及应用

（一）板料冲压特点

（1）板料冲压所用原材料必须有足够的塑性，如低碳钢、高塑性的合金钢、不锈钢，铜、铝及其合金等。

（2）冲压件尺寸精度高，表面光洁，质量稳定，互换性好，一般不需进行机械加工，可直接装配使用。

（3）可加工形状复杂的薄壁零件。

（4）生产率高，操作简便，成本低，工艺过程易实现机械化和自动化。

（5）可提高零件的力学性能，获得强度高、刚度大、质量好的零件。

（6）冲压模具结构复杂，加工精度要求高，制造费用大，因此板料冲压只适合于大批生产。

（二）板料冲压应用

冲压工艺广泛用于汽车、拖拉机、家用电器、仪器仪表、飞机、导弹、兵器以及日用

品的生产中。

二、冲压设备

冲压设备种类较多，常用的有剪床、冲床、液压机、摩擦压力机等。其中剪床和冲床是冲压生产最主要的设备。

（一）剪床

剪床的用途是将板料切成一定宽度的条料或块料，为冲压生产做坯料准备。如图 3-26 所示为龙门剪床的外形图。剪床的上下刀块分别固定在滑块和工作台上，滑块在曲柄连杆机构的带动下通过离合器可做上下运动，被剪的板料置于上下刀片之间，在上刀片向下运动时压紧装置先将板料压紧，然后上刀片继续向下运动使板料分离。

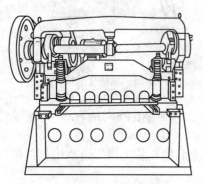

图 3-26　龙门剪床结构示意图

剪床根据上下刀片之间夹角的不同，可分为平刃剪床和斜刃剪床。剪裁同样厚度的板料，用平刃剪床可获得剪切质量好且平整的坯料；用斜刃剪床剪切时易使条料产生弯扭，但剪切力小。所以剪切长而厚的板材时，应选用平刃剪床，剪切宽度大的板材可用斜刃剪床。

（二）冲床

冲床又称为曲柄压力机，可完成冲压的绝大多数基本工序。冲床的主轴结构形式可以是偏心轴或曲轴。采用偏心轴结构的冲床，其行程可调节；采用曲轴结构的冲床，其行程固定不变。

冲床按其床身结构不同，可分为开式和闭式。开式冲床的滑块和工作台在立柱外面，多采用单动曲轴驱动，称之为开式单动曲轴冲床。它由带轮将动力传给曲轴，通过连杆带动滑块沿导轨做上下往复运动而进行冲压。图 3-27 所示为开式双柱可倾斜式冲床。开式单动曲轴冲床吨位较小，一般为 630~2000kN。闭式冲床的滑块和工作台在床身立柱之间，多采用双动曲轴驱动，称之为闭式双动曲轴冲床。这种冲床吨位较大，一般为 1000~31500kN。

三、冲模

冲模是使板料分离或变形不可缺少的工具，它可分为简单模、连续模和复合模三种。

（一）简单模

在冲床滑块的一次行程中只完成一道工序的模具称为简单模，如图 3-28 所示。冲模包括上模部分和下模部分，其核

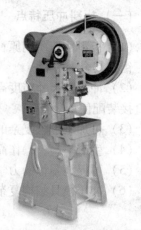

图 3-27　开式双柱可倾斜式
冲床外形图

心是凸模和凹模，两者共同作用使坯料分离或变形。

（二）连续模

连续模是把两个或两个以上的简单模安装在一个模板上，在滑块的一次行程内于模具的不同部位上，同时完成两个以上的冲压工序的模具称为连续模，如图 3-29 所示。工作时上模向下运动，在冲孔凸模 7 的工位上冲孔，在落料凸模 1 的工位上进行落料，得到成品零件 8。当上模回程时，卸料板 6 从凸模上刮下坯料，这时将坯料向前送进一个工位，进行第二次冲裁。

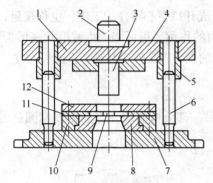 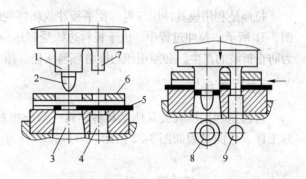

图 3-28　简单冲模

1—上模板；2—模柄；3—凸模；4—上压板；
5—导套；6—导柱；7—下模板；8—凹模；
9—定位销；10—下压板；11—导板；12—卸料板

图 3-29　连续冲模

1—落料凸模；2—导正销；3—落料凹模；
4—冲孔凹模；5—坯料；6—卸料板；
7—冲孔凸模；8—零件；9—废料

（三）复合模

在滑块的一次行程内，于模具的同一位置完成两个以上的冲压工序的模具称为复合模，如图 3-30 所示。它有一个凸凹模，其外圈是落料凸模 2，内孔是拉伸凹模 3，板料 4 送进时靠挡料销 1 定位。凸凹模落下，先由落料凸模 2 与落料凹模 6 落料，再由拉伸凸模 8 将落下的料顶入凸凹模内孔进行拉伸。顶出器 7 和卸料器 5 在滑块回程时将拉伸件推出模具。

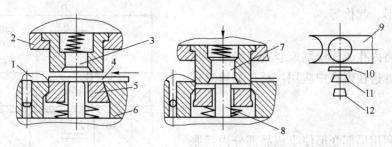

图 3-30　落料与拉伸复合模

1—挡料销；2—落料凸模；3—拉伸凹模；4—板料；5—卸料器；6—落料凹模；
7—顶出器；8—拉伸凸模；9—废料；10—坯料；11—半成品；12—工件

四、冲压基本工序

板料冲压的基本工序可分为冲裁、拉伸、弯曲和成形等。

(一) 冲裁

冲裁是使坯料沿封闭轮廓分离的工序,包括落料和冲孔。落料时,冲落的部分为成品,而余料为废料;冲孔是为了获得带孔的冲裁件,而冲落部分是废料。

(二) 拉伸

拉伸是利用模具冲压坯料,使平板冲裁坯料变形成开口空心零件的工序,也称拉延,如图 3-31 所示。拉伸过程中,由于板料边缘受到压应力的作用,很可能产生波浪状变形折皱。为防止折皱的产生,必须用压边圈将坯料压住。压力的大小以工件不起皱、不拉裂为宜。

(三) 弯曲

弯曲是利用模具或其他工具将坯料一部分相对另一部分弯曲成一定的角度和圆弧的变形工序。弯曲过程如图 3-32 所示。

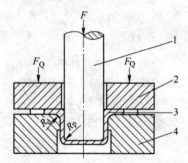

图 3-31　拉伸过程示意图
1—凸模;2—压边圈;3—坯料;4—凹模

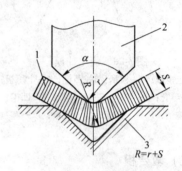

图 3-32　弯曲过程
1—工件;2—凸模;3—凹模

(四) 成形

成形是使板料毛坯或制件产生局部拉伸或压缩变形来改变其形状的冲压工艺。主要包括翻边、胀形、起伏等。

1. 翻边

翻边是将内孔或外缘翻成竖直边缘的冲压工序。内孔翻边在生产中应用广泛,翻边过程如图 3-33 所示。

2. 胀形

胀形是利用局部变形使半成品部分内径胀大的冲压成形工艺,可以采用橡皮胀形、机械胀形、气体胀形或液压胀形等。如图 3-34 所示为管坯胀形。

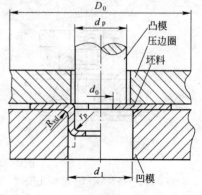

图 3-33　内孔翻边过程

3. 起伏

起伏是利用局部变形使坯料压制出各种形状的凸起或凹陷的冲压工艺。主要应用于薄板零件上制出筋条、文字、花纹等。如图 3-35 所示为采用橡胶凸模压筋，从而获得与钢制凹模相同的筋条。

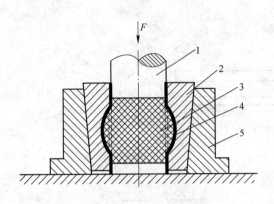

图 3-34 管坯胀形

1—凸模；2—凹模；3—橡胶；4—坯料；5—外套

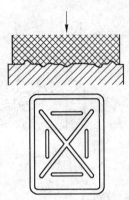

图 3-35 橡胶凸模压筋

习题与实训

习题

1. 自由锻有哪些基本工序？
2. 空气锤由几部分组成，各部分的作用是什么？
3. 镦粗、拔长、冲孔工序，各适合加工哪类工件？
4. 冲压有哪些基本工序？

实训项目：六角棒的自由锻工艺

实训目的

- 能正确使用锻造设备及工具
- 能掌握自由锻工艺

实训器材

箱式电阻炉、150kg 空气锤、φ80mm 圆口夹钳、□50mm 方口夹钳、20mm 钢坯。

实训指导

1. 读懂零件图，如图 3-36 所示。
2. 加热坯料

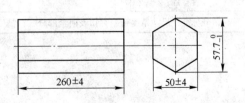

图 3-36 锻件图

将坯料放入箱式电阻炉内，加热到 700 ~ 1220℃。

3. 拔长

先拔一端，使对边尺寸符合工艺要求，可用螺旋式翻 60°方法拔长，送进量和压下量要均匀。调头用图样方法拔出另一端，使对边尺寸为 50mm，如图 3-37 所示。

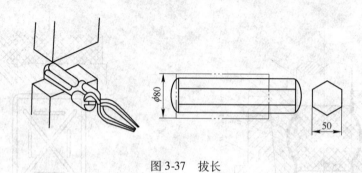

图 3-37　拔长

4. 平整、矫直

平整端面，料要竖正。沿砧子长度方向进行平整、矫直，直至符合工艺要求，出成品，如图 3-38 所示。

实训成绩评定

将实训成绩评定结果填入表 3-3。

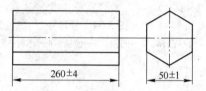

图 3-38　平整、矫直

表 3-3　六角棒自由锻工艺成绩评定

序号	项　目	考核技术要求	配分	检测工具	得　分
1	加　热	将坯料加热至 700 ~ 1220℃	10	箱式电阻炉	
2	拔　长	先拔一端，再拔另一端，分别使对边尺寸为 50 ± 1mm	30	150kg 空气锤、ϕ80mm 圆口夹钳、□50mm 方口夹钳	
3		端面平整	20	150kg 空气锤、□50mm 方口夹钳	
4	平整、矫直	长度平整	20	150kg 空气锤、□50mm 方口夹钳	
5		矫　直	10	150kg 空气锤、□50mm 方口夹钳	
6	安全及其他	文明生产、安全操作	10		
	合　计		100		

评分标准：尺寸精度超差时扣该项全部分，粗糙度降一级扣 2 分

项目四 焊 接

项目导语

本项目主要介绍了焊条电弧焊及操作技术、二氧化碳气体保护焊及操作技术、钨极氩弧焊及操作技术、气焊与气割技术、焊接缺陷的产生原因和焊接安全技术等，简要介绍了其他焊接方法。每个任务都有项目实训有助于掌握基本操作技能。

学习目标

知识目标：

- 了解埋弧焊、电阻焊、电渣焊等焊接方法，气焊与气割的应用范围
- 理解各种焊接方法工作原理、气焊与气割原理
- 掌握焊条电弧焊、二氧化碳气体保护焊、钨极氩弧焊等工艺要点

能力目标：

- 能掌握焊条电弧焊基本技能操作
- 能掌握二氧化碳气体保护焊基本技能操作
- 能掌握钨极氩弧焊基本技能操作
- 能掌握气割操作技术要领

任务一 焊接概述

一、焊接定义及分类

（一）焊接定义

焊接是指通过加热或加压，或两者并用，且用或不用填充材料，使焊件达到结合的一种加工方法。

（二）焊接分类

根据焊接过程中金属所处的状态不同，焊接方法可分为熔焊、压焊和钎焊三大类，其中又以熔焊中的电弧焊应用最普遍。

1. 熔焊

熔焊是将待焊处的母材金属加热至熔化状态，不加压力完成焊接的方法。常见的气焊、电弧焊、气体保护焊等均属于熔焊。

2. 压焊

压焊是在焊接过程中，必须对焊件施加压力（加热或不加热），以完成焊接的方法。压焊包括电阻焊、摩擦焊、锻焊、扩散焊、气压焊、爆炸焊及冷压焊等。

3. 钎焊

利用比母材熔点低的金属材料作钎料，将焊件和钎料加热到高于钎料熔点，但低于母材熔点的温度，利用液态钎料润湿母材，填充接头间隙，并与母材相互扩散而实现连接焊件的方法。常见的钎焊方法有烙铁钎焊、火焰钎焊等。

二、焊接安全技术

焊接属于特种作业，焊接安全生产非常重要，因为焊接过程中，操作者要与电、可燃及易爆气体、易燃液体、压力容器等接触，在焊接过程中还会产生一些有害气体、金属蒸气和烟尘、电弧光辐射、焊接热源（电弧、气体火焰）的高温、高频电磁场、噪声和射线等。如果操作者不熟悉有关劳动保护知识，不遵守安全操作规程，就有可能引起触电、灼伤、火灾、爆炸、中毒等事故。

（一）预防触电

我国有关标准规定：干燥环境下的安全电压为 36V，潮湿环境下的安全电压为 12V。而焊接工作现场所用的网路电压为 380V 或 220V，焊机的空载电压一般都在 50V 以上。因此，焊工在工作时必须注意以下措施防止触电。

（1）弧焊设备的外壳必须接地，与电源连接的导线要有可靠的绝缘。

（2）弧焊设备的一次侧接线、修理和检查应由电工进行操作，焊工不可私自拆修。二次侧接线焊工可以进行连接。

（3）推拉电源刀开关时，必须戴干燥的手套，面部要偏斜，以免推拉开关时，电弧火花灼伤脸部。

（4）焊工的工作服、手套、绝缘鞋应保持干燥。在潮湿的场地作业时，必须应用干燥的木板或橡胶板等绝缘物作垫板。雨天、雪天应避免在露天焊接。

（5）为了防止焊钳与焊件之间发生短路而烧坏焊机，焊接结束前，应将焊钳放置在可靠的部位，然后再切断电源。

（6）更换焊条必须戴好焊工手套，并且避免与焊件接触，尤其在夏季因身体出汗而衣服潮湿时，切勿靠在接有焊接电源的钢板上，以防触电。

（7）在容器或船舱内以及其他狭小的焊接构件内焊接时，必须两人轮换操作，其中一人在外面监护。同时，要采用橡胶垫类的绝缘物与焊件隔开，防止触电。

（8）在光线较暗的场地、容器内操作或夜间工作时，使用照明灯的电压应不大于 36V。

（9）电缆必须有完整的绝缘，不可将电缆放在焊接电弧的附近或灼热的金属上，避免高温烧坏绝缘层；同时，也要避免碰撞磨损。焊接电缆如有破损应及时修理或调换。

（10）遇到焊工触电时，切不可赤手去拉触电者，应先迅速将电源切断，或用干木棍等绝缘物将电线从触电者身上挑开。如果触电者呈昏迷状态，应立即进行人工呼吸，并尽快送医院抢救。

（二）防火灾、防爆炸

焊接时，由于电弧及气体火焰的温度较高，并且有大量的金属飞溅物，稍有疏忽就会引起火灾甚至爆炸。因此，操作者在工作时，为了防止火灾及爆炸事故的发生，必须采取下列安全措施：

（1）对密封容器施焊前，应首先查明容器内是否有压力，当确认安全时，方可进行焊接。严禁在有压力的情况下进行焊接。

（2）当补焊装过易燃、易爆物品的器具（如油桶、油箱等）时，焊前需用碱水仔细清洗，再用压缩空气吹干，并打开所有孔盖，确认安全后方能焊接，但不得站在打开的封口处焊接。

（3）在存有易燃、易爆物品的车间或场地焊接时，必须取得消防部门的同意。操作时，采取严密的措施，防止火星飞溅引起火灾。

（4）在高空作业时，应注意防止金属火星飞溅而引起火灾。

（5）在容器内工作时，焊炬、割炬应随焊工同时进出，严禁将焊炬、割炬放在容器内而擅自离开，以防混合气体燃烧和爆炸。

（6）焊条头及焊后的焊件不能随便乱扔，以免触及易燃、易爆物品，发生火灾甚至爆炸。

（7）焊接工作间应备有消防器材，严禁堆放木材、油漆、油料及其他易燃、易爆物品。

（8）每天工作结束后，应关闭气源、电源，并检查工作现场附近有无引起火灾的隐患，确认安全后才能离开。

（三）防中毒

预防有害气体焊接时，操作者周围的空气常被一些有害气体及粉尘所污染，如氧化锰、氧化锌、氯化氢、一氧化碳和金属蒸气等。焊工长期吸入这些烟尘和气体，对身体是不利的，因此应采取以下措施加以预防：

（1）焊接现场必须通风良好。可在车间内安装轴流式风机；在焊接工位安装小型通风设施，充分利用自然通风，以获得良好的操作环境。

（2）在容器内或双层底舱等狭小场地焊接时，应注意通风排气工作。可应用压缩空气，严禁使用氧气。

（3）合理组织工作布局，避免多名操作者挤在一起操作。

（4）若房间内（如某些试验室，但正规厂房除外）没有通风措施，绝对不允许进行氩弧焊操作。

（四）防弧光辐射

弧光辐射主要包括强可见光、紫外线和红外线三种辐射。弧光辐射对皮肤、眼睛有较大刺激，能引起皮肤发红、变黑、脱皮，引起电光性眼炎、畏光、疼痛、怕风吹、流泪等症状，但不会有任何后遗症。因此，焊工必须注意加以防护。

（1）操作者工作时，应穿白色帆布工作服，防止弧光灼伤皮肤。

（2）操作者使用的电焊面罩应经常检查，不能漏光。焊接引弧时，要告知身边的人，以免弧光灼伤他人的眼睛。

（3）当多名操作者操作时，要使用屏风板进行遮光，避免东张西望而造成不必要的伤害。

（4）装配定位焊时，要特别注意弧光的伤害，必要时，应戴防光眼镜。

（5）氩弧焊、CO_2 焊的明弧焊接，弧光辐射较强，衣服领口、袖口要系紧，选择稍暗些的护目玻璃。

三、焊接缺陷

焊接过程中在焊接接头中产生的金属不连续、不致密或连接不良的现象称为焊接缺陷。金属熔焊焊缝缺陷可分为 6 大类：裂纹、孔穴（气孔、缩孔）、固体夹渣、未熔合和未焊透、形状缺陷（咬边、下塌、焊瘤等）及其他缺陷。

（一）焊缝尺寸不符合要求

主要是指焊缝外形高低不平、波形粗劣；焊缝宽窄不均，余高不均等，如图 4-1 所示。产生原因是由于坡口角度不当或装配不均匀；运条速度和手法不当；电流过大或过小等。

（二）咬边

由于焊接工艺参数选择不正确和操作不当，沿焊趾的母材部位烧熔形成的沟槽或凹陷称为咬边，如图 4-2 所示。咬边产生原因主要是由于焊接电流过大或运条角度不当；电弧过长等。

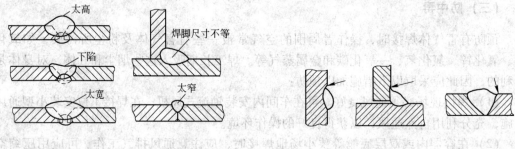

图 4-1　焊缝尺寸不符合要求　　　　　　　　　图 4-2　咬边

（三）焊瘤

在焊接过程中，熔化金属流淌到焊缝之外未熔化的母材上所形成的金属瘤称为焊瘤，如图 4-3 所示。焊瘤产生的主要原因是由于焊接电流过大；焊接速度过慢等。

（四）未焊透

焊接时，焊接接头根部未完全熔透的现象称为未焊透，如图 4-4 所示。未焊透产生的

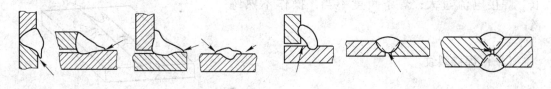

图4-3　焊瘤　　　　　　　　　　图4-4　未焊透

主要原因是坡口钝边过大，装配间隙小；焊接电流过小，焊接速度过快等。

（五）未熔合

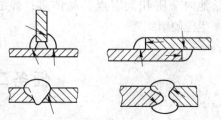

熔焊时，焊道与母材之间或焊道与焊道之间，未完全熔化结合的现象称为未熔合，如图4-5所示。未熔合产生的主要原因是焊接热输入量太低；坡口及层间清理不净等。

图4-5　未熔合

（六）烧穿

焊接过程中，熔化金属从坡口背面流出形成穿孔的缺陷称为烧穿，如图4-6所示。烧穿产生的主要原因是焊接电流过大，焊接速度慢；装配间隙大等。

（七）气孔

焊接时，熔池中的气体在凝固时未能逸出而残留下来所形成的空穴称为气孔，如图4-7所示。气孔产生的主要原因是高温熔池内溶入气体；冶金反应产生的不溶气体等。

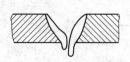

图4-6　烧穿　　　　　　　　　　图4-7　气孔

（八）夹渣

焊后残留在焊缝中的熔渣称为夹渣，如图4-8所示。夹渣产生的主要原因是焊件边缘及焊道、焊层之间清理不净；焊接电流过小，焊接速度过大；运条角度不当等。

（九）弧坑

焊缝收尾处产生的下陷部分称为弧坑，如图4-9所示。弧坑生产的主要原因是电弧过

图4-8　夹渣　　　　　　　　　　图4-9　弧坑

长，焊接电流过大；焊条角度不当；操作不熟练等。

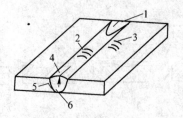

图 4-10　焊接裂纹

1—弧坑裂纹；2—横向裂纹；
3—热影响区裂纹；4—纵向裂纹；
5—熔合线裂纹；6—根部裂纹

（十）焊接裂纹

在焊接应力及其他致脆因素的作用下，焊接接头中局部区域因开裂而产生的缝隙称为焊接裂纹，如图 4-10 所示。裂纹产生的主要原因是焊接应力大；熔池内杂质和低熔点共晶体多；焊缝内焊氢量大；产生淬硬组织等。

任务二　焊条电弧焊

焊条电弧焊是利用手工操纵焊条进行焊接的电弧焊方法，是熔焊中最基本的一种焊接方法，也是目前焊接生产中使用最广泛的焊接方法。

焊条电弧焊设备简单，操作灵活，对空间不同位置、不同接头形式的焊件都能进行焊接。因此焊条电弧焊是焊接生产中应用最广泛的焊接方法。但焊条电弧焊对焊工的技术水平要求高，劳动条件差，生产效率较低。

一、焊条电弧焊的原理

焊条电弧焊是利用焊条进行焊接的电弧焊方法。电弧焊时，焊条和焊件分别作为两个电极，利用焊条与焊件之间产生的电弧热量来熔化焊件金属，冷却后形成焊缝，如图 4-11 所示。

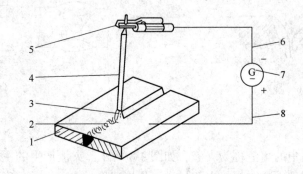

图 4-11　焊条电弧焊焊缝成形过程

1—焊件；2—焊缝；3—电弧；4—焊条；5—焊钳；6—接焊钳的电缆；
7—弧焊电源；8—接焊件电缆

二、焊条电弧焊的设备及工具

（一）焊条电弧焊设备

焊条电弧焊的焊接回路由弧焊电源、电缆、焊钳、焊条和电弧组成。焊条电弧焊的主要设备是弧焊电源，它的作用是为焊接电弧稳定燃烧提供所需的合适的电流和电压。

弧焊电源按结构可分为交流弧焊电源、直流弧焊电源、脉冲弧焊电源和弧焊逆变器。按电流的性质可分为交流弧焊电源、直流弧焊电源两大类。

1. 交流弧焊电源

A　原理及特点

交流弧焊电源是一种供电弧燃烧使用的降压变压器，也称弧焊变压器。常见的交流弧焊电源有动铁芯式和动圈式两种。交流弧焊电源可将工业用电压220V或380V降低到空载时只有60~80V，电弧引燃时为20~30V，同时它能供给很大的焊接电流，并可根据需要在一定的范围内调节。交流弧焊电源具有结构简单、节省电能、成本低廉、使用可靠和维修方便等优点，因此在一般焊接结构的生产中得到广泛的应用。

B　交流弧焊电源型号

BX_1-315（500）和BX_3-315（500）型弧焊变压器是最常用的交流弧焊电源。型号中"B"表示焊接弧焊变压器；"X"表示焊接电源为下降外特性，"1"、"3"表示该系列产品中的序号，分别表示动芯式和动圈式；"315"、"500"表示额定焊接电流为315A和500A，弧焊变压器的外形如图4-12所示。

2. 直流弧焊电源

A　原理及特点

根据所产生直流电的原理不同，直流弧焊电源可分为弧焊整流器和弧焊发电机两大类。弧焊整流器是一种将交流电变压、整流转换成直流电的弧焊电源。弧焊整流器有硅弧焊整流器、晶闸管弧焊整流器和晶体管弧焊整流器等，晶闸管弧焊整流器以其优异的性能逐步代替了弧焊发电机和硅弧焊整流器，成为目前一种主要的直流弧焊电源，外形如图4-13所示。弧焊发电机是由交流电动机带动直流发电机，为焊接提供直流电源。因其结构复杂，制造和维修较困难，使用时噪声大、耗能多而逐渐被淘汰。

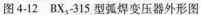

图4-12　BX_3-315型弧焊变压器外形图　　　　图4-13　ZX_5-400型晶闸管整流弧焊电源

B　直流弧焊电源型号

ZX_5-250和ZX_5-400型弧焊变压器是最常用的直流弧焊电源。型号中"Z"表示焊接弧焊整流器；"X"表示焊接电源为下降外特性，"5"表示该系列产品中的序号，晶闸管弧焊整流器；"250"、"500"表示额定焊接电流为250A和500A。ZX_5-400弧焊整流器的外形如图 4-13 所示。

（二）焊条电弧焊的工具

进行焊条电弧焊时必需的工具有夹持焊条的焊钳，保护操作者的皮肤、眼睛免于灼伤的手套和面罩，清除焊缝表面渣壳用的清渣锤和钢丝刷等。图 4-14 是焊钳与面罩的外形图。

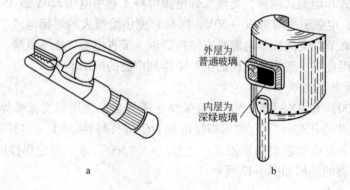

外层为
普通玻璃

内层为
深绿玻璃

a　　　　　　　　　　　　b

图 4-14　焊钳与面罩

a—焊钳；b—面罩

三、焊条

（一）焊条的组成和作用

焊条是由焊芯和药皮两部分组成的，如图 4-15 所示。

1. 焊芯

焊芯是用符合国家标准的焊接用钢丝制成。焊芯的直径就是焊条的直径，一般为 $\phi1.6 \sim 6.0mm$，常用的焊条直径有 $\phi2.5mm$、$\phi3.2mm$、$\phi4.0mm$、$\phi5.0mm$ 几种，长度在 $250 \sim 450mm$ 之间。

焊接时焊芯起两种作用：一是作为电极产生电

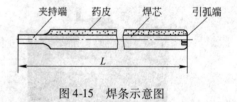

夹持端　　药皮　　　焊芯　　　引弧端

L

图 4-15　焊条示意图

弧；二是熔化后作为填充金属与熔化的母材一起形成焊缝。焊条电弧焊时，焊芯金属约占整个焊缝金属的 50% ~ 70%，焊芯的化学成分直接影响焊缝的质量。

2. 药皮

药皮是压涂在焊芯表面上的涂料层。药皮是由各种矿物类、铁合金和金属类、有机类及化工产品等原料组成。药皮中主要成分不同，药皮的类型也不同。药皮在焊接过程中可以起到稳定电弧、保护熔化金属、去除有害杂质和添加有益合金元素的作用。

（二）焊条的种类

1. 根据焊条的化学成分和用途分类

根据焊条的化学成分和用途分类，焊条可分为碳钢焊条、低合金钢焊条、不锈钢焊条、堆焊焊条、铸铁焊条、铜及铜合金焊条、铝及铝合金焊条等。其中碳钢焊条应用最广。

2. 按照焊条药皮熔化后熔渣特性分类

按照焊条药皮熔化后熔渣特性，焊条又可分为酸性焊条和碱性焊条。

（1）酸性焊条。其熔渣的成分主要是酸性氧化物，这类焊条的优点是工艺性好、易引弧、电弧稳定、飞溅小、易脱渣、成形好，对水分、油污、铁锈不敏感。它的缺点是焊缝金属的力学性能差和抗裂性能差。酸性焊条适用于低碳钢和强度等级较低的普通低合金钢机构的焊接。常用的酸性焊条有 E4003 型和 E5003 型等。

（2）碱性焊条。其熔渣的成分主要是碱性氧化物和氟化钙。这类焊条优点是焊缝金属的力学性能差和抗裂性能都比酸性焊条好，它的缺点是工艺性差、电弧稳定性差、脱渣性差、烟尘量大，对油污、铁锈和水分敏感。碱性焊条适用于合金钢和重要碳钢结构的焊接，须烘干后使用。常用的碱性焊条有 E5015 型和 E5016 型低氢焊条。

3. 焊条的型号

碳钢和低合金钢焊条型号是根据熔敷金属的力学性能、药皮类型、焊接位置和电流种类来划分的。

字母"E"表示焊条；前两位数字表示熔敷金属抗拉强度的最小值，单位为 ×10MPa；第三位数字表示焊条的焊接位置，"0"及"1"表示焊条适用于全位置焊接；第三位和第四位数字组合时，表示焊接电流种类及药皮类型。例：E5015 型号的表示如图 4-16 所示。

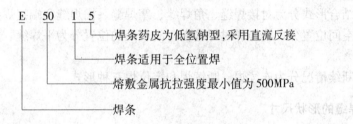

图 4-16 E5015 焊条型号的表示法

四、焊条电弧焊工艺

（一）焊接接头的选择

焊接接头是用焊接方法连接的接头，根据焊件的厚度、结构、使用条件的不同，须采用不同形式的接头。常用的接头形式有对接接头、搭接接头、角接接头和 T 形接头，如图 4-17 所示。

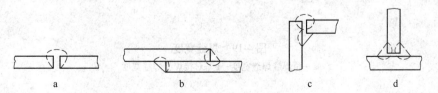

图 4-17 焊接接头形式

a—对接接头；b—搭接接头；c—角接接头；d—T 形接头

（二）焊接坡口的选择

根据设计或工艺需要，在焊件的待焊部位加工并装配成一定几何形状的沟槽叫做坡口。开坡口是为了保证电弧能深入接头根部，使根部焊透并便于清渣，以获得较好的成形，而且还能调节焊缝金属中母材金属与填充金属比例的作用。

当板厚小于6mm时，只需在接头处留一定间隙就能从一面或两面焊透；对于板厚大于6mm的板料，焊前需要加工坡口，常见坡口形式如图4-18所示。坡口的尺寸包括坡口角度、根部间隙、钝边、坡口深度和根部半径。钝边的作用是防止将接头烧穿，根部间隙的作用是保证焊透。

图4-18　对接接头坡口形式

a—I形坡口；b—V形坡口；c—X形坡口；d—U形坡口

（三）焊缝的形式

（1）按结合形式分为对接焊缝、角焊缝、塞焊缝、槽焊缝和端接焊缝5种。

（2）按空间位置分。按施焊时焊缝在空间所处的位置分为平焊缝、立焊缝、横焊缝和仰焊缝。

（3）按断续情况分为连续焊、断续焊和定位焊三种形式。

（四）焊缝的形状尺寸

1. 焊缝宽度

焊缝表面两焊趾之间的距离叫焊缝宽度。焊缝表面与母材的交界处叫焊趾，如图4-19所示。

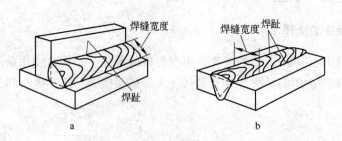

图4-19　焊缝宽度

a—角焊缝焊缝宽度；b—对接焊缝焊缝宽度

2. 余高

超出母材表面连线上面的那部分焊缝金属的最大高度叫余高。焊条电弧焊的余高值一般为0~3mm，如图4-20所示。

3. 熔深

在焊接接头横截面上，母材或前道焊缝熔化的深度叫做熔深，如图 4-21 所示。

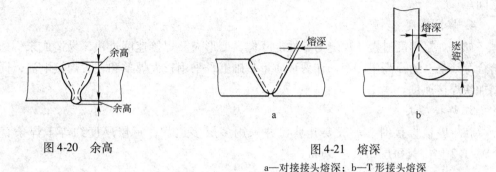

图 4-20　余高

图 4-21　熔深
a—对接接头熔深；b—T 形接头熔深

4. 焊缝厚度

在焊缝横截面中，从正面到焊缝背面的距离叫焊缝厚度，如图 4-22 所示。

5. 焊脚

角焊缝的横截面中，从一个直角面上的焊趾到另一个直角面表面的最小距离，叫做焊脚，如图 4-23 所示。

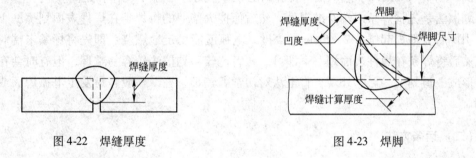

图 4-22　焊缝厚度

图 4-23　焊脚

（五）焊接工艺参数的选择

焊接工艺参数是指在焊接时为保证焊接质量和生产率而选定的各物理量，包括焊条直径、焊接电流、电源种类和极性、焊接速度、焊接层数等。

1. 焊条直径

焊条直径主要取决于被焊焊件的厚度，一般焊厚较大的焊件应选直径较大的焊条，焊薄件选细焊条。立焊、横焊和仰焊应选比平焊直径小的焊条。多层焊的打底焊时选直径小的焊条，其他层选直径大的焊条。

2. 焊接电流

焊条直径越大，焊接电流也越大，碳钢酸性焊条直径与焊接电流的关系为：$I = (35 \sim 55)d(\mathrm{A})$。平焊比立焊、横焊和仰焊时电流大。酸性焊条比碱性焊条和不锈钢焊条使用的电流大。多层焊打底焊比其他层使用的电流小。根据飞溅大小、焊条熔化状态和焊缝成形判断焊接电流的大小。

3. 电源种类和极性

用交流电源焊接时，电弧稳定性差。采用直流焊接电源时，电弧稳定，飞溅少。极性的选择主要根据焊条的形状和焊件所需的热量来决定，焊接厚件时可采用直流正接，而焊接薄件时采用直流反接。交流焊接电源上使用酸性焊条，其熔深介于直流正接和直流反接之间。

4. 焊接速度

如果焊接速度过慢，焊缝力学性能降低，变形大。焊接速度过快，易造成未焊透、未熔合等缺陷。为提高生产率，在保证质量基础上，采用较大焊条和较大焊接电流，同时适当加快焊接速度。

5. 焊接层次

在中厚板焊接时，一般要开坡口并采用多层多道焊，每层厚度约等于焊条直径的 0.8 ~ 1.2 倍，且每层不大于 5mm。

五、焊条电弧焊的操作技术

（一）电弧的引燃方法

焊条电弧焊的引燃方法可分为直击法引弧和划擦法引弧两种，如图 4-24 所示。

直击法是先将焊条垂直对准焊件，然后用焊条撞击焊件表面即提起，并与焊件保持一定距离，约 2 ~ 5mm 即引燃电弧。操作时必须掌握好手腕上下动作和距离。

划擦法是先将焊条末端对准焊件，然后像擦火柴似的将焊条在焊件表面划擦一下，当电弧引燃后立即提起维持 2 ~ 5mm 的高度，电弧就能稳定地燃烧。即先将焊条末端对准焊件，然后将焊条在焊件表面划一下即可。二者比较，划擦法较容易掌握，但有时会在焊件表面形成一道划痕，影响外观。直击法对初学者较难掌握，一般容易发生电弧熄灭或造成短路。

（二）运条方法

1. 运条动作

焊接时，焊条相对焊缝所做的各种动作的总称叫做运条。运条一般要同时完成三个基本动作，一是焊条向熔池方向不断送进，以维持稳定的弧长；二是焊条的横向摆动，以获得一定宽度的焊缝；三是焊条沿焊接方向移动，其速度就是焊接速度，如图 4-25 所示。

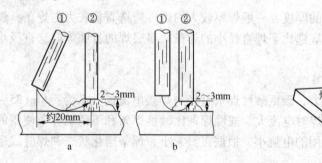

图 4-24　引弧方法
a—划擦引弧法；b—直击引弧法

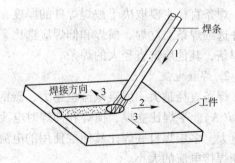

图 4-25　运条的基本动作
1—焊条送进；2—沿焊缝移动；3—焊条摆动

2. 运条方法及应用

运条的方法很多，选用时应根据接头的形式、装配间隙、焊缝的空间位置、焊条的直径与性能、焊接电流及操作者技术水平等方面决定。常用的运条方法及适用范围如表 4-1 所示。

表 4-1　常用的运条方法及适用范围

运 条 方 法		运 条 示 意 图	适 用 范 围
直线形运条法			薄板对接平焊 多层焊的第一层焊道及多层多道焊
直线往复形运条法			薄板焊 对接平焊（间隙较大）
锯齿形运条法			对接接头平焊、立焊、仰焊 角接接头立焊
月牙形运条法			管的焊接 对接接头平焊、立焊、仰焊 角接接头立焊
圆圈形运条法	斜圆圈形		角接接头平焊、仰焊 对接接头横焊
	正圆圈形		对接接头厚板件平焊
三角形运条法	斜三角形		角接接头仰焊 开 V 形坡口对接接头横焊
	正三角形		角接接头立焊 对接接头
八字形运条法			对接接头厚焊件平焊、立焊

3. 起头

刚开始焊接时，由于焊件温度较低，引弧后又不能迅速将焊件温度升高，所以起焊点部位焊道较窄，余高略高，甚至会出现熔合不良和夹渣的缺陷。为解决上述问题，起头时可以在引弧后稍微拉长电弧，对始焊处预热。从距离始焊点 10mm 左右处引弧，回焊到始焊点，如图 4-26 所示，逐渐压低电弧，同时焊条作微微的摆动，达到所需要的焊道宽度，然后进行正常焊接。

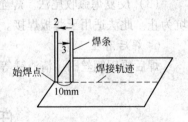

图 4-26　焊道的起头

4. 焊缝的接头

焊道连接一条完整的焊缝是由若干根焊条焊接而成的，每根焊条焊接的焊道应有完好的连接。连接方式一般有四种，如图 4-27 所示。在接头时更换焊条的动作越快越有利于保证焊缝质量，且焊缝成形美观。

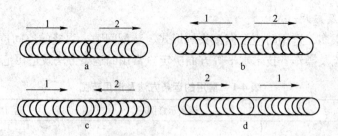

图 4-27　焊缝接头的连接方式
1—先焊的焊道；2—后焊的焊道

5. 焊缝的收尾

收尾是指焊接一条焊道结束时的熄弧操作。如果收尾不当，会出现过深的弧坑，使焊道收尾处强度减弱，甚至产生弧坑裂纹。因此，收尾动作不仅是熄弧，还应填满弧坑。常用的收尾方法如图 4-28 所示，有以下三种：

（1）划圈收尾法。当焊至终点时，焊条做圆圈运动，直到填满弧坑再熄弧。此法适用于厚板焊接，用于薄板则有烧穿焊件的危险。

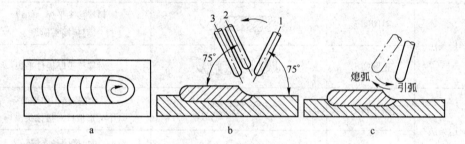

图 4-28　收尾方法
a—划圈法；b—回焊法；c—反复熄弧法

（2）回焊收尾法。当焊至结尾处，不马上熄弧，而是按照来的方向，向回焊一小段距离，待填满弧坑后，慢慢拉断电弧。碱性焊条常用此法。

（3）反复熄弧收尾法。焊至终点，焊条在弧坑处作数次熄弧的反复动作，直到填满弧坑为止。此法适用于薄板焊接。

6. 焊后清理

焊后要用钢丝刷、清渣锤等工具把焊渣和飞溅物等清理干净。

任务三　气体保护焊

气体保护电弧焊是用外加气体作为电弧介质并保护电弧和焊接区的电弧焊方法，简称气体保护焊。气体保护焊具有便于操作，适宜全位置焊接，焊接热量集中，变形小和焊接接头质量高等优点，现已得到广泛应用。常见的气体保护焊有钨极氩弧焊和 CO_2 气体保护焊等。

一、钨极氩弧焊

（一）钨极氩弧焊原理

钨极氩弧焊是用钨极作电极，利用从喷嘴流出的氩气在电弧及焊接熔池周围形成连续封闭的气流，保护钨极、焊丝和焊接熔池不被氧化的一种手工操作的气体保护电弧焊，简称 TIG 焊，如图 4-29 所示。钨极氩弧焊由于功率小，只适用于焊件厚度小于 6mm 的焊件焊接。

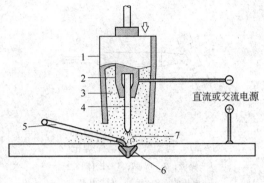

图 4-29　钨极氩弧焊原理示意图
1—喷嘴；2—钨极夹头；3—保护气体；4—钨极；
5—填充金属；6—焊缝金属；7—电弧

（二）钨极氩弧焊设备

钨极氩弧焊设备包括焊接电源、焊枪、供气系统、冷却系统、控制系统等部分，如图 4-30 所示。自动钨极氩弧焊设备，除上述几部分外，还有送丝装置及焊接小车行走机构。

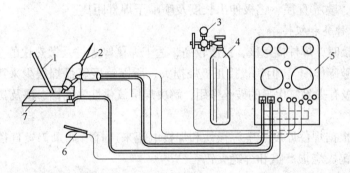

图 4-30　钨极氩弧焊设备示意图
1—填充金属；2—焊枪；3—流量计；4—氩气瓶；5—焊机；6—开关；7—焊件

1. 焊接电源

应选用具有陡降外特性的电源，由于氩气电离困难，所以钨极氩弧焊焊接电源必须带有高频振荡和脉冲稳弧器等引弧和稳弧装置。

2. 焊枪

钨极氩弧焊焊枪的作用是夹持电极、导电和输送氩气流。氩弧焊焊枪分为气冷式（焊接电流＜150A）和水冷式。

焊枪一般由枪体、喷嘴、电极夹头、电极帽、手柄和控制开关组成。典型的气冷式钨极氩弧焊焊枪如图 4-31 所示。

焊枪的喷嘴是决定氩气保护性能优劣的重要部件，常见的喷嘴出口形状如图 4-32 所示。

3. 供气系统

供气系统由氩气瓶、减压器、流量计和电磁阀组成。减压器用以加压和调压。流量计

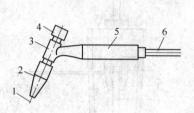

图 4-31　典型气冷式氩弧焊枪
1—钨极；2—喷嘴；3—枪体；
4—电极帽；5—手柄；6—电缆

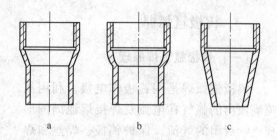

图 4-32　常见喷嘴形状示意图
a—圆柱带锥形；b—圆柱带球形；c—圆锥形

是用来调节和测量氩气流量的大小，减压器和流量计通常制成一体。电磁阀是控制气体通断的装置。

（三）钨极氩弧焊工艺参数

焊接工艺参数主要包括焊接电源种类和极性、钨极直径、焊接电流、电弧电压、氩气流量、焊接速度、喷嘴直径、钨极伸出长度及喷嘴至焊件距离。

1. 焊接电源种类和极性

采用直流正接时，焊件接正极，温度较高，适于焊接厚焊件及散热快的金属。直流反接时，具有"阴极破碎作用"，但钨极接正极烧损大，所以钨极氩弧焊很少采用。采用交流钨极氩弧焊时，阴极有去除氧化膜的破碎作用，解决焊接氧化性强的铝、镁及其合金的难题。

2. 钨极直径

钨极直径是根据焊件厚度、电源极性和焊接电流来选择。如果钨极直径选择不当，将造成电弧不稳，钨极烧损严重和焊缝夹钨。

3. 焊接电流

焊接电流是最重要的工艺参数，主要根据焊件厚度、材质和接头空间位置来选择。过小时，钨极端部电弧偏移，此时电弧飘动；过大时，钨极端部易熔化，形成夹钨等缺陷，并且电弧不稳，焊接质量差。

4. 电弧电压

电弧电压由弧长决定，弧长增加，焊缝宽度增加，熔深减少，气体保护效果随之变差，甚至产生焊接缺陷，因此，应尽量采用短弧焊。

5. 氩气流量

当焊接速度、弧长、喷嘴直径、钨极伸出长度增加时，气体流量应相应增加。在生产实践中，孔径在 12~20mm 的喷嘴，最佳氩气流量范围为 8~16L/min。

6. 焊接速度

氩气保护是柔性的，若焊接速度过快，则氩气气流会受到弯曲，保护效果减弱。

7. 喷嘴直径

增大喷嘴直径的同时，应增加气体流量，此时保护区大，保护效果好。但喷嘴过大时，氩气的消耗增加。因此，常用的喷嘴直径一般为 8~20mm。

8. 钨极伸出长度

钨极伸出长度一般以 3～4mm 为宜。如果伸出长度增加，喷嘴距焊件的距离增大，氩气保护效果也会受到影响。

9. 喷嘴至焊件距离

喷嘴至焊件距离一般为 8～12mm。这个距离是否合适，可通过测定氩气有效保护区域的直径来判断。

二、CO_2 气体保护焊

CO_2 气体保护焊是利用 CO_2 气体作为保护气体的一种熔化极气体保护电弧焊方法。CO_2 气体保护焊具有焊接成本低、生产率高、焊接质量好、焊接应力与变形小、适用范围广等优点。

（一）CO_2 气体保护焊设备

CO_2 气体保护焊按操作方式可分为 CO_2 半自动焊和 CO_2 自动焊。CO_2 半自动焊适于全位置焊、不规则焊和短道焊，故应用广。

CO_2 半自动焊设备主要由焊接电源、送丝机构、焊枪、供气系统和控制系统等部分组成，如图4-33所示。

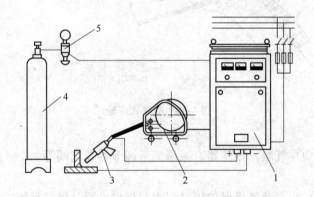

图4-33 CO_2 气体保护半自动焊机系统示意图

1—焊接电源；2—送丝机构；3—焊枪；4—气瓶；5—减压流量调节器

1. 焊接电源

CO_2 气体保护焊采用交流电源焊接时，电弧不稳定，飞溅大，所以，必须使用直流电源。通常选用平外特性的弧焊整流器。CO_2 气体保护焊焊接电源外形如图4-34所示。

2. 送丝机构

送丝机构由电动机、减速器、矫直轮和送丝轮、送丝软管、焊丝盘等组成。送丝方法主要有拉丝式、推丝式和推拉式三种。

常用的 CO_2 气体保护半自动焊机送丝形式是推丝式，如图4-35所示。

图4-34 NBC-500型 CO_2 气体保护焊焊接电源

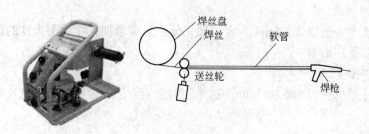

图 4-35　推丝式送丝机及送丝示意图

3. 焊枪

焊枪根据送丝方式不同分为拉丝式和推丝式两种。

拉丝式焊枪送丝均匀稳定，活动范围大，但因焊丝盘装在焊枪上，结构复杂且笨重，只能使用直径为 0.5 ~ 0.8mm 的焊丝。

推丝式焊枪按焊枪形状不同，可分为以下两种：手枪式焊枪和鹅颈式焊枪。鹅颈式焊枪枪体轻便，应用较为广泛，如图 4-36 所示。

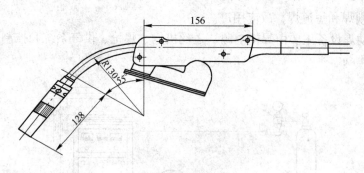

图 4-36　鹅颈式焊枪

4. 供气系统

供气系统包括 CO_2 气瓶、预热器、减压流量调节器及气阀等。

5. 控制系统

控制系统在 CO_2 半自动气体保护焊过程中对焊接电源、供气系统、送丝系统实现程序控制。

（二）焊接工艺参数

CO_2 气体保护焊的焊接工艺参数主要包括焊丝直径、焊接电流、电弧电压、焊丝伸出长度、电源极性、气体流量和焊接速度等。部分参数选择见表 4-2。

表 4-2　CO_2 气体保护焊的焊接工艺参数的选择

焊丝直径/mm	焊件厚度/mm	焊接电流/A	电弧电压/V	焊接速度/mm·min⁻¹	气体流量/L·min⁻¹
0.8	1.0 ~ 2.5	60 ~ 150	17 ~ 20	约 40	10 ~ 15
1.0	1.2 ~ 6	90 ~ 250	19 ~ 23	35 ~ 50	10 ~ 20
1.2	2.0 ~ 10	120 ~ 350	23 ~ 35	30 ~ 40	15 ~ 20
1.6	>6	350 ~ 500	35 ~ 42	50 ~ 60	15 ~ 20

1. **焊丝直径**

焊条直径是根据焊件厚度、施焊位置及生产率的要求来选择的。中厚板多采用直径 1.2mm 以上焊丝。

2. **焊接电流**

焊接电流应根据焊件厚度、焊丝直径、施焊位置及熔滴过渡形式来确定。

3. **电弧电压**

为了保证焊接过程的稳定性和良好的焊缝成形，电弧电压必须与焊接电流配合适当。

4. **焊丝伸出长度**

焊丝伸出长度是指从导电嘴到焊丝端部的距离，一般约等于焊丝直径的 10 倍，且不超过 15mm。

5. **电源极性**

为减少飞溅，保持电弧的稳定，一般采用直流反接。正极性主要用于堆焊、铸铁补焊等。

6. **气体流量**

通常在细丝焊接时，气体流量约为 8~15L/min，粗丝焊接时约为 15~25L/min。

7. **焊接速度**

一般 CO_2 半自动焊的焊接速度为 15~40m/h。

8. **焊枪倾角**

通常操作者习惯用右手持枪，采用左向焊法和前倾角（焊件的垂线与焊枪轴线的夹角）10°~15°，此法不仅能够清楚地观察和控制熔池，且还可得到较好的焊缝成形。

9. **喷嘴至焊件的距离**

喷嘴与焊件间的距离应根据焊接电流来选择。

（三）CO_2 气体保护焊的操作技术

1. **持枪姿势**

根据焊件高度，身体呈下蹲、坐姿或站立姿势，脚要站稳，右手握焊枪，手臂处于自然状态，焊枪软管应舒展，手腕能灵活带动焊枪平移和转动，焊接过程中能维持焊枪倾角不变，并可方便地观察熔池。如图 4-37 所示为焊接不同位置焊缝时的正确持枪姿势。

图 4-37　正确持枪姿势

a—下蹲平焊；b—坐姿平焊；c—站立平焊；d—站立立焊；e—站立仰焊

2. **焊枪的摆动方法**

常用的摆动方法有锯齿形、月牙形、反月牙形、斜圆圈形摆动法等几种，见表 4-3。

表 4-3　焊枪的摆动方法及适用范围

摆 动 方 法	摆 动 形 式	适 用 范 围
直线形运丝法	——————→	焊接薄板或中厚板打底层焊道
小锯齿形摆动法	VVVVVVVVVVVV	焊接较小坡口或中厚板打底层焊道
锯齿形摆动法	∧∧∧∧∧∧∧→	焊接厚板多层堆焊
斜圆圈形摆动法	ℓℓℓℓℓℓ→	横角焊缝的焊接
双圆圈形摆动法	∞∞∞∞→	较大坡口的焊接
直线往复运丝法	←◆◆◆◆◆→	薄板根部有间隙的焊接
反月牙形摆动法	⌒⌒⌒⌒⌒→	焊接间隙较大焊件或从上往下立焊

3. 引弧

具体操作是：

（1）引弧前先按焊枪上的控制开关，点动送出一段焊丝接近焊丝伸出长度，超长部分应剪去。

（2）将焊枪按合适的倾角和喷嘴高度放在引弧处，此时焊丝端部与焊件未接触，保持 2~3mm 距离。

（3）按动焊枪开关，焊丝与焊件接触短路，焊枪会自动顶起，要稍用力压住焊枪，瞬间引燃电弧后移向焊接处，待金属熔化后进行正常的焊接。

4. 收弧

一条焊道焊完后或中断焊接，必须收弧。焊机没有电流衰减装置时，焊枪在弧坑处停留一下，并在熔池未凝固前，间断短路 2~3 次，待熔滴填满弧坑时断电；若焊机有电流衰减装置时，焊枪在弧坑处停止前进，启动开关用衰减电流将弧坑填满，然后熄弧。

5. 接头

焊缝连接时接头好坏会直接影响焊缝质量，接头方法如图 4-38 所示。

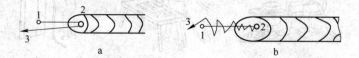

图 4-38　焊缝接头方法

a—窄焊缝接头方法；b—宽焊缝摆动接头方法

6. 焊枪的运动方向

焊枪的运动方向有左向焊法和右向焊法两种，如图 4-39 所示。一般 CO_2 焊多数情况下采用左向焊法，前倾角为 $10° \sim 15°$。

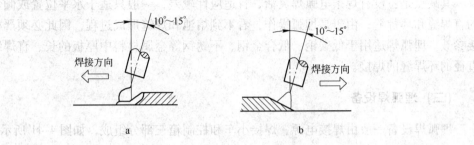

图 4-39 CO_2 焊接时焊枪的运动方向

a—左向焊法；b—右向焊法

任务四 其他焊接方法

一、埋弧焊

埋弧焊是电弧在颗粒状焊剂层下燃烧的一种焊接方法。焊接时，引燃电弧、送丝、电弧移动及焊缝收尾等过程全由机械自动完成。现已广泛用于锅炉、压力容器、石油化工、船舶、桥梁及机械制造工业中。

（一）埋弧焊的焊接过程

焊接时，在焊件被焊处覆盖一层 $30 \sim 50mm$ 厚的粒状焊剂，连续送进的焊丝在焊剂层下与焊件间产生电弧，电弧的热量使焊丝、焊件和焊剂熔化形成金属熔池和熔渣，液态熔渣形成的包膜包围着电弧与熔池，使它们与空气隔绝。随着焊机自动向前移动，电弧不断熔化前方的焊件焊丝及焊剂，而熔化金属在电弧离开后冷却凝固形成焊缝，液态熔渣也随后冷凝形成渣壳，埋弧焊原理如图 4-40 所示。

（二）埋弧焊的特点

埋弧焊与焊条电弧焊相比有以下优点：

（1）生产率高。在焊丝与焊条直径相同的情况下，埋弧焊使用的焊接电流比焊条电弧焊大 $3 \sim 5$ 倍，因此热效率高、熔深大，其效率是焊条电弧焊的 $4 \sim 5$ 倍。

（2）焊缝质量好。熔池及焊缝金属保护良好，且焊接参数可自动调节，焊接参数稳定，故焊接质量好，焊缝成形美观。

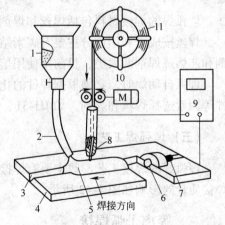

图 4-40 埋弧焊原理示意图

1—焊剂漏斗；2—软管；3—坡口；4—焊件；
5—焊剂；6—熔敷金属；7—渣壳；8—导电嘴；
9—电源；10—送丝机构；11—焊丝

（3）劳动条件好。没有强烈的弧光辐射，劳动强度明显优于焊条电弧焊。

其缺点是：没有焊条电弧焊灵活，且适应性较差，一般只适于水平位置或倾斜度不大的直焊缝和环焊缝；由于是埋弧操作，看不到熔池和焊缝形成过程，因此必须严格控制焊接参数。埋弧焊适用于低碳钢、低合金钢、不锈钢等金属材料中厚板的长、直焊缝和较大直径的环焊缝的焊接。

（三）埋弧焊设备

埋弧焊设备一般由焊接电源、焊接小车和控制箱三部分组成，如图4-41所示。

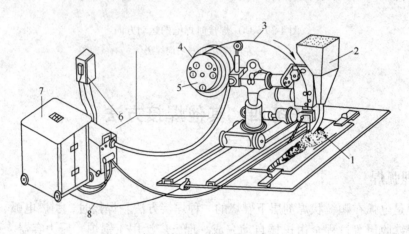

图4-41　埋弧自动焊设备
1—焊剂；2—焊剂漏斗；3—焊丝；4—焊丝盘；5—操纵盘；
6—电源；7—控制箱；8—焊接电源

（四）焊接材料

埋弧焊的焊接材料包括焊丝和焊剂，其作用与焊条电弧焊的焊条和焊条药皮类似。

焊丝按成分和用途分主要有碳素结构钢、合金结构钢、不锈钢等焊丝。焊剂有熔炼焊剂和非熔炼焊剂两大类，目前多使用熔炼焊剂。

埋弧自动焊时，必须根据焊件的化学成分、焊件厚度、接头形式、坡口尺寸及工作条件等因素选择焊丝和焊剂，如HJ431、HJ430配H08A或H08MnA焊丝。

（五）埋弧焊工艺

埋弧焊的焊接工艺参数主要有焊接电流、电弧电压、焊接速度、焊丝直径等，它们对焊接质量的影响如图4-42所示。

二、等离子弧焊接

等离子弧焊接是利用高温的等离子弧来进行焊接的工艺方法。等离子弧主要是靠喷嘴的机械压缩作用、等离子气的热收缩作用和电磁收缩作用形成的，如图4-43所示。它具有能量集中，温度高，生产率高，能焊接所有金属的优点。

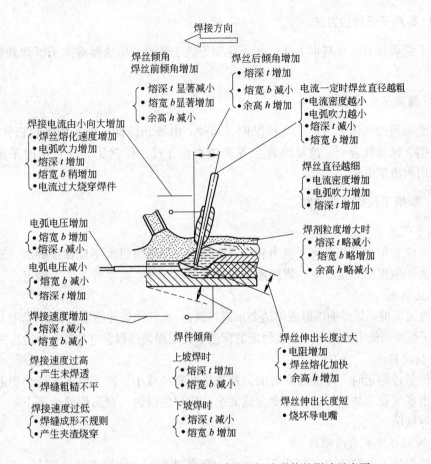

图 4-42 焊接工艺参数对焊接质量和焊缝形状的影响示意图

（一）焊接设备

手工等离子弧焊设备由焊接电源、焊枪、气路和水路系统、控制系统等部分组成。

1. 焊接电源

具有下降或陡降特性的电源均可供等离子弧焊使用。

2. 焊枪

焊枪结构主要由上枪体、下枪体和喷嘴三部分构成。

3. 气路和水路系统

气路系统应能分别供给离子气、保护气和冷却水从焊枪下部通入，由焊枪上部流出，以保证对喷嘴和钨极的冷却作用。

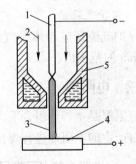

图 4-43 等离子弧的形成示意图
1—钨极；2—离子气流；3—等离子弧；
4—工件；5—水冷喷嘴

4. 控制系统

控制系统一般包括高频引弧电路、拖动控制电路、延时电路和程序控制电路等部分。程序控制电路包括提前送保护气、高频引弧和转弧、离子气逆增、延时行走、电流衰减和延时停气等控制环节。

（二）等离子弧焊接方法

等离子弧焊接有三种基本方法，即小孔型等离子弧焊、熔透型等离子弧焊和微束等离子弧焊。

（三）等离子弧焊所用材料

气体所采用的气体分为离子气和保护气两种。电极和极性一般采用铈钨极作为电极，焊接不锈钢、钛及钛合金、镍及镍合金等采用直流正接；焊接铝、镁合金时采用直流反接，并使用水冷铜电极。

（四）等离子弧焊工艺参数

1. 离子气流量

离子气流量增加可使等离子流力和穿透力增大，但流量过大不能保证焊缝成形。离子气流量的大小应根据焊接电流、焊接速度及压缩喷嘴尺寸、高度等参数来确定。

2. 焊接电流

焊接电流应根据焊件的板厚或熔透要求进行选择，在其他条件给定时，随着焊接电流的增加，等离子弧熔透能力提高。为形成稳定的穿透小孔的焊接过程，电流有一个适当的范围。

3. 焊接速度

在其他条件给定时，焊接速度增加，穿透小孔直径减小，甚至消失，还会引起焊缝两侧咬边和出现气孔等缺陷。焊接速度太低又会造成焊件过热，背面焊缝金属下陷、凸出太高或烧穿等缺陷。

4. 喷嘴到焊件表面的距离

喷嘴到焊件表面的距离一般为 3～8mm，距离过大，会使熔透能力降低；距离过小，则造成飞溅物粘污喷嘴。

5. 保护气流量

保护气流量应与离子气流量有一个适当的比例，小孔型焊接保护气体一般在 15～30L/min 的范围内。

三、电阻焊

电阻焊是指焊件组合后，通过电极施加压力，利用电流通过焊件接头的接触面及邻近区域时产生的电阻热进行焊接的方法。

（一）电阻焊特点及应用

电阻焊的主要特点是生产率高，焊接变形小，劳动条件好，操作方便，易于实现自动化。但电阻焊设备复杂，投资大，耗电量大。适用的接头形式与工件厚度受到一定限制。电阻焊主要适用于成批大量生产，目前已在航空、航天、汽车工业、家用电器等领域得到广泛应用。

（二）电阻焊的分类

电阻焊通常分为点焊、缝焊和对焊三种，如图 4-44 所示。

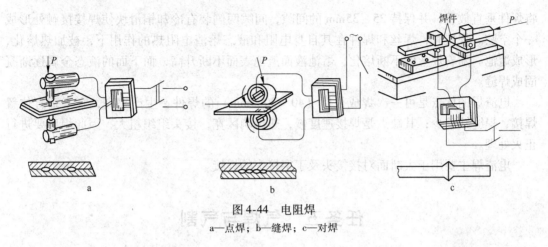

图 4-44 电阻焊

a—点焊；b—缝焊；c—对焊

1. 点焊

点焊是将焊件装配成搭接接头，并压紧在两个柱状电极之间，利用电阻热熔化母材，形成焊点的电阻焊方法，即电阻点焊。点焊主要适用于厚度在 4mm 以下薄板结构及钢筋的焊接。

2. 缝焊

缝焊过程与点焊相似，只是以盘状滚动电极代替了柱状电极。焊接时，盘状电极边焊边滚，配合断续送电，形成连续重叠的焊点。缝焊的焊缝具有良好的密封性。缝焊主要适用于厚度在 3mm 以下，有密封性要求的容器和管道等。

3. 对焊

对焊是对接电阻焊，即把两焊件装配成对接接头，使其端面紧密接触，利用电阻热加热至热塑性状态，然后迅速施加顶锻力完成焊接的方法。分为电阻对焊和闪光对焊两种。

（1）电阻对焊。电阻对焊的焊接过程是：预压—通电—顶锻—断电—去压。电阻对焊只适合于焊截面形状简单、直径小于 20mm 和强度要求不高的焊件。

（2）闪光对焊。闪光对焊的焊接过程是：通电—闪光加热—顶锻—断电—去压。由于焊件表面不平，接触点少，其电流密度很大，接触点金属迅速达到熔化、蒸发、爆破，以火花从接处飞射出来，形成"闪光"。闪光对焊接头质量高，常用于重要零件的焊接，如锚链、自行车和钢轨等。

四、电渣焊

电渣焊是利用电流通过液体熔渣产生的电阻热进行焊接的焊接方法。根据使用的电极形状，可分为丝极电渣焊、板极电渣焊和熔嘴电渣焊等。

电渣焊焊缝成形过程如图 4-45 所示。

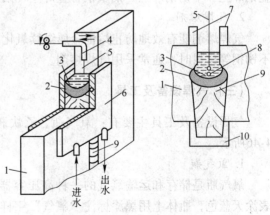

图 4-45 电渣焊焊缝成形过程

1—焊件；2—金属熔池；3—渣池；4—导电嘴；

5—焊丝；6—强迫成形装置；7—引出板；

8—金属熔滴；9—焊缝；10—引弧板

将焊件垂直放置，并保持 25～35mm 的间隙，间隙两侧装有冷却铜滑块使焊接接触处形成一个空腔。焊接时，焊丝和焊件在其自身电阻和液态熔渣电阻热的作用下，被加热熔化，形成熔池。随着焊丝的不断熔化，熔池液面渣池表面不断升高，而下面的液态金属逐渐凝固成焊缝。

电渣焊的优点是可一次焊成很厚（40～2000mm）的焊件，生产率高，宜于垂直位置焊接，焊缝缺陷少；其缺点是焊接速度慢，热影响区宽，接头组织粗大，因此焊后要进行正火处理。

电渣焊主要用于大断面对接接头及丁字接头的焊接。

任务五　气焊与气割

一、气焊

气焊是利用可燃气体与助燃气体通过焊炬按一定比例混合，获得所要求的火焰性质的火焰作热源，熔化被焊金属和填充金属，使其形成牢固焊接接头的熔焊方法。

（一）特点及应用

气焊具有设备简单、操作方便、成本低、适应性强、变形大等特点。气焊主要用于焊接薄板、小直径薄壁管、铸铁、有色金属低熔点金属及硬质合金等。

（二）气焊焊接材料

1. 焊丝

气焊焊丝的作用在气焊中起填充金属的作用。常用的气焊焊丝有碳素结构钢焊丝、合金钢焊丝、不锈钢焊丝、铜及铜合金焊丝、铝及铝合金焊丝和铸铁焊丝等。

2. 气焊熔剂

气焊熔剂能有效地防止熔池金属继续氧化，改善焊缝的质量。气焊有色金属、铸铁及不锈钢等材料时，通常采用气焊熔剂。

（三）气焊设备及工具

气焊设备及工具主要有：氧气瓶、乙炔瓶、液化石油气瓶、减压器、焊炬等，如图 4-46 所示。

1. 氧气瓶

氧气瓶是储存和运输氧气的一种高压容器，其形状和构造如图 4-47 所示。氧气瓶外表涂天蓝色，瓶体上用黑漆标注"氧气"字样，常用气瓶的容积为 40L。

2. 乙炔瓶

乙炔瓶是一种储存和运输乙炔的容器，其形状和构造如图 4-48 所示。乙炔瓶外表涂白色，并用红漆标注"乙炔"字样。在瓶体内装满浸有丙酮的多孔性填料，能使乙炔安全地储存在乙炔瓶内。

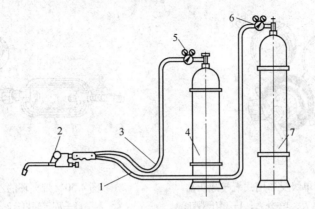

图 4-46　气焊设备和工具
1—氧气胶管；2—焊炬；3—乙炔胶管；4—乙炔瓶；5—乙炔减压器；6—氧气减压器；7—氧气瓶

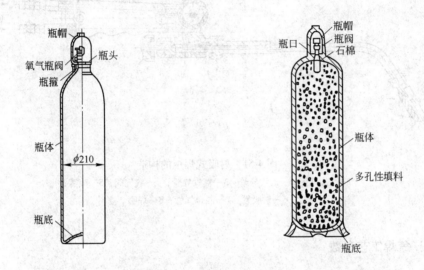

图 4-47　氧气瓶的构造　　　　　　　图 4-48　乙炔瓶的构造

3. 减压器

减压器又称压力调节器，它是将气瓶内的高压气体降为工作时的低压气体的调节装置，按用途可分为氧气减压器和乙炔减压器。氧气减压器结构如图 4-49 所示，乙炔减压器结构如图 4-50 所示。减压器起减压和稳压作用，氧气瓶和乙炔瓶都需要安装减压器。

4. 回火保险器

回火保险器是装在乙炔表和焊炬（割炬）之间的防止气体向瓶内回火的保险装置，还可以对乙炔过滤，提高其纯度。

5. 焊炬

焊炬是气焊时用于控制气体混合比、流量及火焰并进行焊接的工具。焊炬按可燃气体与氧气混合的方式不同，可分为射吸式焊炬（也称低压焊炬）和等压式焊炬两类。现在常用的是射吸式焊炬，其构造如图 4-51 所示。

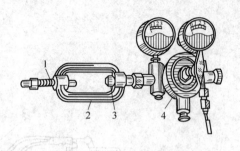

图 4-49　QD-1 型单级反作用式氧气减压器
1—低压表；2—高压表；3—外壳；4—调压螺钉；
5—进气接头；6—出气接头

图 4-50　带夹环的乙炔减压器
1—固定螺钉；2—夹环；
3—连接管；4—乙炔减压器

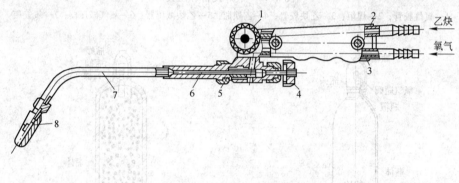

图 4-51　射吸式焊炬的构造
1—乙炔阀；2—乙炔导管；3—氧气导管；4—氧气阀；5—喷嘴；
6—射吸管；7—混合气管；8—焊嘴

（四）气焊工艺参数

气焊工艺参数包括焊丝的型号、牌号及直径、气焊焊剂、火焰的性质及能率、焊炬的倾斜角度、焊接方向、焊接速度和接头形式等。

1. 接头形式

气焊的接头形式有对接接头、卷边接头、角接接头等，对接接头是气焊采用的主要接头形式。

2. 火焰的性质及能率

气焊火焰的性质应该根据焊件的不同材料合理选择。气焊火焰能率主要是根据每小时可燃气体（乙炔）的消耗量（L/h）来确定，而气体消耗量又取决于焊嘴的大小。焊嘴号码越大，火焰能率也越大。

3. 焊炬的倾角

在气焊过程中，焊丝与焊件表面的倾斜角一般为 30°～40°，焊丝与焊炬中心线的角度为 90°～100°，如图 4-52 所示。

4. 焊接方向

气焊时，按照焊炬和焊丝的移动方向不同，可分为左向焊法和右向焊法两种，如

图 4-53 所示。

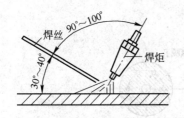

图 4-52 焊丝与焊炬、焊件的角度

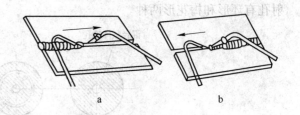

图 4-53 右向焊法和左向焊法示意图
a—右向焊法；b—左向焊法

5. 焊接速度

焊接速度即单位时间内完成的焊道长度。焊接速度直接影响生产率和产品质量，根据不同产品，必须选择正确的焊接速度。在保证焊接质量的前提下，应尽量加快焊接速度，以提高生产率。

二、气割

气割是利用气体火焰的热能，将工件切割处预热到燃烧温度后，喷出高速气割氧流，使其燃烧并放出热量，从而实现切割的方法。切割是预热—燃烧—吹渣的过程，如图 4-54 所示。气割适于低碳钢和低合金钢的切割。

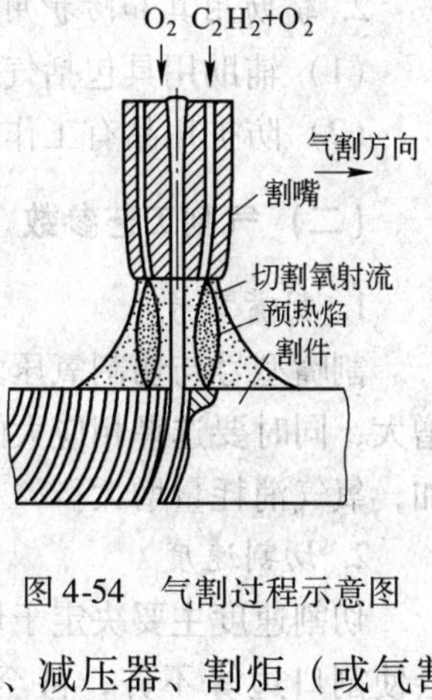

图 4-54 气割过程示意图

（一）气割设备及工具

气割设备及工具主要有：氧气瓶、乙炔瓶、液化石油气瓶、减压器、割炬（或气割机）等。气割设备及工具与气焊相比，只是割炬与焊炬的不同。手工气割时使用的是手工割炬，机械化设备使用的是气割机。

1. 割炬

割炬是手工气割的主要工具，外形如图 4-55 所示。

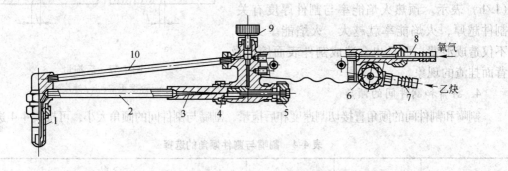

图 4-55 射吸式割炬的构造

1—割嘴；2—混合气管；3—射吸管；4—喷嘴；5—预热氧气调节阀；6—乙炔调节阀；
7—乙炔接头；8—氧气接头；9—切割氧气调节阀；10—切割氧气管

割嘴的构造与焊嘴不同，割嘴构造如图 4-56 所示。射吸式割炬的割嘴混合气体的喷射孔有环形和梅花形两种。

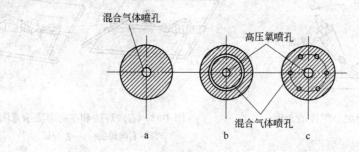

图 4-56　割嘴与焊嘴的截面比较

a—焊嘴；b—环形割嘴；c—梅花形割嘴

2. 辅助用具和防护用品

（1）辅助用具包括气割眼镜、通针、橡皮胶管、点火枪、扳手、钢丝钳、钢丝刷等。

（2）防护用品有工作服、皮手套、工作鞋、口罩、护脚等。

（二）气割工艺参数

1. 割嘴型号

割嘴型号与切割氧压力、割件厚度、氧气纯度有关。被割的割件越厚，割嘴号码相应增大，同时要选择相应大的切割氧压力。氧气纯度越低，金属氧化速度越慢，气割时间增加，氧气消耗量增大。

2. 切割速度

切割速度主要决定于切割件的厚度。厚度越大，割速越慢，反之则越快。割速太慢，会使割口边缘不齐，甚至产生局部熔化现象；割速太快，则会造成后拖量大，并使切口不光滑，甚至产生割不透的现象，如图 4-57 所示。

3. 预热火焰能率

预热火焰能率以可燃气体每小时的消耗量（L/h）表示。预热火焰能率与割件厚度有关。割件越厚，火焰能率就越大。火焰能率太大，不仅造成浪费，而且也会造成割件表面熔化及背面挂渣的现象。

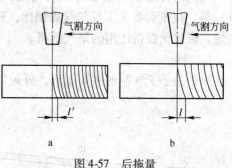

图 4-57　后拖量

a—速度正常；b—速度过大

4. 割嘴和割件间的倾角

割嘴和割件间的倾角直接切割速度和后拖量，割嘴与割件间的倾角大小，可按表 4-4 选择。

表 4-4　割嘴与割件倾角的选择

割件厚度/mm	<6	6~30	>30		
			起　割	割穿后	停　割
倾角方向	后　倾	垂　直	前　倾	垂　直	后　倾
倾角度数/(°)	25~35	0	5~10	0	5~10

5. 割嘴离割件表面的距离

割嘴离割件表面距离一般为 3～5mm，但随着割件厚度的变化而变化。

习题与实训

习题

1. 什么是焊接，焊接分哪三类？
2. 焊接时应怎样防止触电事故发生？
3. 焊接时如何防止火灾及爆炸事故的发生？
4. 弧光辐射主要包括哪些，对人体有何危害？
5. 焊接缺陷的种类有哪些，它们产生的原因是什么？
6. 简述焊条的组成及其作用。
7. 焊条电弧焊焊接工艺参数如何选择？
8. 钨极氩弧焊有哪些焊接工艺参数，如何选择焊接电流？
9. CO_2 气体保护焊的特点有哪些？
10. CO_2 气体保护焊设备由哪几部分组成？
11. 如何选择 CO_2 气体保护焊焊接工艺参数？
12. 简述埋弧焊的工作过程。
13. 简述等离子弧的形成及特点。
14. 电阻的种类有哪些？

实训项目一：平敷焊

实训目的

- 熟悉运条及运条方法
- 掌握焊道起头、连接、接头、收尾的方法

实训器材

BX_1-315 型弧焊变压器、E4303 型焊条（直径为 $\phi 3.2mm$ 和 $\phi 4.0mm$）、Q235 钢板（规格为 150mm × 150mm × 8mm）、粉笔、焊接检验尺、长板尺、敲渣锤、面罩、焊工手套、钢丝刷等。

实训指导

平敷焊是在平焊位置上堆敷焊道的一种操作方法。

1. 划线

在焊件上，用粉笔以 20mm 的间距画出焊缝位置线，如图 4-58 所示。

2. 焊接工艺参数选择

使用直径为 $\phi 3.2mm$ 时，焊接电流选择 $I = 90 \sim$

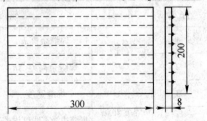

技术要求

1. 焊缝宽度 $c = 8 \sim 10mm$
2. 焊缝余高 $0 \leqslant h \leqslant 3mm$
3. 要求焊道基本平直

图 4-58　平敷焊焊件图

120A；使用 ϕ4.0mm 的焊条时，焊接电流 $I = 140 \sim 200$A。

3. 操作姿势

平敷焊时，一般采取蹲式操作，如图 4-59 所示。蹲姿要自然，两脚夹角为 70°～85°，两脚距离约 240～260mm。持焊钳的胳臂半伸开，并抬起一定高度，以保持焊条与焊件间的正确角度，悬空无依托地操作。

4. 运条

焊缝位置线作为运条的轨迹，采用直线运条法和正圆圈形运条法运条，焊条角度如图 4-60 所示。

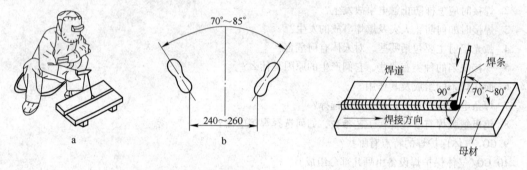

图 4-59　平敷焊操作姿势　　　　　　　　　　图 4-60　平敷焊操作图
a—蹲式操作姿势；b—两脚的位置

5. 起头、接头、收尾

进行起头操作可按图 4-26 进行，接头操作按图 4-27 第一种方法进行，收尾操作按图 4-28 进行。

6. 焊道清理

每条焊缝焊完后，清理熔渣，分析焊接中的问题，再进行另外一条焊缝的焊接。

实训成绩评定

平敷焊成绩评定见表 4-5。

表 4-5　平敷焊成绩评定

序号	项　目	考核技术要求		配　分	检测工具	得　分
1	焊缝外观质量	焊缝余高 h	$0 \leq h \leq 3$mm	10	焊接检验尺	
2		焊缝余高差 Δh	$0 \leq \Delta h \leq 2$mm	15	焊接检验尺	
3		焊缝宽度	$8 \leq c \leq 10$mm	15	焊接检验尺	
4		焊缝边缘直线度误差	≤ 2mm	15	焊接检验尺	
5		焊后角变形	$\leq 3°$	5	角度尺	
6		咬边	缺陷深度 ≤ 0.5mm	5	焊接检验尺	
7		焊瘤	无	5	目　测	

序号	项目	考核技术要求		配分	检测工具	得分
8	焊缝外观质量	气孔	无	5	目测	
9		焊缝表面波纹细腻、均匀、成形美观		10	目测	
10		焊接姿势与动作		5	目测	
11	安全及其他	文明生产、安全操作		10		
合计				100		

评分标准：尺寸精度超差时扣该项全部分，粗糙度降一级扣2分

实训项目二：CO_2 气体保护焊对接平焊

实训目的

- 熟悉 CO_2 气体保护焊操作要领
- 掌握 CO_2 气体保护焊的基本操作技能

实训器材

NBC-400 型 CO_2 气体保护半自动焊机、Q235 钢板规格为 300mm × 120mm × 8mm、H08Mn2SiA 焊丝、CO_2 气瓶、焊接检验尺、钢直尺、粉笔、钢丝刷、钢丝钳、面罩等。

实训指导

1. 划线

在钢板长度方向上每隔30mm用粉笔划一条线，作为焊接时的运丝轨迹。

2. 确定焊接工艺参数

焊接工艺参数见表4-6。

表4-6 焊接工艺参数

焊道层次	电源极性	焊丝直径/mm	焊丝伸出长度/mm	焊接电流/A	电弧电压/V	气体流量/L·min^{-1}
表面焊缝	反极性	1.0	10 ~ 15	120 ~ 130	17 ~ 18	8 ~ 10

3. 开启焊接电源

开启焊接电源控制开关及预热器开关，预热器升温。打开 CO_2 气瓶并合上检测气流开关，调节 CO_2 气体流量值，然后断开检测气流开关。在送丝机构上安装焊丝，焊丝伸出长度应距喷嘴约10mm。

4. 选择空载电压值

合上焊接电源控制面板上的空载电压检测开关，选择空载电压值，调节完毕，断开检测开关，此时焊接电源进入准备焊接状态。

5. 焊接

A 直线焊接

采取左向焊法，引弧前在距焊件端部5~10mm处保持焊丝端头与焊件2~3mm的距离，喷嘴与焊件间保持10~15mm的距离，按动焊枪开关用直接短路法引燃电弧，然后将

电弧稍微拉长些，以此对焊缝端部适当预热，然后再压低电弧进行起始端焊接，起始端运丝法如图 4-61 所示。焊枪以直线形运丝法匀速向前焊接，并控制整条焊缝宽度和直线度，直至焊至终端，填满弧坑进行收弧。

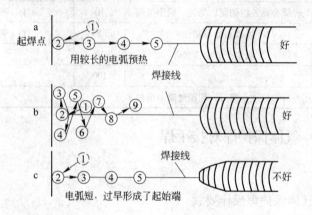

图 4-61　起始端运丝法对焊缝成形的影响

a—长弧预热起焊的直线焊接；b—长弧预热起焊的摆动焊接；c—短弧起焊的直线焊接

B　摆动焊接

采用左向焊法。焊接时采用锯齿形摆动，横向运丝角度和起始焊的运丝要领与直线焊接相同。在横向摆动运丝时要掌握的要领是：左右摆动的幅度要一致，摆动到焊缝中心时速度要稍快，而到两侧时，要稍作停顿；摆动的幅度不能过大，否则，熔池温度高的部分不能得到良好的保护作用。一般摆动幅度限制在喷嘴内径的 1.5 倍范围内。

在焊件上进行多条焊缝的直线焊接和摆动焊接的反复训练，从而掌握 CO_2 气体保护焊的基本操作技能。

6. 关闭焊机

（1）松开焊枪扳机，焊机停止送丝，电弧熄灭，滞后 2~3s 断气，操作结束。

（2）关闭气源、预热器开关和控制电源开关，关闭总电源，最后将焊接电源整理好。

实训成绩评定

CO_2 气体保护焊成绩评定见表 4-7。

表 4-7　CO_2 气体保护焊成绩评定

序号	项　目	考核技术要求		配分	检测工具	得　分
1	焊缝外观质量	焊缝余高 h	$0 \leqslant h \leqslant 3\text{mm}$	10	焊接检验尺	
2		焊缝余高差 Δh	$0 \leqslant \Delta h \leqslant 2\text{mm}$	15	焊接检验尺	
3		焊缝宽度	$8 \leqslant c \leqslant 10\text{mm}$	15	焊接检验尺	
4		焊缝边缘直线度误差	$\leqslant 2\text{mm}$	15	焊接检验尺	
5		焊后角变形	$\leqslant 3°$	5	角度尺	
6		咬　边	缺陷深度 $\leqslant 0.5\text{mm}$	5	焊接检验尺	

序号	项目	考核技术要求		配分	检测工具	得分
7	焊缝外观质量	焊瘤	无	5	目测	
8		气孔	无	5	目测	
9		焊缝表面波纹细腻、均匀、成形美观		10	目测	
10		焊接姿势与动作		5	目测	
11	安全及其他	文明生产、安全操作		10		
合计				100		

评分标准：尺寸精度超差时扣该项全部分，出现不允许缺陷不得分

实训项目三：中厚板对接埋弧自动焊

实训目的

- 熟悉引弧和收弧的要领
- 掌握焊接工艺参数的调整方法
- 掌握埋弧焊的基本操作技能

实训器材

焊机 MZ-1000 型埋弧自动焊机、焊剂 HJ431、焊丝 H08A（直径为 5mm）、Q235 钢板（500mm×125mm×10mm）、墨镜、小锤、焊剂回收装置、石笔、焊接检验尺、钢直尺、钢丝刷等。

实训指导

1. 划线

用石笔沿 500mm 长度方向每隔 50mm 划一道粉线，作为平敷焊焊道准线。

2. 确定焊接工艺参数

通过控制盘上按钮或旋钮分别确定焊接电流、电弧电压、焊接速度，如表 4-8 所示。

表 4-8 焊接工艺参数

焊件厚度/mm	焊丝直径/mm	焊接电流/A	电弧电压/V	焊接速度/m·h^{-1}
10	5	690~710	35~36	35

3. 引弧

按下控制盘上的启动按钮，焊接电源接通，同时焊丝向上提起，焊丝与焊件之间产生电弧，随之电弧被拉长。即电弧电压达到给定值时，焊丝开始向下送进。当送丝速度与熔化速度相等后，焊接过程稳定。与此同时，焊接小车也开始沿轨道前进，焊接正常进行。

4. 焊接

在焊接过程中，应随时观察控制盘上的电流表和电压表的指针、导电嘴的高低、焊缝成形和焊接方向指针的位置。适时添加焊剂，适当地调节焊接电流、电弧电压和焊接速度，以确保焊接正常进行。

5. 收弧

收弧时分两步按下停止按钮：先按下一半手不松开，使焊丝停止送进，此时靠继续燃烧的电弧填满弧坑；再将停止按钮按到底，此时焊接小车将自动停止并切断焊接电源。接着关闭焊剂漏斗的阀门，扳下离合器手柄，将焊接小车推开，放到适当的位置；回收焊剂，清除渣壳，检查焊接质量。

焊后，切断一切电源，清理现场，整理好焊接设备，确认无火种后才能离开工作现场。

实训成绩评定

埋弧自动焊实训成绩评定见表4-9。

表4-9 埋弧自动焊实训成绩评定

序 号	项 目	考核技术要求		配分	检测工具	得 分
1	焊缝外观质量	焊缝余高 h	$0 \leqslant h \leqslant 3mm$	10	焊接检验尺	
2		焊缝余高差 Δh	$0 \leqslant \Delta h \leqslant 2mm$	15	焊接检验尺	
3		焊缝宽度差	$8 \leqslant c \leqslant 10mm$	15	焊接检验尺	
4		焊缝边缘直线度误差	$\leqslant 2mm$	15	焊接检验尺	
5		焊后角变形	$\leqslant 3°$	5	角度尺	
6		咬 边	缺陷深度 $\leqslant 0.5mm$	5	焊接检验尺	
7		焊 瘤	无	5	目 测	
8		气 孔	无	5	目 测	
9		焊缝表面波纹细腻、均匀、成形美观		15	目 测	
10	安全及其他	文明生产、安全操作		10		
合 计				100		

评分标准：尺寸精度超差时扣该项全部分，出现不允许缺陷不得分

实训项目四：中厚板的气割

实训目的

- 能正确选择割炬和割嘴号码
- 掌握中厚板直线气割的操作方法

实训器材

氧气瓶和氧气表、乙炔瓶和乙炔表、氧气胶管、乙炔胶管、割炬（G01-100 型）、护目镜、扳手、通针、钢直尺、石笔、低碳钢板（450mm×300mm×25mm）等。

实训指导

1. 划线

用钢丝刷仔细地清理除掉割件的表面鳞皮、铁锈、尘垢，在低碳钢板长度方向上每隔

20mm 划一条线，作为气割准线。

2. 姿势

双脚呈"八"字形蹲在割件一旁，右臂靠住右膝盖，左臂悬空在两脚中间。右手握住割炬手把，用右手拇指和食指靠住手把下面的预热氧气调节阀，以便随时调节预热火焰，一旦发生回火，就能急时切断氧气。左手的拇指和食指把住切割氧气阀开关，其余三指则平稳地托住割炬混合室，双手进行配合，掌握切割方向。进行切割时，上身不要弯得太低，还要注意平稳地呼吸，眼睛注视割嘴和割线，以保证割缝平直。

3. 火焰调节

点火后的火焰应为中性焰（氧与乙炔的混合比为 1.1~1.2）。

4. 预热

气割前，应先预热起割端的棱角处，当金属预热到低于熔点的红热状态时，割嘴向切割的反方向倾斜一点，然后打开切割氧阀门。当工件全部割透后，就可以将割嘴恢复到正常位置。

5. 正常气割

起割后，即进入正常的气割阶段。为了保证割缝质量，切割速度要均匀，这是整个切割过程中最重要的一点。为此，割炬运行要均匀，割嘴与工件的距离要求尽量保持不变。

6. 停割

气割过程临近终点停割时，割嘴应沿气割方向略向后倾斜一个角度，以便使钢板的下部提前割透，使割缝在收尾处较整齐。停割后要仔细清除割口周边上的挂渣，以便于后面的加工。

实训成绩评定

中厚板气割成绩评定如表 4-10 所示。

表 4-10 中厚板气割成绩评定

序 号	项 目	考核技术要求		配 分	检测工具	得 分
1		割缝直线度误差	≤5mm	15	直板尺	
2		后拖量	≤2mm	15	板 尺	
3		割缝宽度误差	≤2mm	15	板 尺	
4	中厚板气割	姿势		15	目 测	
5		火焰调节		5	目 测	
6		熔边		5	目 测	
7		背面挂渣		10	目 测	
8		割缝表面质量		10	目 测	
9	安全及其他	文明生产、安全操作		10		
合 计				100		

评分标准：尺寸精度超差时扣该项全部分，其他缺陷及操作酌情减分

项目五 钳 工

项目导语

钳工主要是利用各种手工工具、钻床、砂轮机等完成某些零件的加工，部件、机器的装配和调试，以及各类机械设备的维护与修理工作。它具有工具简单，操作灵活方便，适应面广等特点，可以完成机械加工不方便或难以完成的工作。

本项目主要讲解了各种常用钳工设备工具及其使用，各种技能操作的方法。技能操作主要内容包括划线、錾削、锉削、锯削、钻孔、扩孔、锪孔、铰孔、攻螺纹、套螺纹、刮削和研磨等。通过项目训练达到掌握操作要领的目的。

学习目标

知识目标：

- 了解常用设备、工具的构造
- 理解常用设备、工具的工作原理
- 掌握常用量具的使用和划线方法
- 掌握锯削、锉削、錾削、钻孔等操作要领

能力目标：

- 能正确使用钳工常用的工具、量具
- 能掌握划线过程
- 能熟练掌握锯削、锉削、錾削、钻孔等操作技能
- 能完成项目训练任务，巩固所学内容

任务一 钳工概述

一、钳工的主要任务

钳工是使用钳工工具或设备，按照技术要求对工件进行加工、修整、装配的一个工种。钳工的主要任务是：

（1）加工零件。一些不适宜采用机械加工方法或难以解决的工艺都可由钳工来完成。如零件加工过程中的划线、精密加工（如刮削、研磨、锉削样板等），以及检验和修配等。

（2）装配。装配是指把零件按机械设备的装配技术要求进行组件、部件装配和总装配，并经过调整、检验和试车等，使之成为合格的机械设备。

（3）设备维修。当机械设备在使用过程中产生故障、出现损坏或长期使用后精度降低，影响使用时，也要通过钳工进行维护和修理。

（4）工具的制造和修理。工具的制造和修理是指制造和修理各种工具、夹具、量具、模具及各种专用设备。

二、钳工的基本技能

钳工应掌握的基本操作技能有测量、划线、錾削、锯削、锉削、钻孔、扩孔、锪孔、铰孔、攻螺纹、套螺纹、刮削、研磨等。

三、钳工的种类

钳工的工种主要分为 3 类：

（1）装配钳工。装配钳工是指使用钳工工具、钻床，按技术要求对工件进行加工、修整、装配的人员。

（2）机修钳工。机修钳工是指使用工、量具及辅助设备，对各类设备进行安装、调试和维修的人员。

（3）工具钳工。工具钳工是指使用钳工工具及设备对工具、夹具、量具、辅具、检具、装配、检验和修理的人员。

四、钳工的安全技术

（1）进入实习场地应按要求穿戴好防护用品。

（2）不准擅自使用不熟悉的设备、工具、量具等。

（3）工、量具应按次序排列，左手取用的工具放在左边，右手取用的工具放在右边。

（4）量具不能与工件、工具混放。

（5）量具使用完后及时擦拭干净，并涂油、防锈。

（6）工作场地保持整洁。

（7）不得在实习场地打闹。

（8）在砂轮机上操作必须戴上防护眼镜。

（9）刃磨刀具时，必须站在砂轮机的侧面或斜侧位置。

（10）在钻孔时不能戴手套，女生需要戴安全帽。

（11）实习时不能串岗，不能迟到早退，不能做与实习无关的事情。

（12）注意保持教室卫生，离开实习教室前必须关闭电源和门窗。

任务二　钳工常用的设备与量具

一、钳工常用的设备

（一）钳工工作台

钳工工作台也称钳桌（钳台），有多种式样，其高度约为 800 ~ 900mm，装上台虎钳，正好适合于操作者的工作位置，一般钳口高度以齐人手肘为宜。钳工工作台的主要作用是安装台虎钳和存放钳工常用工、夹、量具和工件等，如图 5-1 所示。

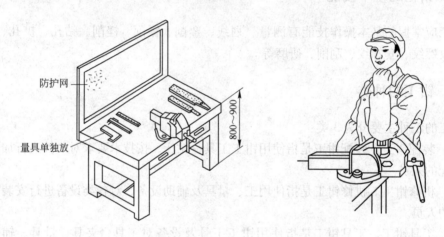

图 5-1　钳工工作台及高度

（二）台虎钳

台虎钳是用来夹持工件的通用夹具，其规格用钳口宽度来表示，常用规格有 100mm、125mm 和 150mm 三种。

台虎钳有固定式和回转式两种，如图 5-2 所示。两者的主要结构和工作原理基本相

图 5-2　台虎钳
a—固定式台虎钳；b—回转式台虎钳

同，不同点是回转式台虎钳比固定式台虎钳多了一个底座，工作时钳身可在底座上回转，因此使用方便，应用范围广，可满足不同方位的加工需要。

使用台虎钳应注意以下几点：

（1）夹紧工件时只允许依靠手的力量扳紧手柄，不能用锤子敲击手柄或用加长管子来扳手柄，以免丝杠、螺母或钳身因受力过大损坏。

（2）锤击工件只可在砧台面上进行，不可在活动钳口上用锤子敲击。

（3）强力作业时，应尽量使力朝向固定钳身，否则，丝杠和螺母会因受到较大的力而导致螺纹损坏。

（4）不要在活动钳身的光滑平面上进行敲击工作，以免降低它与固定钳身的配合性能。工件应夹在钳口的中部，以使钳口受力均匀。

（5）台虎钳在工作台上安装时，一定要使固定钳体的钳口工作面处于工作台边缘之处，以保证夹持长条形工件时，不使工件的下端受到工作台边缘的阻碍。

（6）丝杠、螺母和各运动表面，应经常加油润滑，并保持清洁，以延长使用寿命。

（三）砂轮机

砂轮机主要是修磨钳工用的各种刀具或工具，如錾子、钻头、刮刀等。它主要由电动机、机座、托架和防护罩等组成，其外形如图 5-3 所示。

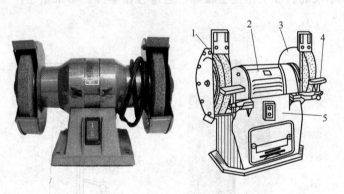

图 5-3　砂轮机
1—砂轮；2—电动机；3—防护罩；4—托架；5—机座

由于砂轮的质地较脆，使用转速高，所以必须严格遵守安全操作规程，以防止砂轮机破裂造成人身事故。

（四）钻床

钻床是用于对工件进行各类圆孔加工的设备，有台式钻床、立式钻床和摇臂钻床等。

（1）台式钻床。台式钻床简称台钻，它小巧灵活，使用方便，结构简单，主要用于加工小型工件上（直径≤12mm）的各种小孔，如图 5-4 所示。钻孔时只要拨动进给手柄使主轴上下移动，就可实现进给和退刀。台钻可适应各种场合下的钻孔需要，但因转速较高，不适用于锪孔和铰孔。

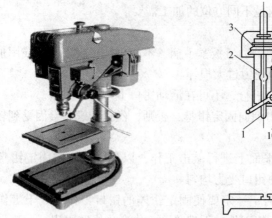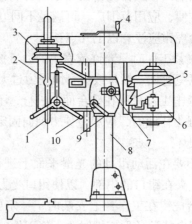

图 5-4　台钻外形图

1—主轴；2—头架；3—塔轮；4—摇把；5—转换开关；6—电动机；

7—螺钉；8—立柱；9—手柄；10—进给手柄

（2）立式钻床。立式钻床简称立钻，与台钻相比，它刚性好、功率大，因此允许钻削较大的孔，生产率较高，加工精度也较高。它适合在单件、小批量生产中加工中、小型零件的孔，如图 5-5 所示。

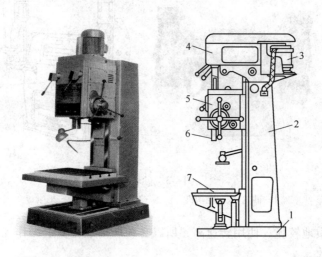

图 5-5　立钻外形图

1—底座；2—床身；3—电动机；4—主轴变速箱；

5—进给变速箱；6—主轴；7—工作台

（3）摇臂钻床。摇臂钻床有一个能绕立柱旋转的摇臂，摇臂带着主轮箱，可沿立柱垂直移动，同时主轴箱还能在摇臂上作横向移动，因此操作时能很方便地调整刀具的位置，以对准被加工孔的中心，而不需移动工件来进行加工。它适用于一些笨重的大工件以及多孔工件的孔加工，如图 5-6 所示。

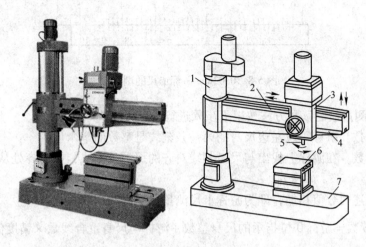

图 5-6　摇臂钻床

1—立柱；2—摇臂；3，5—主轴箱；4—摇臂导轨；6—工作台；7—机座

二、常用量具与测量

(一) 游标卡尺

游标卡尺是带有测量量爪并用游标读数的量尺。可以直接测出零件的内径、外径、宽度、长度和深度的尺寸值，是生产中应用最广的一种量具。

1. 游标卡尺的结构

游标卡尺的结构如图 5-7 所示，主要由主尺身和游标组成。游标卡尺的测量准确度有 0.1mm、0.05mm、0.02mm 三种。

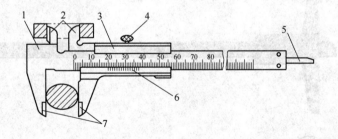

图 5-7　游标卡尺

1—尺身；2，7—量爪；3—尺框游标；4—紧固螺钉；5—深度尺；6—游标

2. 游标卡尺的刻线原理及读数方法

以 0.02mm 游标卡尺为例来说明其刻线原理。尺身每小格为 1mm，在游标上把 49mm 分为 50 格，当两量爪合并时，游标上 50 格刚好与尺身的 49mm 对正，如图 5-8 所示。因此游标刻线每小格为 49mm/50 = 0.98mm。读数值为尺身 1 格与游标 1 格之差 1mm − 0.98mm = 0.02mm，所以它的读数值为 0.02mm。

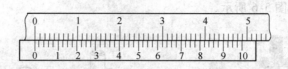

图 5-8　0.02mm 游标卡尺的刻线原理

游标卡尺测量值的读数方法按以下步骤进行：

（1）读整数。游标零线左边尺身的第一条刻线是整数的毫米值。

（2）读小数。在游标上找出与尺身刻线对齐的那一条刻线，在对齐处从游标上读出毫米的小数值。

（3）将上述两数值相加，即为游标卡尺测量尺寸。

$$读数 = 游标 0 位指示的尺身整数 + 游标与尺身重合线数 \times 精度值$$

读数方法如图 5-9 所示。

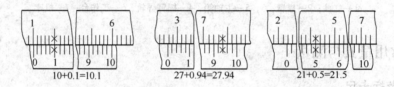

图 5-9　游标卡尺读数方法

其他游标量具还有专门用来测量深度尺寸的深度游标尺（见图 5-10）。高度游标尺（见图 5-11）可以测量一些零件的高度尺寸，同时还可以用来进行精密划线。

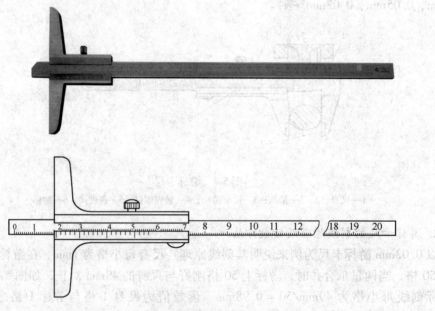

图 5-10　深度游标尺

（二）游标万能角度尺

游标万能角度尺是用来测量工件或样板等的内、外角度的一种游标量具，如图 5-12 所示。其测量分度值有 2′和 5′两种，测量范围为 0°~320°。

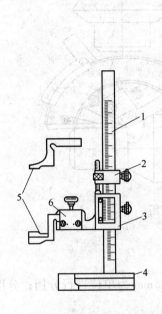

图 5-11　高度游标尺

1—主尺；2—微调部分；3—副尺；4—底座；

5—划线爪与测量爪；6—固定架

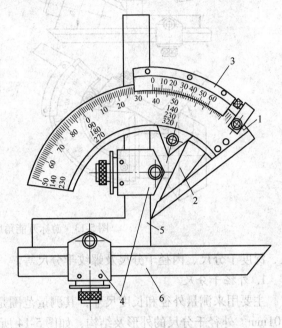

图 5-12　游标万能角度尺

1—尺身；2—基尺；3—游标；4—卡块；

5—直角尺；6—直尺

1. 2′游标万能角度尺的刻线原理

尺身刻线每格 1°，游标上共 30 格等分 29°，游标每格为 29°/30 = 58′，尺身 1 格和游标 1 格之差为 1° – 58′ = 2′，所以它的分度值为 2′。

2. 万能角度尺测量值的读数方法

（1）读出游标上零线所对应的扇形板上所测角度的整数"度"数。

（2）在游标上找出与扇形板上刻线对齐的那一条刻线，读出所测角度"分"数。

（3）将整数"度"数与"分"数相加，即为测量角度值。

3. 万能角度尺的使用方法

（1）测量时，应使万能角度尺的两个测量面与被测件表面在全长上保持良好接触，然后拧紧制动器上的螺母即可读数。

（2）测量角度在 0°~50°范围内时，应装上角尺和直尺；在 50°~140°范围内时，应装上直尺；在 140°~230°范围内时，应装上角尺；在 230°~320°范围内时，不装角尺和直尺，这 4 种情况如图 5-13 所示。

（三）千分尺

千分尺是测量中最常用的精密量具之一，按其用途不同可分为外径千分尺、内测千分

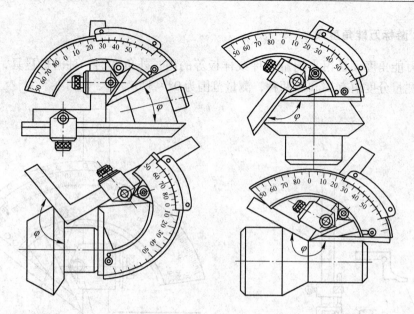

图 5-13　游标万能角度尺的使用

尺、深度千分尺、内径千分尺及螺纹千分尺等。

1. 外径千分尺

主要用来测量外径和长度尺寸，其测量范围是以每 25mm 为单位进行分挡；分度值为 0.01mm。外径千分尺的外形及结构，如图 5-14 所示。

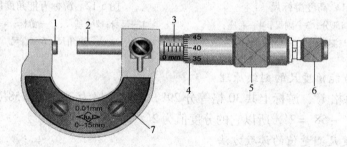

图 5-14　外径千分尺的外形及结构

1—测砧尺架；2—测微螺杆；3—固定套管；4—微分筒；5—旋钮；6—微调旋钮；7—框架

A　刻线原理

外径千分尺测微螺杆螺距为 0.5mm，当微分筒每转一周时，测微螺杆便沿轴线移动 0.5mm。微分筒的外锥面上分为 50 格，所以当微分筒每转过一小格时，测微螺杆便沿轴线移动 0.5mm/50 = 0.01mm，在外径千分尺的固定套管上刻有轴向中线，作为微分管的读数基准线，基准线两侧分布有 1mm 间隔的刻线，并相互错开 0.5mm。上面刻线表示毫米整数值；下面刻线未标数字，表示对应于上面刻线的半毫米值。

B　读数方法

千分尺的读数方法可分三步：

（1）读出微分筒边缘固定套管主尺的毫米和半毫米。

（2）观察微分筒上哪一格与固定套管基准线对齐，并读出不足半毫米的数。

（3）将两个读数相加起来为测得的实际尺寸，如图 5-15 所示，读数为：$8.5mm + 0.01mm \times 27mm = 8.77mm$。

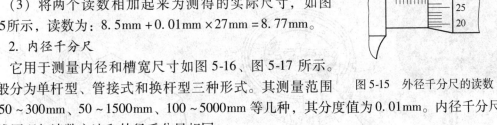

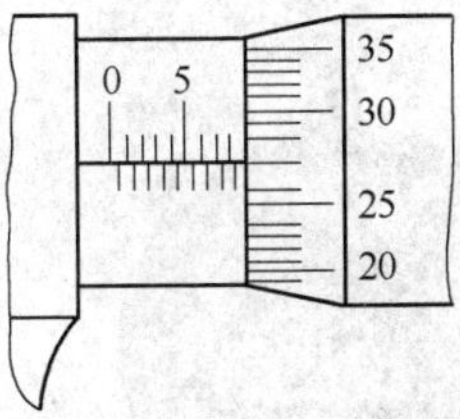

图 5-15　外径千分尺的读数

2. 内径千分尺

它用于测量内径和槽宽尺寸如图 5-16、图 5-17 所示。一般分为单杆型、管接式和换杆型三种形式。其测量范围有 50～300mm、50～1500mm、100～5000mm 等几种，其分度值为 0.01mm。内径千分尺的刻线原理与读数方法和外径千分尺相同。

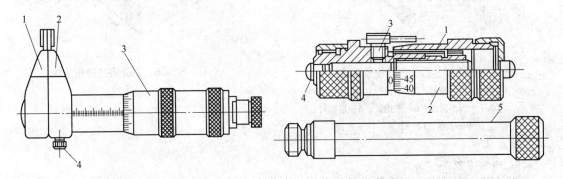

图 5-16　普通内径千分尺
1—活动量爪；2—固定量爪；
3—测微筒；4—紧固螺钉

图 5-17　杆式内径千分尺
1—固定套筒；2—微分筒；3—锁紧手柄；
4—测量触头；5—接长杆

3. 深度千分尺

外形类似深度游标尺，如图 5-18 所示。深度千分尺的刻线原理与读数方法和外径千分尺相同。

（四）百分表

百分表是一种指示式测量仪，分度值为 0.01mm。

1. 百分表的刻线原理

百分表结构如图 5-19 所示，百分表齿杆的齿距是 0.625mm。当齿杆上升 16 个齿时，上升的距离为 $0.625mm \times 6 = 10mm$，此时和齿杆啮合的 16 齿的小齿轮正

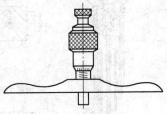

图 5-18　深度千分尺

好转动 1 周，而和该小齿轮同轴的大齿轮（100 个齿）也必然转 1 周。中间小齿轮（10 个齿）在大齿轮带动下将转 10 周，与中间小齿轮同轴的长针也转 10 周。由此可知，当齿杆上升 1mm 时，长针转 1 周。表盘上共等分 100 格，所以长针每转 1 格，齿杆移动 0.01mm，故百分表的分度值为 0.01mm。

2. 百分表使用方法

测量时，测量杆应垂直零件表面，如图 5-20 所示。如要测量圆柱，测量杆还应对准圆柱轴中心，测量头与被测表面接触时，测量杆应预先有 0.3～1mm 的压缩量，保持一定的初始测力，以免由于存在负偏差而测不出值。

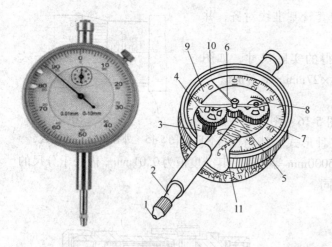

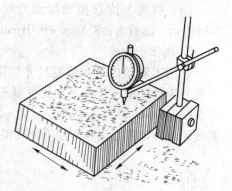

图 5-19 百分表的外形及结构

1—测头；2—量杆；3—小齿轮；4，7—大齿轮；

5—中间小齿轮；6—长指针；8—短指针；

9—表盘；10—表圈；11—拉簧

图 5-20 百分表的使用方法

3. 内径百分表

内径百分表是用来测量孔径及形状误差的测量工具，如图 5-21、图 5-22 所示。

4. 杠杆百分表

杠杆百分表主要用来测量零件的几何形状和相互位置偏差。由于它的测杆可以转动，而且可按测量位置调整测量端的方向，因此也常用来测量百分表难以测量的各种小孔、凹槽和孔距的尺寸。

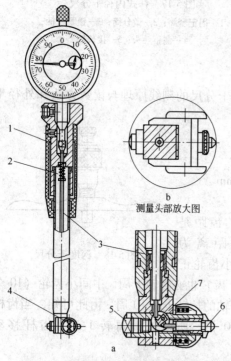

图 5-21 内径百分表

a—结构原理；b—孔中测量情况

1—表架；2—弹簧；3—杆；4—定心器；

5—固定测头；6—测头；7—摆动块

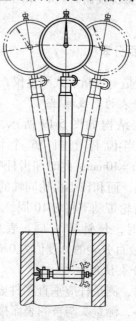

图 5-22 内径百分表的使用方法

杠杆百分表按表盘的位置与测杆运动方向间的关系可分为：侧面式、正面式和端面式三种形式，如图 5-23 所示。其中正面式和侧面式是最常用的两种。杠杆百分表的测量范围分 0.8mm 和 1mm 两种，分度值为 0.01mm。

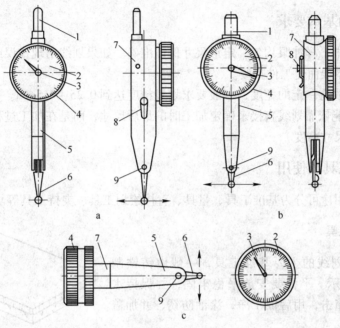

图 5-23 杠杆百分表

a—正面式；b—侧面式；c—端面式

1—连接柄；2—刻度盘；3—指针；4—表圈；5—轴套；

6—球面测杆；7—表体；8—换向器；9—轴销

（五）常用量具的维护和保养

为了保持量具的精度，延长其使用寿命，对量具的维护保养必须十分注意，为此，应做到以下几点：

（1）测量前应将量具的测量面和工件被测量面擦净，以免脏物影响测量精度和加快量具磨损。

（2）量具在使用过程中，不要和工具、刀具放在一起，以免碰坏。

（3）机床开动时，不能用量具测量工件，否则会加快量具磨损，而且容易发生事故。

（4）温度对量具精度影响很大，因此，量具不应放在热源（电炉、暖气片等）附近，以免受热变形。

（5）量具用完后，应及时擦净、涂油，放在专用盒中，保存在干燥处，以免生锈。

（6）精密量具应实行定期鉴定和保养。

任务三 划 线

根据图样要求，用划线工具在毛坯或半成品工件上划出待加工部位的轮廓线或作为基准的点、线的操作称为划线。

划线分平面划线和立体划线两种。平面划线是指只在工件的两坐标体系内进行的划线；立体划线是指需要在工件几个互成不同角度（一般是互相垂直）的表面上划线。

一、划线的基本要求

（1）线条清晰，样冲眼均匀，定形尺寸保证准确。如果划线出现错误或精度太低，便有可能造成加工错误而使工件报废。

（2）由于划线有一定的宽度，一般要求划线精度达到 0.25 ~ 0.5mm。

（3）通常不能依靠划线直接来确定加工时的最后尺寸，而是在加工过程中仍要通过测量来控制工件的尺寸精度。

二、划线工具及使用

划线工具按用途可分为基准工具、量具、直接绘划工具、夹持工具等。

（一）基准工具

划线平台是划线的主要基准工具，一般由铸铁制成，如图 5-24 所示。平板要安放平稳牢固，并保持水平。严禁敲打、撞击，用后擦干净，涂油防锈，并加盖保护罩。

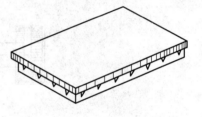

图 5-24　划线平台

（二）量具

划线用的量具主要有钢直尺、90°角尺、角度规和高度尺等。

（三）直接绘划工具

直接绘划工具有划针、划规、划卡、划线盘和样冲。

1. 划针

划针是用弹簧钢丝或高速钢制成的，直径一般为 $\phi 3mm \sim \phi 6mm$，尖端磨成 15° ~ 20°的尖角，并经淬火提高硬度和耐磨性。划针及其使用如图 5-25 所示。

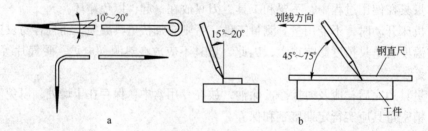

图 5-25　划针及其使用
a—划针；b—划针的用法

2. 划规

划规是划圆、弧线、等分线段及量取尺寸等使用的工具，它的用法与制图中的圆规相同，如图 5-26 所示。

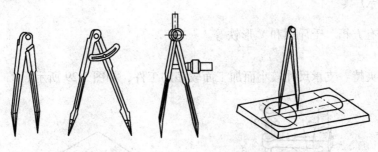

图 5-26 划规及其使用

3. 划卡

划卡是用来确定轴、孔的中心位置的，还可以划平行线、同心圆弧等。

4. 划线盘

划线盘用来在划线平板上对工件进行划线或找正工件在平板上的正确安放位置，如图 5-27 所示。划针的直头端用来划线，弯头端用于对工件安放位置的找正。

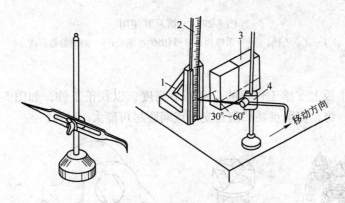

图 5-27 划线盘及其使用
1—尺座；2—钢直尺；3—工件；4—划线盘

5. 样冲

样冲用于在工件已划加工线条上冲点，以固定所划的线条、加强界限标记（称检验样冲眼）和作划圆弧或钻孔定中心（称中心样冲眼），如图 5-28 所示。

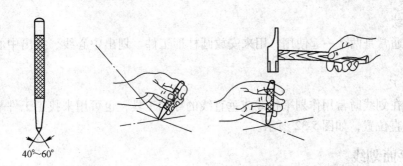

图 5-28 样冲及其使用方法

（四）夹持工具

夹持工具有方箱、千斤顶和 V 形铁等。

1. 方箱

方箱用于夹持、支承尺寸较小而加工面较多的工件，如图 5-29 所示。

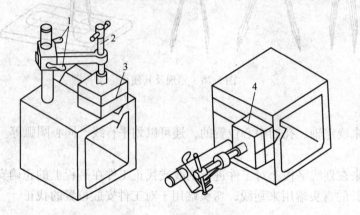

图 5-29　方箱及其使用

1—固紧手柄；2—压紧螺栓；3—划出的水平线；4—划出的垂直线

2. 千斤顶

千斤顶是在平板上支撑工件用的，可调节高度，以找正工件，如图 5-30 所示。常用三个千斤顶组成一组，支承点要平衡，支承点间距尽可能大。

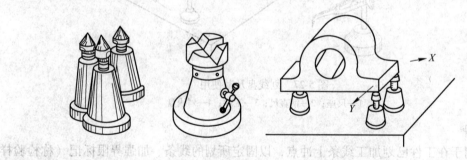

图 5-30　千斤顶及用其支承工件

3. V 形铁

V 形铁通常是两个一起使用，用来安放圆柱形工件、划出中心线、找出中心等，如图 5-31 所示。

4. 直角尺

直角尺在划线时常用作划平行线或垂直线的导向工具，也可用来找正工件平面在划线平台上的垂直位置，如图 5-32 所示。

三、平面划线

平面划线是只需在工件的一个表面上划线后即能明确加工界线的划线方法。平面划线

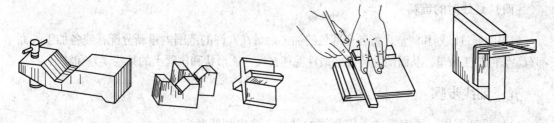

图 5-31　V 形铁　　　　　　　　　　　图 5-32　直角尺的使用

分为样板划线和几何划线。

样板划线是对于各种平面形状复杂、批量大而精度要求一般的零件，在进行平面划线时，先加工一块平面划线样板，然后，根据划线样板，在零件表面上方划出零件的加工界线。

几何划线法是根据零件图的要求，直接在毛坯或零件上利用平面几何作图的基本方法划出加工界线的方法。

常见的平面划线基准有以下 3 种：

（1）以两个相互垂直的平面为基准。

（2）以一条中心线和与它垂直的平面为基准。

（3）以两条互相垂直的中心线为基准。

四、立体划线

立体划线是在工件上几个互成不同角度的表面上划线，才能明确表示加工界线的方法。

（一）工件或毛坯的放置

一般较复杂的零件都要经过 3 次或 3 次以上的放置，才可能将全部线条划出，而其中特别要重视第一划线位置的选择，优先选择零件上主要的孔、凸台中心线或重要的加工面，相互关系最复杂及所划线条最多的一组尺寸线，零件中面积最大的一面。

（二）划线基准的选择

选择原则是：尽量与设计基准重合；对称形状的零件，应以对称中心线为划线基准；有孔或凸台的零件，应以主要的孔或凸台的中心线为划线基准；未加工的毛坯件，应以主要的、面积较大的不加工面为划线基准；加工过的零件，应以加工后的较大表面为划线基准。

（三）划线时的找正

找正是利用划线工具检查或校正零件上有关的表面，使加工表面的加工余量得到合理的分布，使零件上加工表面与不加工表面之间尺寸均匀。零件找正是依照零件选择划线基准的要求进行的。零件的划线基准又是通过找正的途径来最后确定它在零件上的准确位置。

（四）划线时的借料

借料即通过试划和调整，将各个部位的加工余量在允许的范围内重新分配，使各加工表面都有足够的加工余量，从而消除铸件或锻件毛坯在尺寸、形状和位置上的某些误差和缺陷。

五、划线步骤

（1）看清图样，了解零件上需划线的部位，选定划线基准。

（2）清理工件表面，如铸件上的浇、冒口，锻件上的飞边、氧化皮等；检查毛坯或半成品的误差情况。

（3）在划线工件孔内装中心塞块，以便定孔的中心位置。塞块常用铅块或木块制成。

（4）在划线部位涂色，铸、锻件毛坯可用石灰水加适量牛皮胶，已加工表面用酒精加漆片和紫蓝颜料（龙胆紫）、硫酸铜溶液等。

（5）正确安放并支承找正工件和选用划线工、量具。

（6）划线。先划出划线基准及其他水平线。注意在一次支承中，应把需要划的平行线划完，以免再次支承补划造成误差。

（7）检查核对划线尺寸的准确性。

（8）在线条上打样冲眼。

任务四　錾削、锯削和锉削

一、錾削

用手锤打击錾子对金属工件进行切削加工的方法，称为錾削。

（一）錾削工具

1. 錾子

A　錾子的结构

錾子一般采用碳素工具钢、合金弹簧钢和高速钢制造。錾子的结构一般由切削刃、切削部分、柄部、头部四个部分组成，如图 5-33 所示。

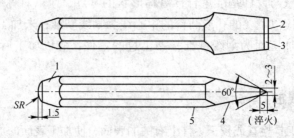

图 5-33　錾子结构

1—头部；2—切削刃；3—切削部分；4—斜面；5—柄部

B 錾子的种类

根据锋口不同錾子可分为扁錾、尖錾和油槽錾，如图 5-34 所示。

扁錾用来錾削平面、凸缘、毛刺和分割材料；尖錾主要用来錾槽和分割曲线板料；油槽錾主要用来錾削润滑油槽。

C 錾子切削部分的几何角度

錾子切削部分的几何角度如图 5-35 所示。

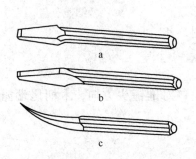

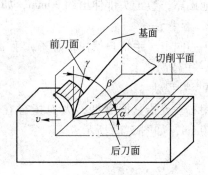

图 5-34 錾子的种类
a—扁錾；b—尖錾；c—油槽錾

图 5-35 錾子几何角度

（1）楔角 β。楔角 β 是前刀面与后刀面之间的夹角，在錾硬材料（如碳素工具钢、铸铁）时，楔角一般取 $60° \sim 70°$；錾削一般碳钢和中等硬度的材料，楔角取 $50° \sim 60°$；錾削软材料（如铜、铝）时錾子楔角一般取 $30° \sim 50°$。

（2）后角 α。后角 α 是后刀面与切削平面之间的夹角，錾削时后角一般选 $5° \sim 8°$ 比较适宜。

（3）前角 γ。前角 γ 是前刀面与基面之间的夹角，$\gamma = 90° - \alpha - \beta$。

2. 手锤

手锤是钳工常用的敲击工具，由锤头和木柄组成，锤头一般用 T7 钢制成，并经淬火处理而成，如图 5-36 所示。常用的锤头有 0.25kg、0.5kg 和 1kg 等几种规格。木柄安装在锤头孔中必须牢固可靠，锤头孔打入楔子。

（二）錾子刃磨方法

錾子的刃磨操作方法如图 5-37 所示。双手握錾子，使錾子切削刃略高于砂轮中心水平面，在砂轮的轮缘全宽上左、右平稳移动，压力不要过大，控制好錾子的方向、位置，

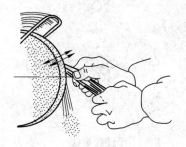

图 5-36 手锤

图 5-37 錾子的刃磨

并经常蘸水冷却，保证磨出的楔角、刃口形状和长度正确，切削刃锋利。

（三）錾削操作

1. 錾子的握法

A　正握法

手心向下，腕部伸直，用中指、无名指握住錾子，小指自然合拢，食指和大拇指自然伸直地松靠，錾子头部伸出约 20mm，如图 5-38a 所示。

B　反握法

手心向上，手指自然捏住錾子，手掌悬空，如图 5-38b 所示。

2. 手锤的握法

A　紧握法

用右手五指紧握锤柄，大拇指合在食指上，虎口对准锤头方向，木柄尾端露出约 15~30mm，如图 5-39 所示。

  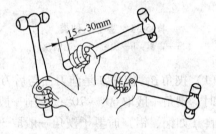

a　　　　　　　　b

图 5-38　錾子握法　　　　　　　　图 5-39　手锤紧握法
a—正握法；b—反握法

B　松握法

只用大拇指和食指始终握紧锤柄。在挥锤时，小指、无名指和中指则依次放松；在锤击时，又以相反的次序收拢握紧，如图 5-40 所示。

3. 挥锤方法

A　腕挥

腕挥是只用手腕的运动，锤击力小，一般用于錾削的开始和结尾，如图 5-41a 所示。

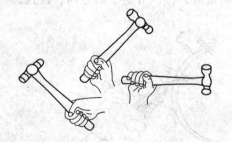 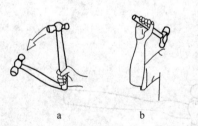

a　　　b　　　c

图 5-40　手锤松握法　　　　　　图 5-41　挥锤方法
a—腕挥；b—肘挥；c—臂挥

B　肘挥

肘挥是用腕和肘一起挥锤的，这种挥锤法打击力较大，应用最为广泛，如图 5-41b 所示。

C　臂挥

臂挥是手腕、肘和全臂一起挥锤的，这种挥锤法打击力最大，用于需要大力錾削的场合，如图 5-41c 所示。

4. 平面錾削

A　起錾方法

起錾方法有斜角起錾和正面起錾两种。

斜角起錾时，錾子尽可能向右倾斜 45°左右，从工件边缘尖角处开始，使錾子从尖角处向下倾斜 30°左右，轻击錾子，切入材料，如图 5-42a 所示。

在鉴削槽时，则必须采用正面起錾，即起錾时全部刀刃贴住工件錾削部位的端面，錾出一个斜面，然后按正常角度錾削，如图 5-42b 所示。

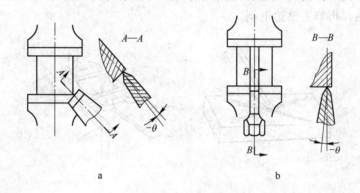

图 5-42　起錾方法

a—斜角起錾；b—正面起錾

B　正常錾削

錾削时，一般应使后角 α 保持在 5°~8°之间不变。錾削层厚时，后角 α 小些，用力应大，錾削层薄时，后角 α 大些，用力应较小。錾削的切削深度，每次以选取 0.5~2mm 为宜。如錾削余量大于 2mm，可分几次錾削。

C　尽头錾削

在一般情况下，当錾削接近尽头约 10mm 时，必须调头錾去余下的部分。当錾削脆性材料（例如錾削铸铁和青铜）时更应如此，否则，尽头处就会崩裂。

5. 窄平面錾削

在錾削较窄平面时，錾子的切削刃最好与錾削前进方向倾斜一个角度，而不是保持垂直位置，使切削刃与工件有较多的接触面，如图 5-43 所示。这样，錾子容易掌握稳当，否则錾子容易左右倾斜而使加工面高低不平。

图 5-43　錾窄平面

6. 宽平面錾削

当錾削较宽平面时，一般应先用狭錾间隔开槽，然后再用扁錾錾去剩余部分，如图 5-44 所示。

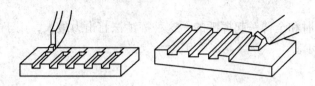

图 5-44　錾宽平面

7. 油槽錾削

油槽錾切削刃的形状应和图样上油槽断面形状刃磨一致。在平面上錾油槽，起錾时錾子要慢慢地加深至尺寸要求，錾到尽头时刃口必须慢慢翘起，保证槽底圆滑过渡。在曲面上錾油槽，錾子的倾斜情况应随着曲面而变动，使錾削时的后角保持不变，如图 5-45 所示。油槽錾好后，再修去槽边毛刺。

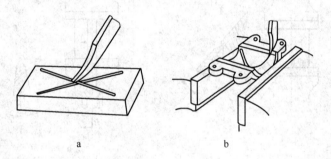

图 5-45　錾油槽
a—平面上錾油槽；b—曲面上錾油槽

8. 板料錾切

錾切厚度在 2mm 以下的板料，可装在台虎钳上进行，如图 5-46a 所示。錾切时，板料按划线与钳口平齐夹紧，用扁錾沿着钳口倾斜约 45°，对着板料自右至左錾切。厚度在 4mm 以下的较大型板材，可在铁砧上垫上软铁后錾切，如图 5-46b 所示。錾子切削刃应磨

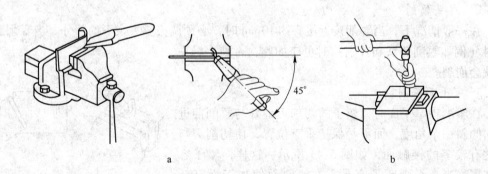

图 5-46　錾切板料

成适当的弧形。

二、锯削

用手锯把材料或工件进行分割或切槽等的操作称锯削。它具有方便、简单和灵活的特点，在单件小批量生产、临时工地，以及切割异形工件、开槽、修整等场合应用较为广泛。

（一）常用的锯削工具

1. 手锯

手锯是用来锯削加工的主要工具，结构如图5-47所示。

2. 锯条

锯条一般用渗碳软钢冷轧而成，经淬火处理后使用，锯条的规格以锯条两端安装孔间的距离来表示。常用的锯条是长300mm、宽12mm、厚0.64mm，如图5-48所示。锯条的安装时锯齿尖要向前。

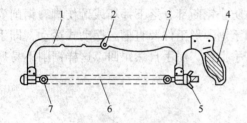

图 5-47　可调式手锯

1—活动锯身；2—定位箱；3—固定锯身；4—锯弓握把；
5—螺形螺母；6—锯条；7—安装销

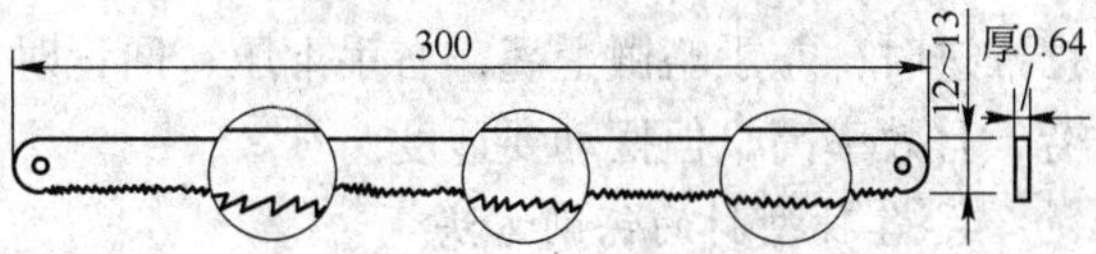

图 5-48　锯条

（二）锯削操作

1. 手锯握法

右手握住锯柄，左手轻扶在锯弓前端，双手将手锯扶正，放在工件上锯削，如图5-49所示。

2. 起锯

起锯方法有远起锯（从工件远离自己的一端起锯，是常用的方法）和近起锯（从工件靠近操作者的一端起锯）两种，如图5-50所示。起锯角在15°左右，如果起锯角太大，则起锯不易平稳，锯齿角会被工件棱边卡住引起崩裂；起锯角也不能太小，否则，由于锯齿与工件同时接触的齿数较多而不易切入。为使起锯顺利，可用左手大拇指对锯条进行靠导，或用锉刀在起锯处锉出一个浅槽。

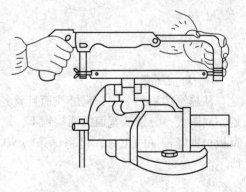

图 5-49　手锯的握法

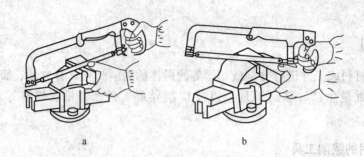

图 5-50　起锯方法

a—远起锯；b—近起锯

3. 锯削

锯削时，向前的推力和压力大小主要由右手掌握，左手配合右手扶正锯弓，压力不要过大，否则容易引起锯条折断。推锯时，身体略向前倾，双手同时对锯弓加推力和压力，回程时不可加压力，并将锯弓稍微抬起，以减少锯齿的磨损。当工件将被锯断时，应减轻压力，放慢速度，并用左手托住锯断掉下一端，防止锯断部分落下摔坏或砸伤脚。锯削姿势有两种，直线式和摆动式。直线式运动，适用于锯薄形工件及直槽。摆动式运动，即手锯推进时，左手略微上翘，右手下压；回程时右手上抬，左手自然跟回。这样锯削不易疲劳，且效率高，但摆动要适度。

4. 各种型材的锯削方法

A　棒材锯削

断面有平整要求时，应从开始连续到结束。断面无平整要求时，可以分成两个或四个方向进行锯削，如图 5-51 所示。每个方向的锯缝均不锯到中心，最后轻轻敲击，使棒料折断分离。

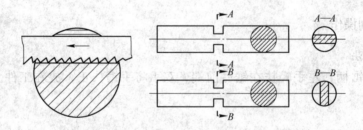

图 5-51　锯断棒料的方法

B　扁钢锯削

从扁钢的扁面下锯，锯缝浅而且整齐，锯条不易被卡住，如图 5-52a 所示。在锯口处划一周圈线，分别从宽面的两端锯下，两锯缝将要结接时，轻轻敲击，使之断裂分离。对宽板材锯缝较深的工件，可将锯条转 90°或 180°安装，便于锯弓的切割，如图 5-52b、c 所示。

C　圆管

锯削薄壁管子时，应把管子夹持在两块木制的 V 形块间，以防夹扁管子，如图 5-53

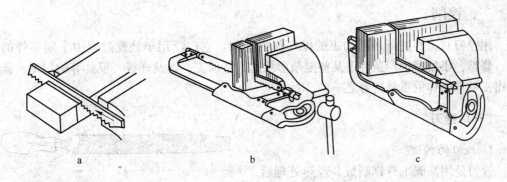

图 5-52　扁钢锯削
a—扁钢锯削；b，c—深缝锯削

所示。锯削时，应是多次变换方向进行锯削，每一个方向只锯到管子内壁后，即把管子转过一个角度，逐次进行锯削，直到锯断为止，如图 5-54 所示。在转动时，应使已锯部分向锯条推进方向转动，不得反转，否则锯齿会被管壁卡住。

图 5-53　管子的夹持

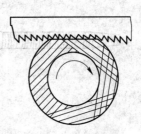

图 5-54　锯管子的方法

D　薄板

对于薄板的锯削，其厚度最好在 2mm 以上，太薄了不易锯削。锯削时，应尽可能从宽面上锯下去。若只能从板料的窄面上锯下去，则可用两块木板将薄板夹持，如图 5-55a 所示连木板一起锯下。当板料太宽，不便台虎钳装夹时，应采用横向斜推锯削，如图 5-55b 所示。

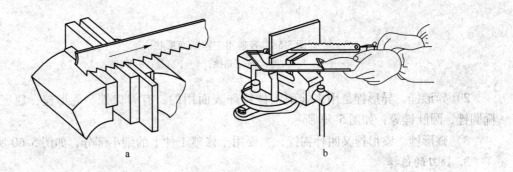

图 5-55　薄板锯削
a—用木板夹持；b—横向斜推锯削

三、锉削

用锉刀对工件进行切削加工的操作称为锉削。它广泛用于装配过程中个别零件的修理、修整，小批量生产条件下某些复杂形状的零件加工，以及样板、模具等的加工。锉削是钳工基本操作的重要内容之一。

（一）锉刀

1. 锉刀的构造

锉刀是用高碳工具钢制成，经热处理后，工作部分的硬度可达62HRC以上。锉刀由锉身（工作部分）和锉柄两部分组成。锉刀构造如图5-56所示。

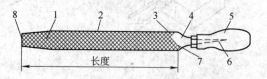

图5-56　锉刀各部分名称

1—锉刀面；2—锉刀边；3—底齿；4—锉刀尾；
5—锉柄；6—锉刀舌；7—面齿；8—锉端

2. 锉刀的种类

（1）锉刀按齿纹可分为单齿纹和双齿纹，如图5-57所示。

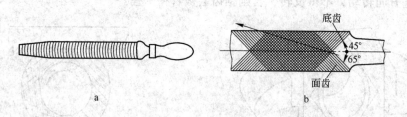

图5-57　锉刀齿纹

a—单齿纹锉刀；b—双齿纹锉刀

（2）锉刀按用途可分为普通钳工锉、异形锉、整形锉等。

1）普通钳工锉。按断面形状不同又可分为平锉、方锉、三角锉、半圆锉和圆锉，如图5-58所示。

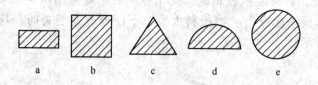

图5-58　普通钳工锉断面形状

a—平锉；b—方锉；c—三角锉；d—半圆锉；e—圆锉

2）异形锉。异形锉是用来锉削工件特殊表面用的，有刀口锉、菱形锉、扁三角锉、椭圆锉、圆肚锉等，如图5-59所示。

3）整形锉。整形锉又叫什锦锉，主要用于修整工件上的细小部分，如图5-60所示。

3. 锉刀的选择

（1）锉刀断面形状的选择取决于工件加工面形状，使两者的形状相适应。

（2）锉刀长度规格的选择取决于工件锉削面积的大小。加工面积大时，要选用大尺寸

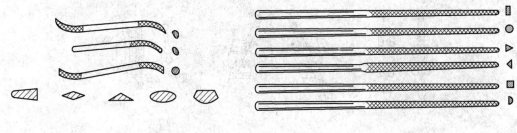

图 5-59　异形锉　　　　　　　　　　图 5-60　整形锉

规格的锉刀，反之要选用小尺寸规格的锉刀。

（3）锉刀锉齿粗细的选择取决于工件加工余量大小、精度等级和表面粗糙度要求。粗齿锉刀适用于加工余量大、尺寸精度低、表面粗糙度大、材料软的工件，反之应选择细齿锉刀。

（二）锉削操作

1. 锉刀的握法

右手握锉刀柄，柄端抵在拇指根部的手掌上，大拇指放在锉刀柄上部，其余手指由下而上地握住锉刀柄；左手的基本握法是将拇指根部的肌肉压在锉刀头上，拇指自然伸直，其余四指弯向手心，用中指、无名指捏住锉刀的前端。锉削时右手推动锉刀并决定推动方向，左手协同右手使锉刀保持平衡，如图 5-61 所示。

2. 锉削姿势

锉削时人的站立位置，如图 5-62 所示。

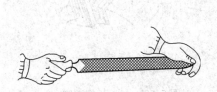

图 5-61　较大锉刀的握法

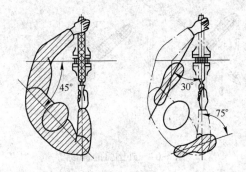

图 5-62　锉削时脚的站立和姿势

3. 平面锉削

锉削平面最常用的方法有顺向锉、交叉锉和推锉 3 种。

（1）顺向锉。如图 5-63a 所示，锉削时锉刀运动方向与工件夹持方向始终一致，在锉削较宽平面时，每次退回锉刀时应横向做适当移动。这种锉削方法锉纹均匀一致，是最基本的一种锉削方法，常用于精锉。

（2）交叉锉。如图 5-63b 所示，锉削时锉刀运动方向与工件装夹方向约呈 50°~60°夹角，且锉纹交叉，一般用于粗锉。

（3）推锉。如图 5-63c 所示，推锉时双手握在锉刀的两端，左、右手大拇指压在锉刀的边上，自然伸直，其余四指向手心弯曲，握紧锉身，工作时双手推、拉锉刀进行锉削加

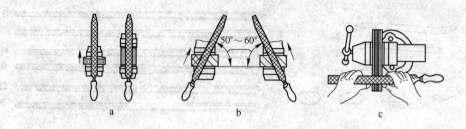

图 5-63　平面锉削方法

a—顺向锉；b—交叉锉；c—推锉

工，适用于锉削狭长平面或精加工。

4. 曲面锉削

A　锉削外圆弧

锉削外圆弧面所用的锉刀多为平锉，锉削时锉刀要同时完成两个运动：前进运动和锉刀绕工件圆弧中心的转动，如图 5-64 所示。其方法有滚锉和横锉两种。

B　锉削内圆弧

锉削内圆弧的锉刀可选用圆锉和半圆锉、方锉（圆弧半径较大时）。内圆弧锉削方法如图 5-65 所示。锉削时锉刀要完成 3 个运动，锉刀的 3 个运动分别是前进运动、随圆弧面向左或向右移动以及绕锉刀中心线的转动，这样才能保证锉出的圆弧光滑、准确。

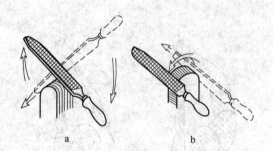

图 5-64　外圆弧的锉削

a—滚锉；b—横锉

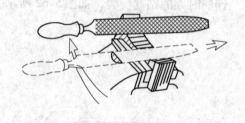

图 5-65　内圆弧的锉削

5. 锉削常用检测技术

用刀口形直尺、90°角尺、半径规或半径样板分别检查直线度、垂直度和圆弧时，一般采用透光法来检查，透光微弱而均匀，说明被测面符合要求；透光强弱不一说明被测面高低不平；透光强的部位是最凹的地方。

任务五　孔加工

钳工是利用各种钻床和钻孔工具来完成对零件的孔加工，钻孔、锪孔、扩孔、铰孔是钳工孔加工方法，在机械制造业中广泛应用。

一、钻孔

用钻头在实体材料上加工出孔的操作称为钻孔。钻孔加工精度一般在 IT10 级以下，表面粗糙度 R_a 为 $50 \sim 12.5 \mu m$，钻孔广泛应用于各类工件孔的加工。

（一）钻孔设备及工具

1. 钻孔设备
钳工常用的钻床有台式钻床、立式钻床、摇臂钻床等。

2. 钻头
钻头的种类很多，有麻花钻、扁钻、深孔钻、中心钻等，钳工常用的是麻花钻。

麻花钻用高速钢材料制成，并经热处理淬硬，由柄部、颈部、工作部分组成。

（1）柄部。柄部是钻头的夹持部分，起传递动力的作用。柄部有直柄和锥柄两种，如图 5-66 所示。直柄用在直径不大于 $\phi 13mm$ 的钻头上；锥柄用于直径大于 $\phi 13mm$ 的钻头上。

（2）颈部。颈部是砂轮磨制钻头时供砂轮退刀用的，钻头的直径大小等一般刻在颈部上，如图 5-66 所示。

（3）工作部分。工作部分如图 5-67 所示。它包括导向部分和切削部分。导向部分由两条螺旋槽和两条狭长的螺旋形棱边与螺旋槽表面相交成两条棱刃。切削部分由两条主切削刃、一条横刃、两个前面和两个后面组成。

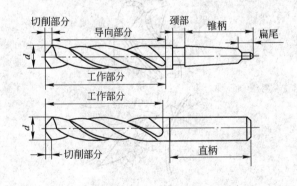

图 5-66 麻花钻

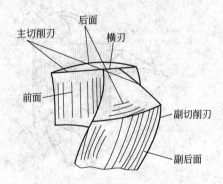

图 5-67 钻头的工作部分

（二）麻花钻的刃磨

1. 刃磨两主后面
右手握住钻头头部，左手握住柄部，如图 5-68a 所示，将钻头主切削刃放平，使钻头轴线在水平面内与砂轮轴线的夹角等于顶角（2φ 为 $118° \pm 2°$）的一半。将后刀面轻靠上砂轮圆周，如图 5-68b 所示，同于控制钻头绕轴心线做缓慢转动，两动作同时进行，且两后刀面轮换进行，按此反复，磨出两主切削刃和两主后刀面。

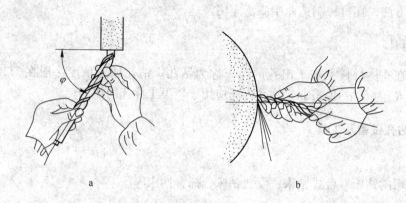

图 5-68　钻头刃磨时与砂轮的相对位置

a—在水平面内的夹角；b—略高于砂轮中心

2. 刃磨检验

如图 5-69 所示，用样板检验钻头的几何角度及两主切削刃的对称性。通过观察横刃斜角是否约为 55°来判断钻头后角。

3. 修磨横刃

如图 5-70 所示，直径在 $\phi6mm$ 以上的钻头，必须修短横刃。选择边缘直角的砂轮修磨，增大靠近横刃处的前角，将钻头向上倾斜约 55°，主切削刃与砂轮侧面平行。右手持钻头头部，左手握钻头柄部，并随钻头修磨作逆时针方向旋转 15°左右，以形成内刃，修磨后横刃为原长的 1/5 ~ 1/3。

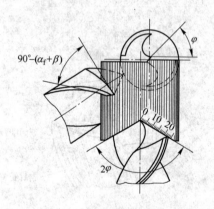

图 5-69　用样板检验钻头刃磨角度

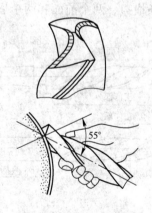

图 5-70　修磨横刃的方法

4. 修磨分屑槽

一般直径大于 $\phi15mm$ 的钻头，应在主后面上磨出几条错开的分屑槽，如图 5-71 所示，选用小型片状砂轮，用右手食指在砂轮机罩壳侧面定位，使钻头的外直刃与砂轮侧面相垂直，分屑槽开在外直刃间。

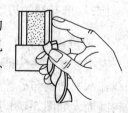

5. 修磨主切削刃

为增加刀尖强度，改善刀尖处散热条件，强化刀尖角，从而提高　　图 5-71　修磨分屑槽钻孔的表面质量和钻头的耐用度，要修磨出双重顶角（$2\varphi_0 = 70° \sim 75°$），如图5-72所示。

6. 修磨棱边

加工精孔或韧性材料时，为减小棱边与孔壁的摩擦，提高钻头的寿命，可在棱边的前端修磨出副后角（$\gamma_1 = 6° \sim 8°$），保留棱边的宽度为原来的$1/3 \sim 1/2$，如图5-73所示。

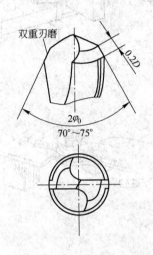

图5-72　主切削刃的修磨

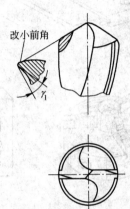

图5-73　修磨棱边

（三）钻孔前的准备工作

1. 工件划线

按钻孔位置尺寸要求，划出孔的中心线，并打上中心样冲眼，再按孔的大小划出孔的圆周线。

2. 工件的装夹

（1）平整的工件用平口钳装夹。钻直径大于8mm的孔时，平口钳须用压板固定。钻通孔时工件底部应垫上垫铁，空出落钻部位，如图5-74a所示。

（2）圆柱形的工件用V形架装夹。钻孔时应使钻头轴心线位于V形架的对称中心，按工件划线位置进行钻孔，如图5-74b所示。

（3）压板装夹。对钻孔直径较大或不便用平口钳装夹的工件，可用压板夹持，如图5-74c所示。

（4）卡盘装夹。方形工件钻孔，用四爪单动卡盘装夹。圆形工件端面钻孔，用三爪自定心卡盘装夹，如图5-74d所示。

（5）角铁装夹。底面不平或加工基准在侧面的工件用角铁装夹，如图5-74e所示。

（6）手虎钳装夹。在小型工件或薄板件上钻小孔时，用手虎钳装夹，如图5-74f所示。

3. 钻头的装拆

（1）直柄钻头用钻夹头装拆如图5-75所示。

（2）锥柄钻头的装拆，如图5-76所示。

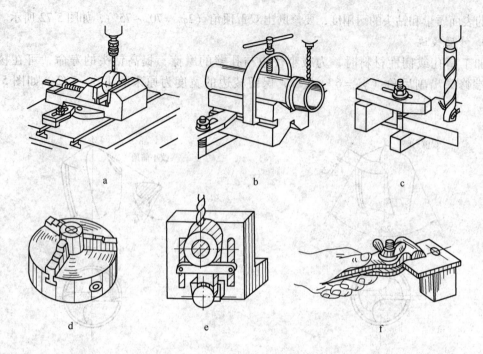

图 5-74　工件的装夹

a—平口钳装夹；b—V 形架装夹；c—压板装夹；d—三角卡盘；e—角铁装夹；f—手虎钳装夹

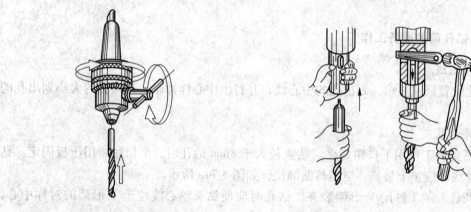

图 5-75　直柄钻头的装拆　　　　　　　　图 5-76　锥柄钻头的装拆

4. 钻削用量的选择

钻削用量是指钻削过程中的切削速度、进给量和切削深度。

A　切削速度 v

钻削时钻头切削刃上最大直径处的线速度。由下式计算：

$$v = \frac{\pi d n}{1000} \tag{5-1}$$

式中　v——切削速度，m/min；

　　　d——钻头直径，mm；

　　　n——钻头的转速，r/min。

B 进给量 f

钻头每转一转沿进给方向移动的距离，单位为 mm/r。

C 切削深度 a_p

通常也称为背吃刀量，是指工件已加工表面与待加工表面之间的垂直距离。在实心材料上钻孔时切削深度等于钻头的半径，即 $a_p = d/2$mm。

（四）钻孔工作

A 试钻

钻孔时，先使钻头对准划线中心，钻出浅坑，观察是否与划线圆同心，准确无误后，继续钻削完成。如钻出浅坑与划线圆发生偏位，偏位较少的可在试钻同时用力将工件向偏位的反方向推移，逐步借正；如偏位较多，可在借正方向上打上几个样冲眼，如图 5-77a 所示，或用油槽錾錾出几条小槽，如图 5-77b 所示，以减少此处的钻削阻力，达到借正目的。如钻削孔距要求较高的孔时，两孔要边试钻边测量边借正，不可先钻好一个孔再来借正第二孔的位置。

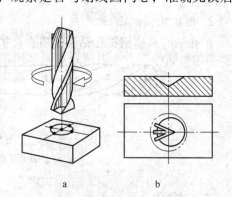

B 钻孔操作方法

（1）钻削通孔时，当孔快要钻穿时，应减小进给力，以免发生"啃刀"，影响加工质量和折断钻头。

图 5-77 用样冲眼、錾槽来借正钻偏的孔
a—打样冲眼；b—錾槽

（2）钻不通孔时，应按钻孔深度调整好钻床上的挡块、深度标尺或采用其他控制措施，以免钻过深或过浅，并注意退屑。

（3）一般钻削深孔时，钻削深度达到钻头直径 3 倍时，钻头就应退出排屑，并注意冷却润滑。

（4）钻削 30mm 以上的大孔，一般分成两次进行：第一次用 0.6 ~ 0.8 倍孔径钻头，第二次用所需直径的钻头钻削。

（5）钻 ϕ1mm 以下小孔时，切削速度可选在 2000 ~ 3000r/min 以上，进给力小且平稳，不宜过大过快，防止钻头弯曲和滑移。应经常退出钻头排屑，并加注切削液。

（6）在斜面上钻孔时，可采用中心钻先钻底孔，或用铣刀在钻孔处铣削出小平面，或用钻套导向等方法进行。

二、扩孔

扩孔是使用扩孔钻对工件上已有的孔进行扩大的一种孔加工方法，如图 5-78 所示。

（一）扩孔时的背吃刀量 a_p

扩孔时的背吃刀量 a_p 按以下公式计算：

$$a_p = \frac{D - d}{2} \tag{5-2}$$

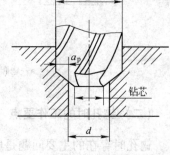

图 5-78 扩孔

式中　　D——扩孔后的直径，mm；

　　　　d——工件预加工的底孔直径，mm。

（二）扩孔方法

常用的扩孔方法有：用麻花钻头扩孔和用扩孔钻扩孔。

1. 用麻花钻头扩孔

用麻花钻头扩孔时，由于钻头的横刃不参加切削，轴向力小，进给省力。但因钻头外缘处前角较大，易把钻头从钻套中拉下来，所以应把麻花钻外缘处的前角修磨得小一些，并适当控制进给量。

2. 用扩孔钻扩孔

扩孔钻有高速钢扩孔钻和硬质合金扩孔钻两种，如图 5-79 所示。

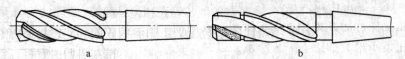

图 5-79　扩孔钻
a—高速钢扩孔钻；b—硬质合金扩孔钻

三、锪孔

用锪钻（或改制的钻头）进行孔口形面的加工称为锪孔。

（一）锪孔的形式

锪孔的形式有：锪柱形埋头孔、锪锥形埋头孔和锪孔端平面，如图 5-80 所示。

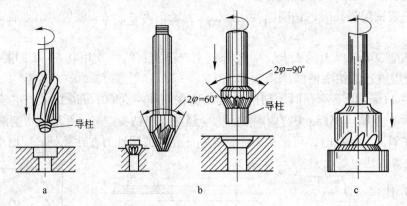

图 5-80　锪钻的应用
a—锪圆柱形孔；b—锪锥形孔；c—锪孔口和凸台平面

（二）锪孔时的工作要点

锪孔时存在的主要问题是所锪的端面或锥面出现振纹，使用麻花钻改磨的锪钻振纹尤为严重。因此，在锪孔时应注意以下事项：

（1）锪孔时，进给量为钻孔时的 2～3 倍，切削速度为钻孔时的 1/3～1/2。精加工时，往往利用钻床停机后主轴的惯性来锪孔，以减少振动，获得光滑的加工表面。

（2）尽量选用较短的钻头来改磨锪钻，并注意修磨前刀面，减小前角，以防止扎刀和振动现象的产生。还应选用较小的后角，防止形成多边形（或多角形）。

（3）加工塑性材料时，因产生的切削热比较多，加工过程中应在导柱和切削表面之间加注切削液。

四、铰孔

用铰刀从工件孔壁上切除微量金属层，以提高孔的尺寸精度和降低表面粗糙度的方法称为铰孔。铰孔精度可达 IT9～IT7 级，表面粗糙度值 R_a 达 $0.8\mu m$。

（一）铰孔工具

铰刀按刀体结构可分为整体式铰刀、焊接式铰刀、镶齿式铰刀和装配可调式铰刀；按外形可分为圆柱铰刀和圆锥铰刀；按加工手段可分为机用铰刀和手用铰刀。

1. 铰刀

整体圆柱铰刀主要用来铰削标准系列的孔。它由工作部分、颈部和柄部 3 个部分组成。其结构如图 5-81 所示。

（1）工作部分。由切削部分和校准部分组成。切削部分担负主要铰削工作，校准部分用来引导铰孔方向和校准孔的尺寸，也是铰刀的备磨部分。

（2）颈部。颈部是为磨制铰刀时供砂轮退刀用，也用来刻印商标和规格。

（3）柄部。柄部用来装夹和传递转矩，有直柄、锥柄和直柄方榫 3 种。手铰刀用直柄方榫。

2. 锥铰刀

锥铰刀用来铰削圆锥孔，其结构如图 5-81 所示。圆锥铰刀按锥度又可分为 1∶10 锥度铰刀、1∶30 锥度铰刀、1∶50 锥度铰刀和锥度近似于 1∶20 的莫氏锥度铰刀。

尺寸较小的圆锥孔，铰孔前可按小端直径钻出圆柱底孔，再用锥铰刀铰削即可。尺寸和深度较大或锥度较大的圆锥孔，铰孔前的底孔应钻成阶梯孔。

3. 铰杠

手铰时，用来夹持铰刀柄部的方榫，带动铰刀旋转的工具为铰杠。常用的铰杠有普通铰杠（如图 5-82 所示）和丁字铰杠。

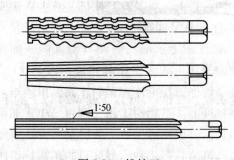

图 5-81　锥铰刀

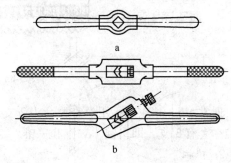

图 5-82　普通铰杠
a—固定铰杠；b—活动铰杠

（二）铰削的操作方法

（1）将手用铰刀装夹在铰杠上。

（2）手铰前，可采用右手沿铰刀轴线方向施压，左手转动 2～3 圈，正常铰削时，两手用力均匀、平稳，不得摇动铰刀，铰刀均匀进给。

（3）铰刀铰孔或退出铰刀时，铰刀均不能反转。

（4）铰孔后必须取出铰刀，用毛刷清屑。

（5）机铰时，要保证机床主轴、铰刀和工件孔三者中心的同轴度要求。若同轴度达不到铰孔精度要求时，应采用浮动方式装夹铰刀。

（6）机铰结束，铰刀应退出孔外后停机，否则孔壁有刀痕。

（7）铰削盲孔时，应经常退出铰刀，清除铰刀和孔内切屑，防止因堵屑而刮伤孔壁。

（8）铰孔过程中，按工件材料、铰孔精度要求合理选用切削液。

任务六　螺纹加工

钳工加工内外螺纹的方法分为攻螺纹与套螺纹（又称攻丝与套丝）。

一、攻螺纹

用丝锥加工零件内螺纹的操作称为攻螺纹。

（一）常用的攻螺纹工具

1. 丝锥

丝锥是用来切削内螺纹的工具，分手用和机用两种。丝锥由工作部分和柄部组成，工作部分包括切削部分和校准部分，如图 5-83 所示。

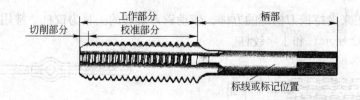

图 5-83　丝锥结构图

通常 M6～M24 的手用丝锥一套为 2 支，称为头锥、二锥；M6 以下及 M24 以上的手用丝锥一套有 3 支，即头锥、二锥和三锥。

2. 铰杠

铰杠是用来夹持丝锥柄部的方榫、带动丝锥旋转切削的工具。铰杠有普通铰杠和丁字形铰杠两类，各类铰杠又分为固定式和可调式两种。

（二）攻螺纹操作

1. 底孔直径和深度的确定

对于脆性材料（铸铁、黄铜等）的底孔直径：

$$D_0 = D - 1.1P$$

对于塑性材料（钢、纯铜等）的底孔直径：

$$D_0 = D - P$$

式中　D——螺纹公称直径，mm；

　　　　P——螺距，mm。

$$盲孔的深度 = 所需螺纹的深度 + 0.7D$$

式中　D——内螺纹大径。

2. 攻螺纹的方法

（1）划线，钻底孔。

（2）在螺纹底孔的孔口倒角，通孔螺纹两端都倒角，倒角处直径可略大于螺纹大径。

（3）攻螺纹时丝锥应垂直于底孔端面，不得偏斜。在丝锥切入 1~2 圈后，用直角尺在两个互相垂直的方向检查，若不垂直，应及时校正，如图 5-84 所示。

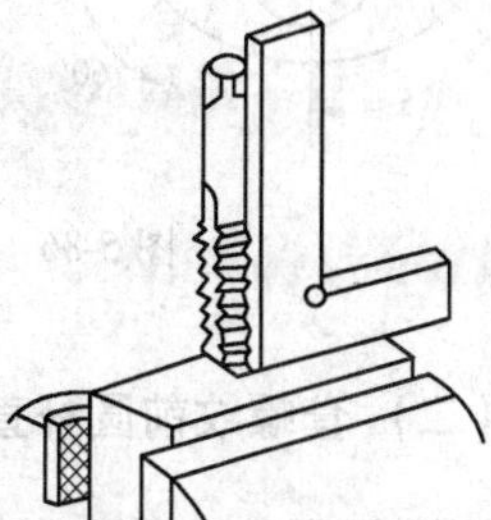

（4）丝锥切入 3~4 圈时，只需均匀转动铰杠。且每正转 1/2~1 圈，要倒转 1/4~1/2 圈，以利于断屑、排屑，如图 5-85 所示。攻韧性材料、深螺孔和盲螺孔时更应注意。攻盲螺孔时还应在丝锥上做好深度标记，并经常退出丝锥排屑。

图 5-84　用直角尺检查丝锥位置

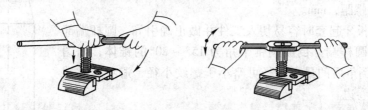

图 5-85　攻螺纹方法

（5）杠转动攻较硬材料时，应头锥、二锥交替使用。调换时，先用手将丝锥旋入孔中，再用铰杠转动，以防乱扣。

（6）攻韧性材料或精度较高螺孔时，要选用适宜的切削液。

（7）攻通孔时，丝锥的校准部分不能全部攻出底孔口，以防退丝锥时造成螺纹烂牙。

二、套螺纹

用板牙在圆柱或管子的表面加工外螺纹的操作称为套螺纹。

（一）套螺纹工具

1. 圆板牙

板牙是用来切削外螺纹的工具，它由切削部分、校准部分和排屑孔组成，如图 5-86 所示。

圆板牙本身就像一个螺母,在它的上面钻出几个排屑孔而形成切削刃。切削部分是圆板牙两端有切削锥角的部分。圆板牙中间一段是校准部分,也是套螺纹时的导向部分。圆板牙两端都有切削部分,一端磨损后,可换另一端使用。

2. 板牙架

板牙架是装夹圆板牙的工具,如图 5-87 所示。将圆板牙放入后用螺钉将其紧固。

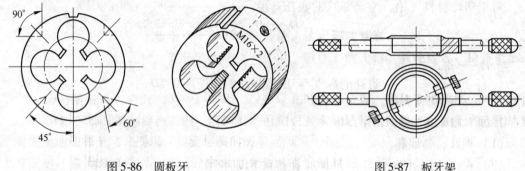

图 5-86　圆板牙　　　　　　　　　　图 5-87　板牙架

(二) 套螺纹前圆杆直径的确定

用圆板牙在工件上套螺纹时,材料同样因受挤压而变形,螺纹牙顶将被挤得高一些。所以套螺纹前圆杆直径应稍小于螺纹的大径,一般圆杆直径用下式计算:

$$d_{杆} = d - 0.13P \tag{5-3}$$

式中　$d_{杆}$——套螺纹前圆杆直径,mm;

　　　d——螺纹大径,mm;

　　　P——螺距,mm。

为了使圆板牙起套时容易切入工件并做正确引导,圆杆端部要倒角。一般圆杆端部倒成圆锥半角为 15°~20° 的锥体,如图 5-88所示,其倒角后的最小直径可略小于螺纹小径,避免螺纹端部出现螺口的卷边。

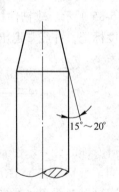

(三) 套螺纹的方法

(1) 套螺纹时的切削力矩较大,且工件都为圆柱,一般要用 　图 5-88　圆杆端部倒角
V 形木块或厚铜皮作为衬垫,才能保证夹紧可靠。

(2) 起套方法与攻螺纹时的起攻方法一样,一手用手掌按住铰杠中部,沿圆杆轴向施加压力,另一手配合做顺时针方向旋进,转动要慢,压力要大,并保证圆板牙端面与圆杆轴线的垂直度。在圆板牙切入圆杆 2~3 牙时,应及时检查其垂直度并进行校正。

(3) 正常套螺纹时不要加压,让圆板牙自然旋进,以免损坏螺纹和圆板牙,要经常倒转圆板牙进行断屑。

(4) 在钢件上套螺纹时要加切削液,一般可以用全损耗系统用油或浓度高的乳化液,要求较高时可用工业植物油。

任务七 刮 研

用刮刀在工件表面上刮去一层很薄的金属，以提高工件加工精度，降低工件表面粗糙度的操作称为刮削。刮削后的表面粗糙度 R_a 可达 $0.8\mu m$。

刮削分为平面刮削和曲面刮削两种。

一、刮削

（一）常用刮削工具

1. 平面刮刀

平面刮刀用于刮削平面和刮花，常用的平面刮刀有直头刮刀和弯头刮刀两种，如图5-89所示。平面刮刀又可分为粗刮刀、细刮刀和精刮刀3种。

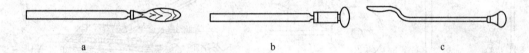

图5-89 平面刮刀
a，b—直头刮刀；c—弯头刮刀

2. 曲面刮刀

曲面刮刀主要用于刮削曲面，常用的曲面刮刀有三角刮刀、柳叶刮刀和蛇头刮刀等多种。刮刀头部形状及角度如图5-90所示。

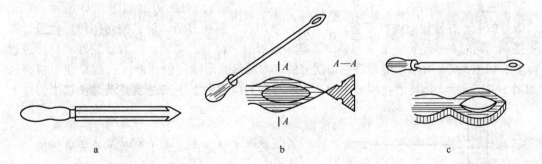

图5-90 曲面刮刀
a—三角刮刀；b—柳叶刮刀；c—蛇头刮刀

（二）刮刀的刃磨

1. 平面刮刀的刃磨

A 粗磨

粗磨时分别将刮刀两平面贴在砂轮侧面上，开始时应先接触砂轮边缘，再慢慢平放在面上，不断地前后移动进行刃磨，使两面都磨平整，在刮刀全宽上用肉眼看不出有显著的薄厚差别。然后粗磨顶端面，把刮刀的顶端放在砂轮缘上平稳地左右移动刃磨，要求端面与中心线垂直，应先以一定倾斜度与砂轮接触，再逐步按图示箭头方向转动至水平，如图5-91所示。

　　B　精磨

　　刮刀的精磨须在磨石上进行，如图5-92所示。操作时在磨石上加适量机油，先磨两平面直至平整为止，表面粗糙度 $R_a < 0.2\mu m$；然后精磨端面，刃磨时左手扶住近刀柄处，右手紧握刀身，使刮刀直立在磨石上，略带前倾（前倾角度根据刮刀月角的不同而定）地向前推移，拉回时刀身略微提起，以免磨损刃口，如此反复磨，直到切削部分形状和角度符合要求，且刃口锋利为止。

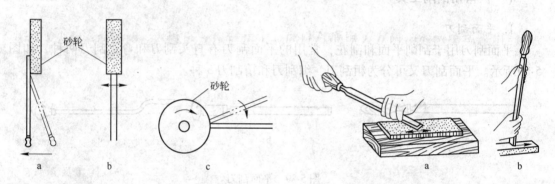

图 5-91　刮刀在砂轮上的粗磨　　　　　　　　　图 5-92　刮刀的精磨
a—粗磨刮刀平面；b—粗磨刮刀顶端面；　　　　　a—磨平面；b—手持磨顶端面
c—顶端面粗磨方法

　　2. 曲面刮刀的刃磨

　　以三角刮刀的刃磨为例介绍曲面刮刀的刃磨。三角刮刀的刃磨如图5-93所示，首先将锻好的毛坯在砂轮上进行刃磨，其方法先是用右手握住刀柄，使它按切削刃形状进行弧形摆动，同时在砂轮宽度上来回移动，基本成形后，将刮刀调转，顺着砂轮外圆柱面进行修整，如图5-93a所示。接着将三角刮刀的三个圆弧面用砂轮角开槽（目的是便于精磨），如图5-93b所示。槽要磨在两刃中间，刃磨时刮刀应有做上下和左右移动，使切削刃边上

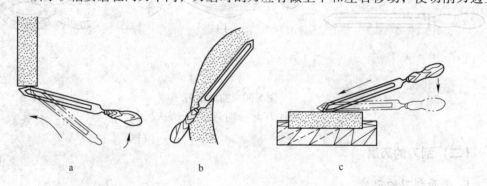

图 5-93　三角刮刀的刃磨
a—磨弧面刀尺；b—在三角刮刀上开槽；c—在磨石上精磨

只留有 2～3mm 的棱边。

（三）校准工具

校准工具是用来推磨显示研点和检查被刮削面准确性的工具，也叫研具。常用的校准工具有校准平板、校准直尺、角度直尺以及根据被刮削面形状设计和制造的专用校准型板等。

（四）平面刮削方法

平面刮削方法有手刮法和挺刮法两种。

1. 手刮法

手刮法的姿势如图 5-94 所示。右手如握锉刀柄姿势，左手四指向下握住近刮刀头部约 50mm 处，刮刀与被刮削面呈 25°～30°角。同时，左脚前跨一步，上身随着往前倾斜，这样可以增加左手压力，也易看清刮刀前面的情况。刮削时随着上身前倾，刮刀向前推进，左手下压，落刀要轻，当推进到所需要位置时，左手迅速提起，完成一个手刮动作。手刮法动作灵活，适用于各种工作位置，姿势可合理掌握，但手较易疲劳，故不适用于加工余量较大的场合。

2. 挺刮法

挺刮法的姿势如图 5-95 所示。将刮刀柄放在小腹右下侧，双手并拢握在刮刀前部约 80mm 左右处，刮削时刮刀对准研点，左手下压，利用腿部和臀部力量使刮刀向前推挤，在推动到位的瞬间，同时用双手将刮刀提起，完成一次刮削。挺刮法每刀切削量较大，适合余量大的切削加工，工作效率较高，但腰部易疲劳。

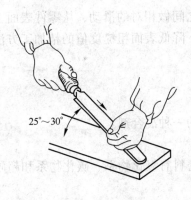

图 5-94　手刮法

图 5-95　挺刮法

（五）曲面刮削方法

曲面刮削（内曲面刮削）时，刮刀应在曲面内做螺旋运动，图 5-96 所示为曲面刮削的两种姿势。外曲面刮削如图 5-97 所示。为了提高刮削面的精度，前一遍刮削与后一遍刮削要交叉进行，以免出现波纹。同时在刮削开始时，压力不宜过大，以防止发生抖动，使表面产生振痕。

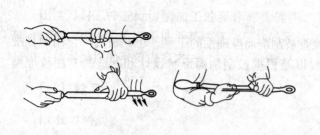

图 5-96　内曲面的刮削方法　　　　　　图 5-97　外曲面刮削方法

（六）显示剂及其应用

显示剂的作用是显示刮削零件与标准工具接触的状况。常用的显示剂有红丹粉、蓝油、印红油、油墨等，一般多用前两种。红丹粉又分铅丹和铁丹两种，广泛用于钢和铸铁的显示。蓝油是用蓝粉与蓖麻油及适量机油调制而成，多用于有色金属和精密零件的显示。

显示剂的使用方法是：粗刮时，显示剂调和稀些，涂刷在标准工具表面，涂得厚些，显示点子较暗淡、大而少，切屑不易粘附在刮刀上；精刮时，显示剂调和干些，涂抹在零件表面，涂得薄而均匀，显示点子细小清晰，便于提高刮削精度。

二、研磨

使用研磨工具和研磨剂，利用研具和被研零件之间做相对的滑动，从零件表面上研去一层极薄的金属层，以提高零件的尺寸、形状精度、降低表面粗糙度值的精加工方法，称为研磨。

（一）研磨剂

研磨剂是由磨料和研磨液及辅助材料混合而成的一种混合剂。

1. 磨料

磨料在研磨过程中起主要的切削作用，常用的磨料有氧化物系、碳化物系和超硬系等几种。

2. 研磨液

研磨液在研磨剂中起稀释、润滑与冷却作用。常用的有煤油、汽油、机油、工业甘油和熟猪油等。

3. 研磨膏

研磨膏是在磨料中加入黏结剂和润滑剂调制而成，由专门工厂生产。目前研磨膏的应用较为广泛，使用时要用油液稀释，并注意粗研磨膏与精研磨膏不能混用。

4. 油石

油石由磨料与黏结剂压制烧结而成。它的端面形状有正方形、长方形、三角形、半圆形和圆形等。油石主要用于工件形状比较复杂和没有适当研磨工具的场合，如刀具、模具、量规等的研磨。

（二）研磨工具

研磨工具是研磨时决定工件表面几何形状的标准工具。在生产中需要研磨的工件是多种多样的，不同形状的工件应选用不同类型的研磨工具，现介绍常用的几种。

1. 研磨平板

研磨平板主要用于研磨平面。研磨平板分为有槽平板和光滑平板两种，如图 5-98 所示。有槽平板用于粗研，研磨时易于将工件压平，可防止将研磨面磨成凸弧形。光滑平板用于精研，可使研磨后的工件得到准确的尺寸精度及良好的表面质量。

2. 研磨环

研磨环主要用于研磨外圆柱表面，如图 5-99 所示。研磨环的内径一般比工件外径大 $0.025 \sim 0.05$mm。将研磨环套在工件外径上进行研磨，当研磨一段时间后，若研磨环的内孔增大，则应拧紧调节螺钉，使孔径缩小，以达到所需要的间隙。

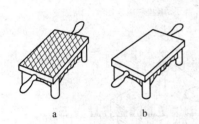

图 5-98 研磨平板
a—有槽平板；b—光滑平板

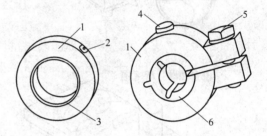

图 5-99 研磨环
1—外圈；2，5—调节螺钉；3—光滑开口调节环；
4—紧固螺钉；6—带槽开口调节环

3. 研磨棒

研磨棒主要用于圆柱孔的研磨。研磨棒有固定式和可调式两种，如图 5-100 所示。固定式研磨棒制造容易，但磨损后无法补偿，多用于单件研磨。有槽的研磨棒用于粗研，光滑的研磨棒用于精研。可调式研磨棒能在一定的尺寸范围内进行调整，适用于成批工件的研磨，应用广泛。若将研磨环的内孔或将研磨棒的外圆制成圆锥形，即可用于研磨内、外圆锥表面。

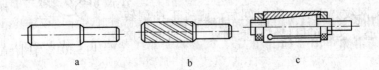

图 5-100 研磨棒
a—光滑研磨棒；b—带槽研磨棒；c—可调式研磨棒

（三）研磨方法

1. 研磨平面

开始研磨前，先将煤油涂在研磨平板的工作表面上，把平板擦洗干净，再涂上研磨剂。为了使工件达到理想的研磨效果，并保持研磨工具的磨损均匀，根据工件的不同形状，研磨时可采用如图 5-101 所示的运动轨迹。平板每一个地方都磨到，使平板磨耗均匀，保持平板精度。同时还要使工件不时地变换位置，以免研磨平面倾斜。研磨压力和速度不宜过大，以免工件发热变形。研磨后不应立即测量，待冷却至室温后再测量。

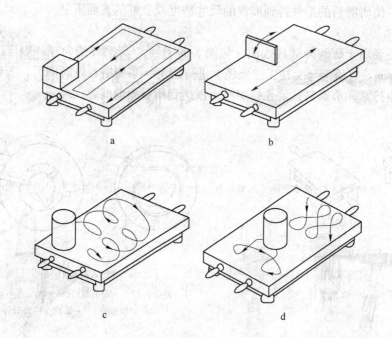

图 5-101　研磨的运动轨迹

a—直线运动轨迹；b—直线摆动运动；c—螺旋形运动；d—"8"字形

2. 研磨圆柱面

外圆柱面研磨多在车床上进行。将工件顶在车床的顶尖之间，涂上研磨剂，然后套上研磨环，如图 5-102 所示。研磨时工件以一定的速度转动，同时用手握住研磨环做轴向往复运动，两种速度要配合适当，使工件表面研磨出交叉网纹。研磨一定时间后，应将工件调转 180°再进行研磨，这样可以提高研磨精度，使研磨环磨耗均匀。

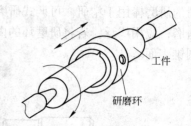

图 5-102　外圆柱面研磨方法

内圆柱面研磨与外圆柱面研磨相反。研磨时将研磨棒顶在车床两顶尖之间或夹紧在钻床的钻夹头内，工件套在研磨棒上，并用手握住，使研磨棒做旋转运动，工件做往复直线运动。

习题与实训

习题

1. 钳工使用的主要设备有哪些?

2. 试述 0.02mm 游标卡尺的刻线原理。

3. 试述 2′ 游标万能角度尺的刻线原理。

4. 量具的维护保养必须注意哪些事项?

5. 划线的步骤有哪些?

6. 平面錾削的方法是什么?

7. 锯削操作的步骤是什么?

8. 简述平面锉削的方法及应用。

9. 麻花钻的刃磨和修磨包括哪些内容?

10. 铰削的操作方法是什么?

11. 攻螺纹时底孔直径和深度如何确定?

12. 需在钢件上套 M8、M10 和 M12 的螺纹,试确定圆杆直径。

13. 什么是刮削?

14. 常用的磨料分哪几种?

15. 研磨平面时采用的运动轨迹有哪几种?

实训项目一: 零件的测量

测量的限位块如图 5-103 所示。

实训目的

- 能正确使用游标卡尺、千分尺测量零件

- 能正确使用游标万能角度尺测量零件角度

实训器材

游标卡尺、千分尺、游标万能角度尺、直角尺。

实训指导

(1) 将游标卡尺、千分尺、游标万能角度尺和百分表校准零位。

(2) 使用游标卡尺测量限位块长度值、高度值及孔间距等。

(3) 使用游标卡尺和千分尺分别测量限

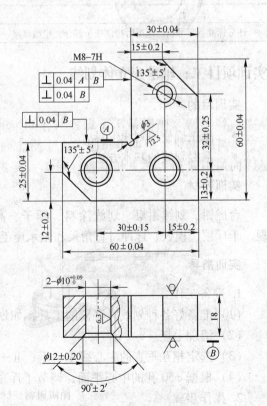

图 5-103　限位块的测量

位块的宽度，并比较准确度。

（4）使用直角尺图示的垂直度。

（5）用游标万能角度尺测量图示角度。

实训成绩评定

请将实训所得结果填写在下面的表 5-1 中。

表 5-1　实训记录及成绩评定

序号	项　目	考核技术要求	配　分	检测工具	得　分
1	测量工具的使用	能校准零位	10		
2		正确使用测量工具	10		
3		测量长度值：（60 ± 0.04）mm；（30 ± 0.04）mm；（15 ± 0.2）mm 等	12	游标卡尺	
4	零件长和高的测量	测量高度值：（60 ± 0.04）mm；（25 ± 0.04）mm；（13 ± 0.2）mm 等	14	游标卡尺	
5		测量孔间距值：（30 ± 0.15）mm；（32 ± 0.25）mm	10	游标卡尺	
6	零件宽度的测量	宽度值 18mm	10	游标卡尺 千分尺	
7	角度的测量	测量角度 135° ± 5′	10	游标万能角度尺	
8	垂直度的测量	测量图示垂直度	14	直角尺	
9	安全及其他	文明生产、安全操作	10		
	合　计		100		

评分标准：尺寸精度超差时扣该项全部分，粗糙度降一级扣 2 分

实训项目二：轴承座立体划线

实训目的

- 能正确使用划线工具
- 掌握划线的基本方法

实训器材

台虎钳、划线钳桌、划线涂料、锤子、高度游标卡尺、划针、划针盘、钢直尺、划规、千斤顶、楔铁、样冲、直角尺和轴承座毛坯。

实训指导

1. 准备工作

（1）准备好各种划线时必需的工具，如划线盘、样冲、角尺等。

（2）清理毛坯。

（3）选定相互垂直的中心线 Ⅰ—Ⅰ、Ⅱ—Ⅱ为划线基准，如图 5-104a 所示。

（4）根据 φ50 孔的中心平面，调节千斤顶，使工件水平，如图 5-104b 所示。

2. 操作步骤

（1）划 φ50 孔中心线 Ⅰ—Ⅰ和底面加工线，如图 5-104c 所示。

（2）划 $\phi50$ 孔中心线 II—II 和 $2\times\phi13$ 的中心线，如图 5-104d 所示。

（3）划厚度中心线 III—III 和两端面的加工线，如图 5-104e 所示。

（4）在各交点打样冲眼，如图 5-104f 所示。

（5）以各处交点划圆，如图 5-104f 所示。

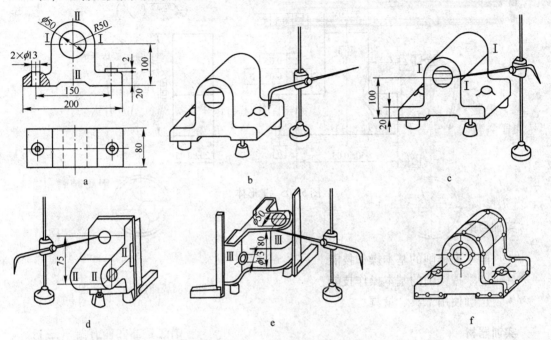

图 5-104　轴承座的立体划线

a—轴承座零件图；b—调节工件水平位置；c—第一次划线；d—第二次划线；
e—第三次划线；f—打样冲眼划加工线

实训成绩评定

学生实训评定成绩填写在表 5-2 中。

表 5-2　实训成绩评定

序号	项　目	检测技术要求	配分	检测工具	得　分
1	轴承座立体划线	正确使用划线工具	10	千斤顶、直角尺、楔铁	
2		三个垂直位置找正误差小于 0.4mm	18(6×3)		
3	轴承座立体划线	三个位置尺寸基准位置误差小于 0.6mm	18(6×3)	划线盘	
4		划线尺寸误差小于 0.3mm	18(6×3)	划线盘	
5		线条清晰	11		
6		冲点位置正确	10	样冲、手锤	
7	安全及其他	文明生产、安全操作	15		
	合　计		100		

评分标准：尺寸精度超差时扣该项全部分，粗糙度降一级扣 2 分

实训项目三：T 形体的制作

实训制作的 T 形体如图 5-105 所示。

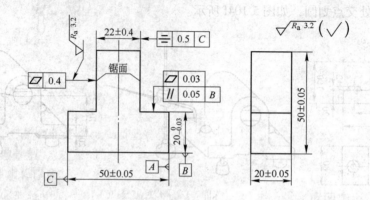

图 5-105　T 形体

实训目的

- 能掌握锯削的基本操作技能
- 能掌握锉削的基本操作技能
- 正确使用工具、量具

实训器材

手锯、平锉、三角锉、台虎钳、直角尺、游标高度尺、游标卡尺、百分表、千分尺、刀口尺、90°直尺、灰铸铁坯料 HT200 等。

实训指导

（1）粗、精锉加工两端面 1 和 2，达到平面度为 0.03mm 和尺寸为（20 ± 0.05）mm 的要求，如图 5-106 所示。

（2）锉加工 A、B 两面，达到 A 面垂直 B 面的同时与面 1 垂直。以 A、B 两面为划线基准，按图样要求划出所需加工线。

（3）锯削左边直角，如图 5-107 所示，保证锯削面与基准 A 面的距离为（36 ± 0.5）mm，

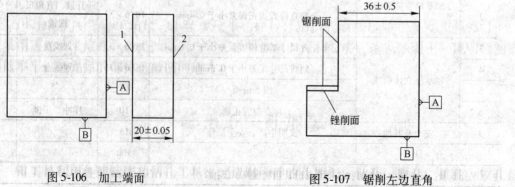

图 5-106　加工端面　　　　　　　　　　　　图 5-107　锯削左边直角

达到平面度为 0.4mm 的要求。同时锉削面留有 0.8~1.2mm 的加工余量。

（4）以同样方法锯削右边直角，保证锯削尺寸为（22±0.4）mm、平面度为 0.4mm 的要求，如图 5-108 所示。

（5）粗、精锉削加工面 3 和面 4，达到 $20_{-0.03}^{0}$mm 的尺寸公差、0.03mm 的平面度及与基准 B 面的平行度为 0.05mm 的要求，如图 5-109 所示。

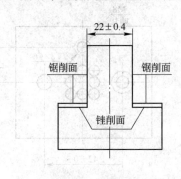

图 5-108　锯削右边直角

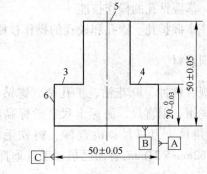

图 5-109　锉削示意图

（6）粗、精锉削加工面 5，达到（50±0.05）mm 的尺寸要求。

（7）粗、精锉削加工面 6，在保证（50±0.05）mm 的尺寸前提下，如果锯削对称度有误差时，可适当修整面 6 和基准 A 面，以保证两锯削面对称度 0.5mm 的要求。

（8）内直角清角。

（9）去毛刺，复检。

实训成绩评定

学生实训评定成绩填写在表 5-3 中。

表 5-3　实训成绩评定

序号	项　目	考核技术要求	配　分	检测工具	得　分
1	锯　削	长度值：（22±0.4）mm （36±0.5）mm、（22±0.5）mm	10	游标卡尺	
2		▱ 0.4	10	刀口尺	
3		＝ 0.5 C	10	直角尺、 游标卡尺	
4		表面粗糙度 $R_a=3.2\mu m$	10	目　测	
5	锉　削	长度值：（50±0.05）mm	10	游标卡尺	
6		高度值 $20_{-0.03}^{0}$mm	12	游标高度尺	
7		宽度值：（20±0.05）mm	10	游标卡尺、千分尺	
8		▱ 0.03	12	刀口尺	
9		∥ 0.05 B	6	百分表	
10	安全及其他	文明生产、安全操作	10		
	合　计		100		

评分标准：尺寸精度超差时扣该项全部分，粗糙度降一级扣 2 分

实训项目四：工件上钻孔、扩孔、锪孔、铰孔

实训项目的工件图见图 5-110。

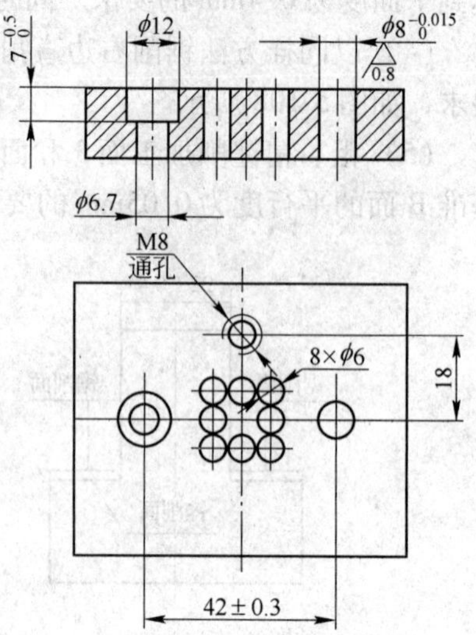

实训目的

- 掌握钻孔的操作技能
- 掌握扩孔、锪孔和铰孔的操作技能

实训器材

划规、样冲、麻花钻、扩孔钻、锪钻、铰刀、铰
杠、台虎钳、钢直尺、游标卡尺、游标高度尺、千分
尺、90°角尺、刀口尺、检查棒、铸铁毛坯（尺寸为
78mm×62mm×21mm，各面已机加工且垂直）。

实训指导

图 5-110　四方配钻、扩、锪、铰孔

（1）根据图纸在毛坯上划线，打样冲眼。

（2）将工具下面垫上等高铁，在平口钳上夹紧。

（3）用 $\phi6.7$mm 的钻头，钻左边 $\phi6.7$mm 孔，上面 M8 底孔 $\phi6.7$mm，钻 $\phi8$mm 铰孔
底孔 $\phi6.7$mm。

（4）用 $\phi6$mm 的钻头，钻中间 8 个 $\phi6$mm 排孔。

（5）用 $\phi7.8$mm 的钻头，扩 $\phi8$mm 铰孔底孔 $\phi6.7$mm 至 $\phi7.8$mm。

（6）锪 $\phi12$mm 沉孔。用 $\phi12$mm 钻头修磨成的锪钻，锪 $\phi12$mm 沉头孔至要求。

（7）孔口用钻头倒角 $1\times45°$。

（8）将工件卸下夹在台虎钳上，用 $\phi8$mm 铰刀进行铰孔。

实训成绩评定

学生实训评定成绩填写在表 5-4 中。

表 5-4　实训成绩评定

序号	项　目	考核技术要求	配　分	检测工具	得　分
1	钻　孔	底孔 $\phi6.7$mm	5	游标卡尺	
2		孔径 $\phi6$mm	10	游标卡尺	
4	扩孔、锪孔	底孔 $\phi7.8$mm	10	游标卡尺	
5		扩孔 $\phi12$mm	10	游标卡尺	
6		孔深 $7^{+0.5}_{0}$mm	15	游标卡尺	
7	铰　孔	孔径 $8^{-0.015}_{0}$mm	15	检查棒	
8		表面粗糙度 $R_a=0.8\mu$m	5	目测	
9	划　线	孔距 (42 ± 0.3)mm	10	游标卡尺	
10		孔距 18mm	10	游标卡尺	
11	安全及其他	文明生产、安全操作	10		
	合　计		100		

评分标准：尺寸精度超差时扣该项全部分，粗糙度降一级扣 2 分

实训项目五：螺杆两端套螺纹

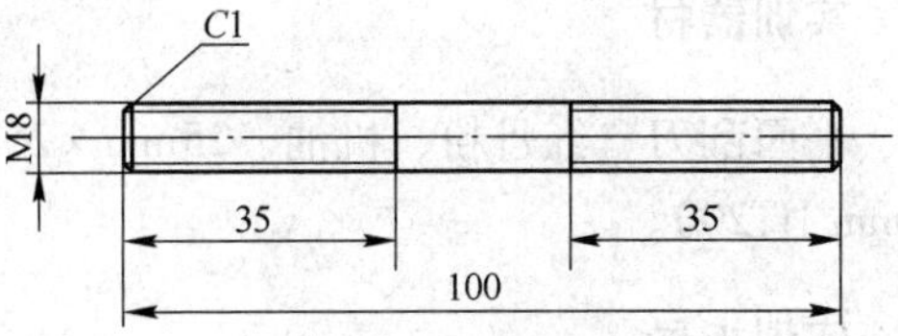

实训加工的螺杆套螺纹如图 5-111 所示。

图 5-111 套螺纹图

实训目的

- 熟悉套螺纹工具
- 掌握套螺纹的加工方法

实训器材

台虎钳、V 形木衬垫、直角尺、游标卡尺、圆板牙、板牙架、润滑油、45 钢圆杆。

实训指导

（1）套螺纹前计算圆杆直径，并车削圆杆和倒角。

（2）将圆杆用 V 形木衬垫装夹在台虎钳上，螺杆轴线应与钳口垂直。

（3）将装在板牙架内的板牙套在圆杆上，使板牙端面与圆杆轴线垂直。转动板牙的同时加轴向压力。当切出 1~2 圈后，检查是否套正。套正后，只需均匀转动板牙，不需要加压，但要经常反转断屑，并加切削液。

（4）一端加工完螺纹后再加工另一端。

实训成绩评定

学生实训评定成绩填写在表 5-5 中。

表 5-5 实训成绩评定

序号	项　目	检测内容	配　分	检测工具	得　分
1	姿　势	站立姿势、双手动作	10		
2		螺纹 M8	10×2	游标卡尺	
3	套螺纹	螺纹长度 35mm	10×2	游标卡尺	
4		$R_a \leqslant 12.5\mu m$	25	直角尺	
5		螺纹无乱牙、滑牙	15	目　测	
6	安全及其他	文明生产、安全操作	10		
合　计			100		

评分标准：尺寸精度超差时扣该项全部分，粗糙度降一级扣 2 分

实训项目六：大平面刮削

实训目的

- 熟悉平面刮削工具
- 掌握平面刮削操作技能

实训器材

平面刮刀、红丹粉、机油、25mm×25mm 方框、平台、灰铸铁板料 300mm×200mm×20mm HT200。

实训指导

1. 调显示剂

平面刮刀在砂轮机和油石上刃磨锋利，用机油调和红丹粉作显示剂。

2. 粗刮

用连续推铲的方法，去除工件表面机械加工痕迹，当平面均匀达到 25mm×25mm 内 2~3 个研点时，粗刮即结束。

3. 细刮

根据平面上研点分布情况及明暗程度，掌握好刮削位置及用力轻重，反复细刮多次，当平面均匀达到 25mm×25mm 内 10~14 个研点时，细刮即结束。

4. 精刮

在细刮的基础上，对工件表面作进一步修整，使研点更多更小，达到图样要求。刮削大平面如图 5-112 所示。

技术要求
1. 表面无明显振痕和沟痕；
2. 25mm×25mm 内研点
为 18~24 点

图 5-112　刮削大平面

实训成绩评定

刮削的实训评定成绩填写在表 5-6 中。

表 5-6　实训成绩评定

序号	项　目	检测内容	配　分	检测工具	得　分
1	姿　势	站立姿势、双手动作	15	目　测	
2	粗　刮	刀　迹	25	25mm×25mm 方框	
3	细　刮	刮点均匀清晰	25	25mm×25mm 方框	
4	精　刮	刮点 18~24 个	25	25mm×25mm 方框	
5	安全及其他	文明生产、安全操作	10		
	合　计		100		

评分标准：尺寸精度超差时扣该项全部分，粗糙度降一级扣 2 分

项目六 车削加工

项目导语

机械制造工业是国民经济的重要组成部分,担负着为国民经济各部门提供技术装备的任务,是技术进步的重要基础。在科学技术飞速发展、高新技术不断涌现的当代,对机械制造工业提出了更新更高的技术要求。少、无切削技术,特种加工,数控加工等的发展和应用越来越广泛。但在实际生产中,绝大多数的机械零件仍需要通过切削加工来达到规定的尺寸、形状和位置精度,以满足产品的性能和使用要求。

在车、铣、刨、镗、磨、钳、制齿等诸多切削加工专业中,车削是最基本、最常用的加工方法。

学习目标

知识目标:

- 了解车床的组成及其主要功用,卧式车床的主要调整方法
- 了解车床常用车刀的种类、特点和应用
- 理解典型表面加工的工艺过程
- 掌握车削用量三要素及切削速度计算公式
- 掌握车削加工的基本内容和测量方法

能力目标:

- 能写出安全、文明生产的有关知识,养成安全、文明生产的习惯
- 能正确使用工、夹、刀、量具,能合理地选择切削用量和切削液
- 能独立安装外圆车刀,在卧式车床上独立完成中等精度零件的车削加工

任务一 车削概述

一、车削的基本概念

车削是指在车床上,利用工件的旋转运动和刀具的(直线或曲线)移动来改变毛坯的形状和尺寸,将其加工成所需零件的一种加工方法。其中工件的旋转运动为主运动,车刀相对于工件的移动为进给运动。

车刀切削工件时，使工件上形成加工表面、过渡表面、待加工表面，如图 6-1 所示。

二、切削用量三要素

切削用量是表示主运动和进给运动大小的参数，包括背吃刀量、进给量和切削速度。

（一）背吃刀量 a_p

工件上已加工表面和待加工表面间的垂直距离称为背吃刀量，如图 6-2 所示。

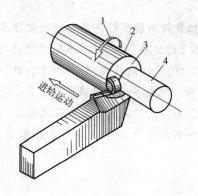

图 6-1　车削运动和工件上的表面

1—主运动；2—待加工表面；3—加工表面；
4—已加工表面

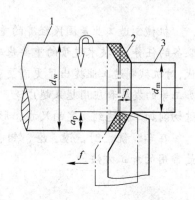

图 6-2　背吃刀量和进给量

1—待加工表面；2—过渡表面；3—已加工表面

车外圆时，背吃刀量可用下式计算：

$$a_p = \frac{d_w - d_m}{2} \tag{6-1}$$

式中　a_p——背吃刀量，mm；

　　　d_w——工件待加工表面直径，mm；

　　　d_m——工件已加工表面直径，mm。

（二）进给量 f

工件每转一周，车刀沿进给方向移动的距离称为进给量。根据进给方向的不同，进给量又分为纵向进给量和横向进给量，如图 6-3 所示，单位为 mm/r。

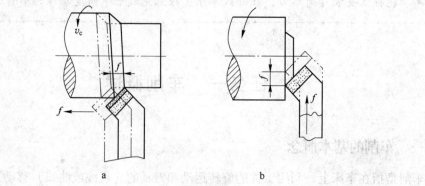

图 6-3　纵、横进给量

a—纵进给量；b—横进给量

（三）切削速度 v_c

车削时，刀具切削刃上某选定点相对于待加工表面在进给方向上的瞬时速度，称为切削速度。切削速度也可理解为车刀在 1min 内车削工件表面的理论展开直线长度（假定切屑没有变形或收缩），如图 6-4 所示，单位为 m/min。其计算公式为：

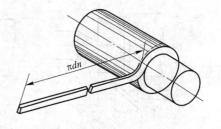

图 6-4　切削速度示意图

$$v_c = \frac{\pi dn}{1000} \approx \frac{dn}{318} \tag{6-2}$$

式中　d——待加工表面的直径，mm；

　　　n——工件的转速，r/min；

　　　v_c——刀具的切削速度，m/min。

三、车削加工的主要内容

用车削方法可以进行车外圆（圆柱、圆锥）、车平面、车孔（圆柱孔、圆锥孔）、车槽、车螺纹、车成形面等加工，还可以完成钻孔、铰孔、滚花等工作，如图 6-5 所示。

四、车工安全操作技术

（1）进入车间实习时，要穿好工作服，大袖口要扎紧，衬衫要系入裤内。女同学要戴安全帽，并将发辫纳入帽内。不得穿凉鞋、拖鞋、高跟鞋、背心、裙子和戴围巾进入车间。

（2）严禁在车间内追逐、打闹、喧哗、阅读与实习无关的书刊、收听广播等。

（3）应在指定的机床上进行实习。未经允许，其他机床、工具或电器开关等均不得乱动。

（4）开动机床前，要检查车床传动部件和润滑系统是否正常，各操作手柄是否正确，工件、夹具及刀具是否已夹持牢固等，检查周围有无障碍物，然后开慢车试转确认无故障后，才可正常使用。

（5）不准戴手套操作机床，不准用手摸正在运动的工件，停车时不得用手去刹车床卡盘。清除铁屑，必须用专用钩子或毛刷清除，严禁用手拉铁屑。

（6）开车后精力要集中，不得离开机床，如离开，必须停车。

（7）变速、换刀、装夹工件、调整卡盘、校正和测量工件时，都必须停车进行，并将刀架移至安全处。校正后，要撤出垫板等物，才能开车。

（8）正确安装刀具和装夹工件。不能将刀尖伸出刀架过长，刀尖要与工件中心等高。工件不能装夹过长。

（9）车削时，切削速度、切削深度、进给量不能过大，不然可能引起刀具损坏、机床过载、烧损电机等。

（10）爱惜量具，不得把工、量具放在机床导轨上，精密量具使用时更要注意保养。

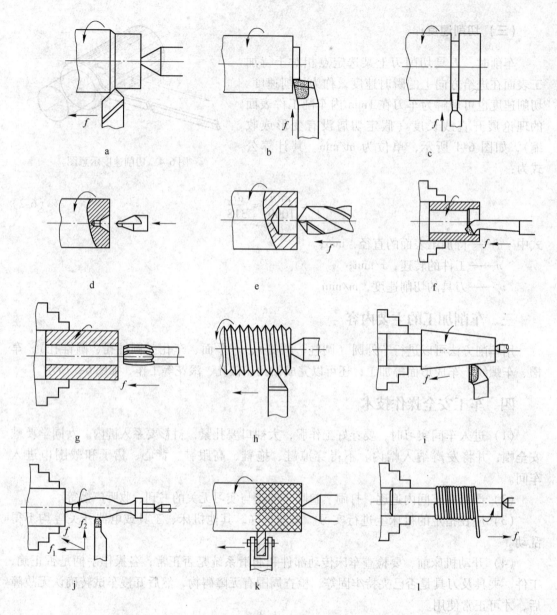

图 6-5　车削的基本内容

a—车外圆；b—车端面；c—切断或车槽；d—钻中心孔；e—钻孔；f—车孔；
g—铰孔；h—车螺纹；i—车圆锥；j—车成形面；k—滚花；l—盘绕弹簧

（11）工作时，头部不能靠近旋转的卡盘或工件，更不准用手去摸旋转部分及工件，也不能用棉纱擦拭。不允许站在切屑飞出的方向，以免伤人。高速车削时要戴上防护镜。

（12）工作中，机床发出不正常声音或发生事故时，应立即停车，保持现场，并报告指导教师或师傅，不得私自进行维修。

（13）自动纵向或横向进给时，严禁大拖板或中拖板超过极限位置，以防拖板脱落伤人。

（14）禁止用无柄锉刀锉削工件，持锉刀时，应右手在前，左手在后，身体远离卡盘。

（15）工作完后，应切断电源，扫清切屑，擦净机床，在导轨面上，加注润滑油，各部件应调整到正常位置，打扫现场卫生。

任务二　车床简介

根据 GB/T 15375—1994《金属切削机床　型号编制方法》对机床的分类，车床共分为：仪表车床；单轴自动车床；多轴自动、半自动车床；回轮、转塔车床；曲轴及凸轮轴车床；立式车床；落地及卧式车床；仿形及多刀车床；轮、轴、辊、锭及铲齿车床；其他车床共 10 组，其组代号分别为 0~9。

生产中应用最多的是卧式车床，其典型型号是 CA6140 型卧式车床，型号中各代号的含义为：

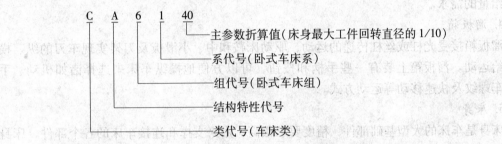

C A 6 1 40
主参数折算值（床身最大工件回转直径的 1/10）
系代号（卧式车床系）
组代号（卧式车床组）
结构特性代号
类代号（车床类）

卧式车床在车床中使用最多，它适合于单件、小批量的轴类、盘类工件加工，是学习和掌握的重点。

一、CA6140 型卧式车床

（一）车床外形

CA6140 型卧式车床外形，如图 6-6 所示。

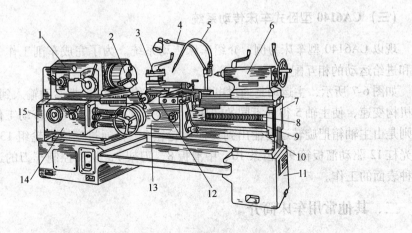

图 6-6　CA6140 型卧式车床结构

1—主轴箱；2—卡盘；3—刀架；4—照明灯；5—切削液软管；6—尾座；7—床身；8—丝杠；
9—光杠；10—操纵杆；11—床脚；12—床鞍；13—溜板箱；14—进给箱；15—交换齿轮箱

（二）CA6140 型卧式车床主要组成部分的作用

1. 主轴箱

主轴箱支撑主轴并带动工件做回转运动。箱内装有齿轮、轴等零件组成变速传动机构，变换箱外手柄位置，可使主轴得到多种不同转速。

2. 进给箱

进给箱是进给传动系统的变速机构。它把交换齿轮箱传递来的运动经过变速后传递给丝杠或光杠，以实现各种螺纹的车削或机动进给。

3. 交换齿轮箱

交换齿轮箱用来将主轴的回转运动传递到进给箱。更换箱内的齿轮，配合进给箱变速机构，可以得到车削各种螺距的螺纹（或蜗杆）的进给运动；并满足车削时对不同纵、横向进给量的需求。

4. 溜板箱

溜板箱接受光杠或丝杠传递的运动，驱动床鞍和中、小滑板及刀架实现车刀的纵、横向进给运动。溜板箱上装有一些手柄和按钮，可以方便地操纵车床来选择诸如机动、手动、车螺纹及快速移动等运动方式。

5. 床身

床身是车床的大型基础部件，精度要求很高，用来支撑和连接车床的各个部件。床身上面有两条精确的导轨（山形导轨和平导轨），床鞍和尾座可沿着导轨移动。

6. 刀架部分

刀架部分由床鞍、两层滑板（中滑板和小滑板）和刀架体共同组成。用于装夹车刀并带动车刀做纵向、横向和斜向运动。

7. 尾座

尾座安装在床身导轨上，并可沿导轨纵向移动，以调整其工作位置。尾座主要用来安装后顶尖，以支撑较长的工件，也可以安装钻头、铰刀等切削刀具进行孔加工。

（三）CA6140 型卧式车床传动系统

现以 CA6140 型车床为例，介绍车床传动系统。为了完成车削工作，车床必须有主运动和进给运动的相互配合。

如图 6-7 所示，主运动是通过电动机 1 驱动传动带 2，把运动输入到主轴箱 4。通过变速机构变速，使主轴 5 得到不同的转速。再经卡盘 6（或夹具）带动工件旋转。而进给运动则是由主轴箱把旋转运动输出到交换齿轮箱 3，再通过变速齿轮组 13 变速后由丝杠 11 或光杠 12 驱动溜板箱 9、齿条 10、中滑板 8、刀架 7，从而控制车刀的运动轨迹完成车削各种表面的工作。

二、其他常用车床简介

（一）转塔车床

转塔车床除了一个前刀架外，还有一个转塔刀架。前刀架与卧式车床的刀架相似，既

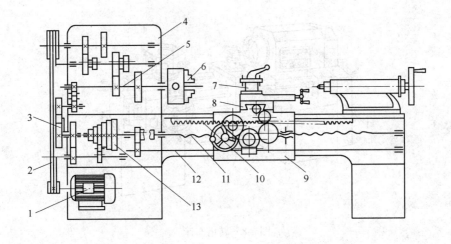

a

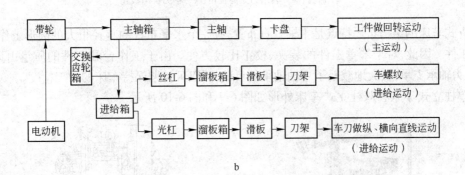

b

图 6-7 CA6140 型车床的传动系统

a—车床传动系统示意图；b—车床传动路线框图

1—电动机；2—传动带；3—交换齿轮箱；4—主轴箱；5—主轴；6—卡盘；7—刀架；
8—中滑板；9—溜板箱；10—齿条；11—丝杠；12—光杠；13—变速齿轮组

可作纵向进给，切削大直径的外圆柱面，也可作横向进给，加工端面和外圆沟槽。转塔刀架可作纵向进给和绕垂直轴线转位，但不能作横向进给。转塔刀架一般为六角形，可在六个面上各装夹一把或一组刀具。转塔刀架用于车削内外圆柱面，钻孔、扩孔、铰孔和镗孔，攻螺纹和套螺纹等。转塔车床的前刀架和转塔刀架各有一个独立的溜板箱来控制它们的运动。转塔刀架设有定程装置，加工过程中当刀架到达预先调定位置时，可自动停止进给或快速返回原位。转塔车床的外形，如图 6-8 所示。

转塔车床适用于中、小批的生产。由于转塔车床没有丝杠，所以只能使用丝锥、板牙加工内、外螺纹。

（二）立式车床

立式车床分单柱式和双柱式。用于加工径向尺寸大而轴向尺寸相对较小的大型和重型工件。单柱立式车床加工直径一般小于 1600mm；双柱立式车床加工直径超过 25000mm。

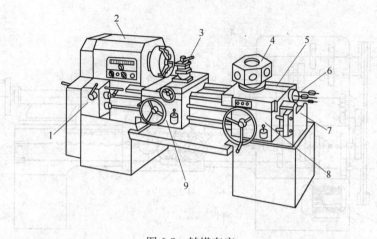

图 6-8　转塔车床

1—进给箱；2—主轴箱；3—前刀架；4—转塔刀架；5—纵向溜板；6—定程装置；

7—床身；8—转塔刀架溜板箱；9—前刀架溜板箱

立式车床的结构布局特点是主轴垂直布置,有一个水平布置的直径很大的圆形工作台,供装夹工件。因此,对于笨重工件的装夹、校正比较方便。由于工作台和工件的质量由床身导轨、推力轴承支承,极大地减轻了主轴轴承的负荷,所以可长期保持车床的加工精度。

单柱立式车床和双柱立式车床外形如图 6-9 和图 6-10 所示。

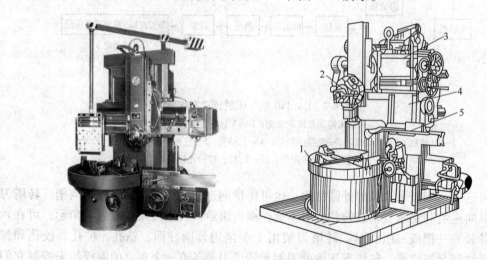

图 6-9　单柱立式车床

1—工作台；2—垂直刀架；3—横梁；4—立柱；5—侧刀架

（三）　自动和半自动车床

经调整后,不需工人操作便能自动地完成一定的切削加工循环(包括工作行程和空行程),并且可以自动地重复这种工作循环的车床称为自动车床。

自动和半自动车床大量生产时产品单一。自动与半自动车床,两者的主要区别为工件的装卸。前者只要人工定时给机床加料,后者工件的装卸需要人工操作。自动车床主要以

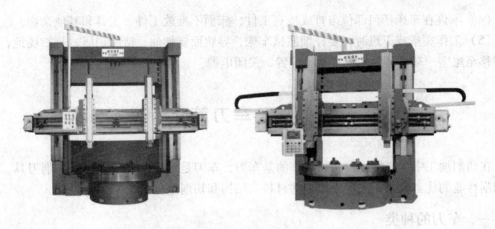

图 6-10　双柱立式车床

棒料为坯料，可分为单轴与多轴，所有操作都由凸轮控制。

使用自动车床能大大地减轻工人的劳动强度，提高加工精度和劳动生产率。

自动车床适用于加工大批量、形状复杂的工件。

由凸轮控制的单轴转塔自动车床的外形，如图 6-11 所示。

多轴自动车床的外形，如图 6-12 所示。

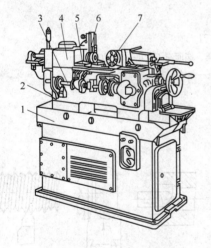

图 6-11　单轴转塔自动车床
1—底座；2—床身；3—分配轴；4—主轴箱；
5—横刀架；6—主刀架；7—转塔

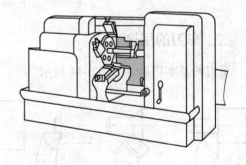

图 6-12　多轴自动车床

三、车床的润滑和维护保养

车床的精度及其是否处于完好的工作状态直接影响加工质量，使用中要特别注意维护与保养，主要要做到以下几点：

（1）开车前要检查各部分机构是否完好，各手柄是否处于正确的位置。

（2）工作前擦净床面导轨并按车床润滑图要求对润滑部位加油润滑，保证工作时润滑良好。

（3）改变主轴转速时必须先行停车，严禁开车变速。

（4）不许在车床任何部位敲打或校直工件，床面不准放工件、工具和其他杂物。

（5）工作完毕或下班时，要仔细擦拭车床，导轨面要加油，清除切屑，打扫场地；把刀架移至尾座一端，各手柄放置正确位置，关闭电源。

任务三　车刀简介

在切削加工中，直接完成切削工作的是车刀，车刀是最简单、最常用的切削刀具。刀具切削性能的优劣，主要决定于刀具的材料、结构和切削部分的几何参数。

一、车刀的种类

常用车刀，如图 6-13 所示。

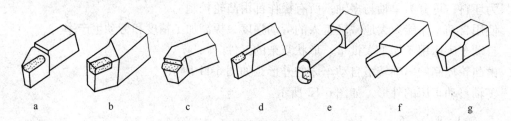

图 6-13　常用车刀

a—90°偏刀；b—75°外圆车刀；c—45°外圆、端面车刀；d—切断刀；
e—车孔刀；f—成形车刀；g—螺纹车刀

二、车刀的用途

车刀的基本用途，如图 6-14 所示。

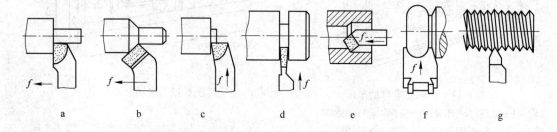

图 6-14　车刀的基本用途

a，b—车外圆；c—车端面；d—切断；e—车内孔；f—车成形面；g—车螺纹

三、车刀的组成及主要角度

（一）车刀的组成

车刀由切削部分（刀头）和刀体两部分组成。切削部分担任切削工作；刀体用于支撑刀片和车刀装夹。

车刀的切削部分（刀头）大多由三面、两
刃、一尖组成，如图6-15所示。

前刀面：是刀具上切屑流经的表面。

主后刀面：切削时与工件过渡表面相对的
刀面。

副后刀面：切削时与工件已加工表面相对
的刀面。

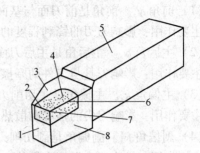

主切削刃：前刀面与主后刀面相交的切削
刃，它承担着主要的切削任务。

副切削刃：前刀面和副后刀面相交的切削
刃，它的一部分参与切削工作。

图6-15　刀具的组成部分

1—副后刀面；2—副切削刃；3—刀头；4—前刀面；
5—刀体；6—主切削刃；7—刀尖；8—主后刀面

刀尖：主切削刃和副切削刃的相交处，一般为一段过渡圆弧或小直线。

（二）车刀切削部分的几何角度及主要作用

1. 测量车刀角度的三个基准坐标平面

为了测量车刀的角度，需要假想三个基准坐标平面，如图6-16所示。

（1）基面。通过切削刃上某个选定点，垂直于该点主运动方向的平面称为基面。对于
车削，一般可认为基面是水平面。

（2）切削平面。切削平面是指通过切削刃上某个选定点，与切削刃相切并垂直于基面
的平面。其中，选定点在主切削刃上的为主切削平面，选定点在副切削刃上的为副切削平
面。切削平面一般是指主切削平面。对于车削，一般可认为切削平面是铅垂面。

（3）正交平面。通过切削刃上的某选定点，并同时垂直于基面和切削平面的平面。也
可以认为，正交平面是指通过切削刃上的某选定点，垂直于切削刃在基面上投影的平面。
正交平面一般是指主正交平面。对于车削，一般可认为正交平面是铅垂面。

2. 车刀切削部分的几何角度

车刀切削部分有五个独立的基本角度，如图6-17所示。

刀具的五个基本角度如下：

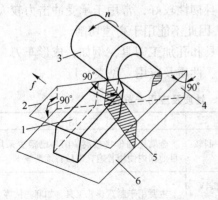

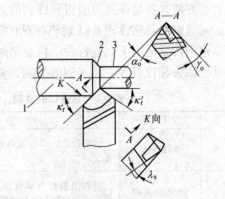

图6-16　车刀的辅助平面

1—车刀；2—基面；3—工件；4—主切削平面；
5—正交平面；6—底平面

图6-17　外圆车刀的主要角度

1—待加工表面；2—过渡表面；3—已加工表面

（1）前角 γ_o。前角是前刀面与基面之间的夹角。

主要作用：影响刀刃的锋利程度的强度，影响切削变形和切削力。

（2）主后角 α_o。主后角是主后刀面与切削平面之间的夹角。

主要作用：影响刀具与工件的摩擦，影响刀具的强度。

（3）主偏角 κ_r。主偏角是主切削刃在基面上的投影与进给方向之间的夹角。

主要作用：影响刀尖的强度和散热，影响切削力和工件变形。

（4）副偏角 κ_r'。副偏角是副切削刃在基面上的投影与进给方向之间的夹角。

主要作用：影响刀尖强度和散热，影响已加工表面的粗糙度。

（5）刃倾角 λ_s。刃倾角是主切削刃与基面之间的夹角。

主要作用：影响刀尖的强度，影响切屑的排向。

四、车刀的材料

（一）车刀切削部分应具备的基本性能

车刀切削部分在很高的温度下工作，经受连续强烈的摩擦，并承受很大的切削力和冲击，所以车刀切削部分的材料必须具备下列基本性能：

（1）较高的硬度；

（2）较高的耐磨性；

（3）足够的强度和韧性；

（4）较高的耐热性；

（5）较好的导热性；

（6）良好的工艺性和经济性。

（二）车刀切削部分常用材料

目前，车刀切削部分的常用材料有高速钢和硬质合金两大类。

1. 高速钢

高速钢是含钨 W、钼 Mo、铬 Cr、钒 V 等合金元素较多的工具钢。高速钢刀具制造简单，刃磨方便，容易通过刃磨得到锋利的刃口，而且韧性较好，常用于承受冲击力较大的场合。高速钢的耐热性较差（耐热在 600℃以下），因此不能用于高速切削。

高速钢特别适用于制造各种结构复杂的成形刀具和孔加工刀具，例如，成形车刀、螺纹刀具、钻头和铰刀等。高速钢的类别、常用牌号、性质及应用，见表 6-1。

表 6-1　高速钢的类别、常用牌号、性质及应用一览表

类　别	常用牌号	性　质	应　用
钨　系	W18Cr4V	性能稳定，刃磨及热处理工艺控制较方便	金属钨的价格较高，国外已很少采用。目前国内使用普遍，以后将逐渐减少
钨钼系	W6Mo5Cr4V2	其高温塑性与韧度都超过 W18Cr4V，而其切削性能却大致相同	主要用于制造热轧工具，如麻花钻等
	W9Mo3Cr4V	其强度和韧性均比 W6Mo5Cr4V2 好，高温塑性和切削性能良好	使用将逐渐增多

2. 硬质合金

硬质合金是用钨和碳化物粉末加钴作为黏结剂，高压压制成形后再经高温烧结而成的粉末冶金制品。硬度、耐磨性和耐热性均高于高速钢。切削钢时，切削速度可达 220m/min 左右。硬质合金的缺点是韧性较差，承受不了大的冲击力。硬质合金是目前应用最广泛的一种车刀材料。硬质合金的分类、组成成分、常用代号、性能特点及应用见表6-2。

表 6-2　硬质合金的分类、组成成分、常用代号、性能特点及应用

类　别	成　分	用　途	性　能	适用于的加工阶段	常用代号	相当于旧牌号
K 类 （钨钴类）	WC + Co	适用于加工铸铁、有色金属等脆性材料或冲击性较大的场合；也较合适切削难加工材料或振动较大（如断续切削塑性金属）的特殊情况	抗冲击性能较好，耐磨性略低	精加工	K01	YG3
				半精加工	K10	YG6
				粗加工	K20	YG8
P 类 （钨钛钴类）	WC + TiC + Co	适用于加工钢或其他韧性较大的塑性金属，不宜用于加工脆性金属	硬度高，耐磨性好，但抗冲击性较差	精加工	P01	YT30
				半精加工	P10	YT15
				粗加工	P30	YT5
M 类 （钨钛钽铌钴类）	WC + TiC + TaC(NbC) + Co	既可加工铸铁、有色金属，又可加工碳素钢、合金钢，故称通用合金（万能合金W）。主要用于加工高温合金、高锰钢、不锈钢以及可锻铸铁、球墨铸铁、合金铸铁等难加工材料	硬度高，耐磨性好，抗冲击性较好	精加工半精加工	M10	YW1
				半精加工粗加工	M20	YW2

五、砂轮的种类

刃磨车刀的砂轮大多采用平形砂轮，按其磨料不同，常用的砂轮有氧化铝砂轮和碳化硅砂轮两类。

氧化铝砂轮又称刚玉砂轮，多呈白色，其磨粒韧性好，比较锋利，硬度较低（指磨粒在磨削抗力作用下容易从砂轮上脱落），自锐性好，适用于刃磨高速工具钢车刀和硬质合金车刀的刀体部分。

碳化硅砂轮多呈绿色，其磨粒的硬度高，刃口锋利，但脆性大，适用于刃磨硬质合金车刀。

六、车刀的刃磨

切削过程中，车刀的前面和后面处于剧烈的摩擦和切削热的作用之中，使车刀的切削刃口变钝而失去切削能力，必须通过刃磨来恢复切削刃口的锋利和正确的车刀几何角度。

车刀的刃磨方法有机械刃磨和手工刃磨两种。机械刃磨效率高，操作方便，几何角度准确，质量好。但在中、小型企业中目前仍普遍采用手工刃磨的方法，因此，车工必须掌握手工刃磨车刀的技术。

1. 砂轮机

砂轮机是用来刃磨各种刀具、工具的常用设备，由电动机、砂轮机座、托架和防护罩等部分组成。砂轮机启动后，应在砂轮旋转平稳后再进行磨削。若砂轮跳动明显，应及时停机修整。

2. 刃磨姿势和方法

刃磨车刀时，操作者应站立在砂轮机的侧面，以防砂轮碎裂时，碎片飞出伤人。两手握车刀的距离应放开，两肘应夹紧腰部，这样可以减小刃磨时的抖动。

刃磨时，车刀应放在砂轮的水平中心，刀尖略微上翘 3°~8°，车刀接触砂轮后应作左右方向水平移动，车刀离开砂轮时，刀尖需向上抬起，以免磨好的刀刃被砂轮碰伤。

刃磨车刀时不能用力过大，以防打滑伤手。

3. 车刀刃磨次序

车刀的刃磨分成粗磨和精磨。刃磨硬质合金焊接车刀时还需先将车刀前面、后面的焊渣磨去。

粗磨时按主后面、副后面、前面的顺序刃磨；精磨时按前面、主后面、副后面、修磨刀尖圆弧的顺序进行。硬质合金车刀还需用细油石研磨其刀刃。

4. 车刀刃磨注意事项

（1）刃磨时必须戴防护镜，操作者应按要求站立在砂轮机侧面。

（2）新安装的砂轮必须经严格检查，在试转合格后才能使用。砂轮的磨削表面须经常修整。

（3）使用平形砂轮时，应尽量避免在砂轮的端面上刃磨。

（4）刃磨高速工具钢车刀时，应及时浸水冷却，以防刀刃退火，致使硬度降低。刃磨硬质合金刀片焊接车刀时，则不能浸水冷却，以防刀片因骤冷而崩裂。

（5）刃磨结束，应随手关闭砂轮机电源。

任务四　工件的装夹和校正

工件的形状、大小各异，加工精度及加工数量不同，因此，在车床上加工时，工件的装夹方法也不同。本课题介绍在车床上加工最多的轴类和盘套类工件的常用装夹方法。

一、在三爪自定心卡盘上装夹

三爪自定心卡盘能自动定心，工件装夹时，一般不需要校正。但在装夹较长的工件时，工件上离卡盘夹持部分较远处的回转中心不一定与车床主轴轴线重合，这时必须对工件位置进行校正。此外，在三爪自定心卡盘因使用时间较长而已失去应有的精度，而工件的加工精度要求又较高时，也需要校正。

校正的要求是使工件的回转中心与车床主轴的回转中心重合。

粗加工时，常用目测或划针校正毛坯表面；精加工时，用百分表校正。

用三爪自定心卡盘装夹工件的方法，如图 6-18 所示。

二、在四爪单动卡盘上装夹

四爪单动卡盘的四个卡爪是各自独立运动的。因此，在装夹工件时，必须将工件加工

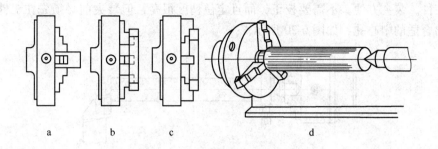

图6-18　用三爪自定心卡盘装夹工件的方法

a—顺爪装夹外圆面；b—顺爪装夹内圆面；c—反爪装夹；d—与顶尖配合装夹

部位的回转中心校正到与车床主轴回转中心重合，如图6-19所示。

四爪单动卡盘校正比较费时，但夹紧力大，适用于装夹大型或形状不规则的工件。

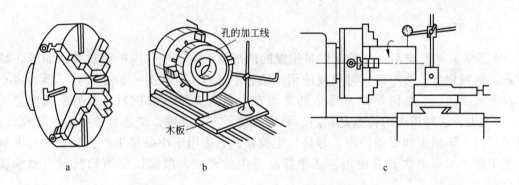

图6-19　四爪单动卡盘装夹

a—四爪单动卡盘；b—用划针找正；c—用百分表找正

（一）工件的装夹

（1）将主轴箱变速手柄置于空挡位置。

（2）根据工件装夹部位的尺寸调整卡爪，使相对的两卡爪间的距离稍大于工件装夹部位尺寸（轴类、盘类工件的外圆直径）。卡爪的位置是否与主轴回转中心等距，可参考卡盘平面上的多圈同心圆线。

（3）在工件装夹位置下方的床身导轨面上垫放防护木板。

（4）夹持工件，工件被夹持部分的长度一般为15mm左右。

（二）轴类工件的校正

粗加工时，常用目测或划针校正毛坯表面。

精加工时，用百分表校正。

三、在两顶尖间装夹

在两顶尖间装夹，主要用于加工较长或必须经多道工序才能完成的轴类工件。用两顶尖装夹工件，装夹方便，不需要校正，而且定位精度很高，但装夹前必须先在工件的两端面加工出合适的中心孔，如图 6-20 所示。

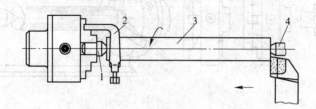

图 6-20　两顶尖装夹
1—前顶尖；2—鸡心夹头；3—工件；4—后顶尖

顶尖的作用是定中心，承受工件的质量与切削时的切削力。顶尖分前顶尖和后顶尖两类。

（一）前顶尖

前顶尖有两种类型：一种是以带锥度的柄部插入主轴锥孔内的前顶尖，如图 6-21 所示。这种顶尖装夹牢靠，可重复使用，适宜于批量生产；另一种是夹在三爪自定心卡盘上的前顶尖，如图 6-22 所示。通常可在卡盘上夹持一段钢料，车削成圆锥角为 60°的顶尖，这种顶尖的特点是制造、装夹方便，定心准确，缺点是顶尖的硬度较低，容易磨损，车削中如受到冲击，容易发生位移，只适用于小批量生产，且顶尖自卡盘上取下后，如需再次装夹使用，必须修整顶尖的锥面，以保证锥面轴线与主轴轴线重合。

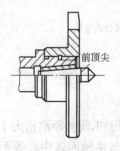

图 6-21　前顶尖

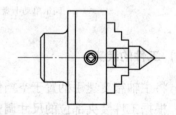

图 6-22　在卡盘上车制成的前顶尖

前顶尖是安装在主轴上的顶尖，随主轴和工件一起回转，因此，与工件中心孔无相对运动，不产生摩擦。

（二）后顶尖

插入尾座套筒锥孔中的顶尖称后顶尖，后顶尖分成固定顶尖和回转顶尖两类。

1. 固定顶尖

有普通固定顶尖和硬质合金固定顶尖。固定顶尖的优点是定心好，刚度高，切削时不易产生振动，缺点是与工件中心孔之间有相对运动，容易磨损和产生高热。普通固定顶尖用于低速切削，硬质合金固定顶尖可用于高速切削。

2. 回转顶尖

将顶尖与中心孔之间的滑动摩擦转变成顶尖内部轴承的滚动摩擦，克服了固定顶尖容易磨损和产生高热的缺点，可以承受很高的转速，但其定心精度不如固定顶尖高，刚度也稍低。后顶尖分类，如图6-23所示。

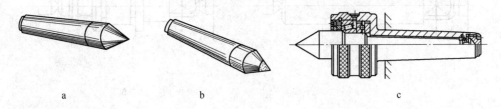

　　　　　a　　　　　　　　　　　b　　　　　　　　　　　c

图6-23　后顶尖

a—普通固定顶尖；b—硬质合金固定顶尖；c—回转顶尖

四、一夹一顶装夹

用两顶尖装夹轴类工件，虽定位精度高，但其刚度较低，尤其是对粗大笨重的工件，装夹时稳定性不够。切削用量的选择受到限制，这时通常选用工件一端用卡盘夹持，另一端用后顶尖支撑，即一夹一顶的方法装夹工件。这种装夹方法安全、可靠，能承受较大的轴向切削力。但对相互位置精度要求较高的工件，调头车削时，校正较困难。

为了防止由于进给力的作用而使工件产生轴向位移，可以在主轴前端锥孔内安装一限位支撑，如图6-24a所示，也可利用工件的台阶进行限位，如图6-24b所示。用这种方法装夹较安全可靠，能承受较大的进给力，因此应用广泛。

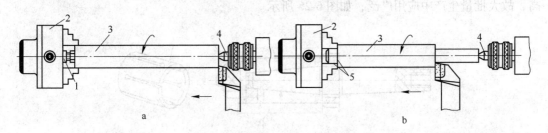

　　　　　　　a　　　　　　　　　　　　　　　　　　b

图6-24　一夹一顶装夹

a—用限位支撑；b—利用工件的台阶限位

1—限位支撑；2—卡盘；3—工件；4—后顶尖；5—台阶

五、用心轴装夹

车削中小型的轴套、皮带轮和齿轮等工件时，一般可用已加工好的内孔为定位基准，并根据内孔配置一根合适的心轴，再将套装工件的心轴支顶在车床上，精加工套类工件的外圆、端面等。常用的心轴有实体心轴和胀力心轴等，如图6-25所示。

1. 实体心轴

实体心轴分不带台阶和带台阶两种。

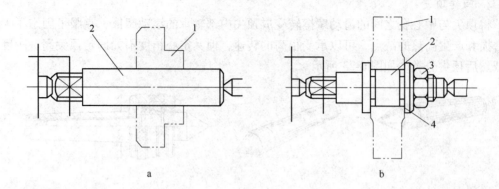

图 6-25　实体心轴

a—锥度心轴；b—圆柱心轴

1—工件；2—心轴；3—螺母；4—垫圈

不带台阶的实体心轴又称小锥度心轴。其锥度 $C = 1：5000 \sim 1：1000$。

小锥度心轴的特点：制造容易、定心精度高，但轴向无法定位，承受切削力小，工件装卸时不太方便。

带台阶心轴的特点：其配合圆柱面与工件孔保持较小的配合间隙，工件靠螺母压紧，常用来一次装夹多个工件。若装上快换垫圈，则装卸工件就更加方便，但其定心精度较低，只能保证 0.02mm 左右的同轴度。

2. 胀力心轴

胀力心轴依靠材料弹性变形所产生的胀力来胀紧工件。胀力心轴装卸方便，定心精度高，故大批量生产中应用广泛，如图 6-26 所示。

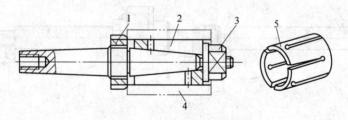

图 6-26　胀力心轴

1—螺母；2—可胀锥套；3—螺母；4—工件；5—可胀锥套外形图

六、用其他附件安装工件

中心架和跟刀架是切削加工的辅助支撑，加工细长轴时，为了防止工件被车刀顶弯或防止工件振动，需要用中心架或跟刀架增加工件的刚性，减少工件的变形。

（一）中心架的使用及调整

中心架安装在床身导轨上，当中心架支撑在工件中间，工件的刚性可提高好几倍。中心架的结构和使用见图 6-27a。为避免中心架支撑爪直接和毛坯表面接触，安装中心架之前，应先在工件中间车一段安装中心架支撑爪的沟槽，如图 6-27b 所示，这样可减小中心架支撑爪的磨损。

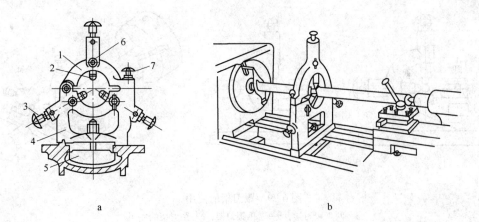

图 6-27　中心架及其使用

a—中心架；b—应用中心架车长轴

1—盖子；2—支撑爪；3—螺栓；4—底座；5—压板；6—紧固螺钉；7—螺钉

对于工件中间不需要加工的细长轴，可采用辅助套筒的方法安装中心架，如图 6-28 所示。把套筒套在轴的外圆上，辅助套筒的两端各有四个螺钉，通过调整这些螺钉，使套的轴线与工件中心重合，并用这些螺钉支撑工件表面，中心架的支撑爪支撑在辅助套筒的外圆上，即可车削。

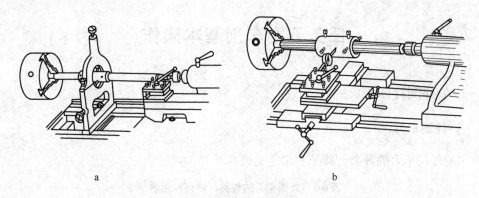

图 6-28　辅助套筒的使用

a—辅助套筒的使用；b—辅助套筒的调整

中心架装上后，应逐个调整中心架的三个支撑爪，使三个支撑爪对工件支撑的松紧程度适当，在整个加工过程中，支撑爪与工件接触处应经常加润滑油，以减小磨损，并要随时掌握工件与中心架三个支撑爪的摩擦发热情况，如发热厉害，须及时调整三个支撑爪与工件接触表面的间隙，决不能等到出现"吱吱"叫声或"冒烟"时再去调整。

（二）跟刀架的使用及调整

使用中心架车削时，工件必须分段车削，工件中间有接刀痕迹。对不允许有接刀痕迹的工件,应采用跟刀架。跟刀架有两爪和三爪之分,车削时最好选用三爪的跟刀架,如图6-29所示。

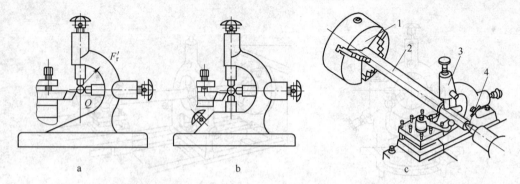

图6-29　跟刀架的使用
a—两爪跟刀架；b—三爪跟刀架；c—跟刀架的使用
1—三爪自定心卡盘；2—工件；3—跟刀架；4—顶尖

　　跟刀架固定在床鞍上和车刀一起做纵向运动。使用跟刀架时一定要注意支撑爪对工件的支撑要松紧适当,若太松则起不到作用,若太紧,则会影响工件的形状精度,使车出的工件呈"竹节形"。车削中要经常检查支撑爪的松紧程度,并进行必要的调整。

　　调整跟刀架支撑爪时,应先调整后支撑爪,调整时,应综合运用手感、耳听、目测等方法控制支撑爪,使其轻轻接触到工件;然后再调整下支撑爪和上支撑爪,调整到有上述同样感觉为止。支撑爪对工件的接触压力要适当,既要保证接触,又要保证工件旋转时无阻碍。

任务五　车削基本操作

一、车外圆柱面

(一)外圆车刀

常用的外圆车刀的种类、特征和用途见表6-3。

表6-3　外圆车刀的种类、特征和用途

种类	别称	图示	特征和用途
45°车刀	弯头车刀	45° 45° 45°右车刀 45° 45° 45°左车刀	图示应用 　45°外圆车刀的刀尖角 $\varepsilon_r = 90°$,所以刀体强度和散热条件都比90°外圆车刀好。 　45°外圆车刀常用于车削工件的端面和进行45°倒角,也可以用来车削长度较短的外圆

种类	别称	图示	特征和用途
75°车刀	弯头车刀	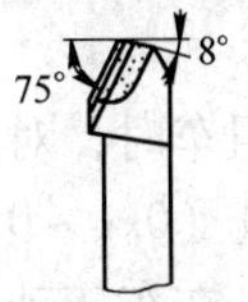 75° 8° 75°右车刀 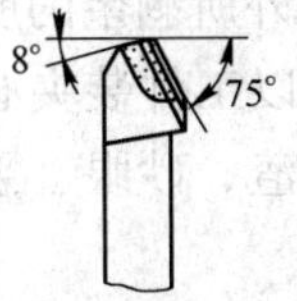 8° 75° 75°左车刀	75°外圆车刀的刀尖角 $\varepsilon_r > 90°$，刀头强度高，较耐用，因此适用于粗车轴类工件的外圆和强力切削铸件、锻件等余量较大的工件。还可用来车削铸件、锻件的大平面 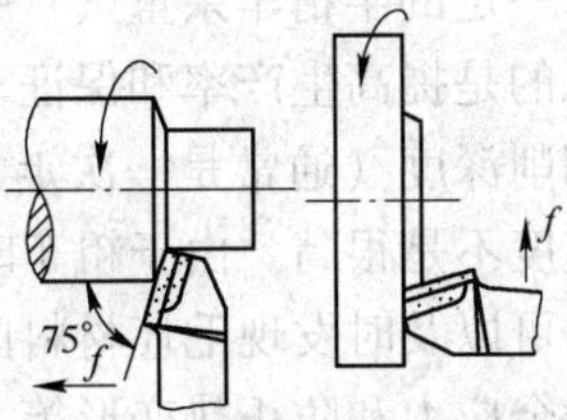 75° 图示应用
90°车刀	偏刀	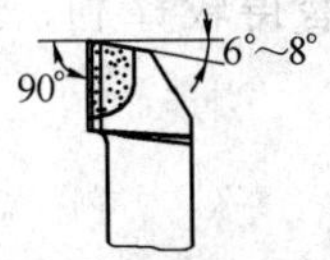 90° 6°~8° 右偏刀（又称正偏刀，简称偏刀）  6°~8° 90° 左偏刀	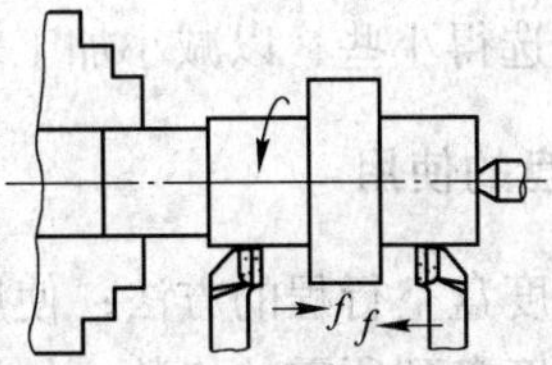 图示应用 右偏刀的主切削刃在刀体左侧，一般用来车削工件的外圆、端面和右向台阶。 左偏刀的主切削刃在刀体右侧，一般用来车削工件的外圆和左向台阶，也适用于车削直径较大而长度较短的工件的端面

（二）车刀的装夹

1. 装夹车刀的要求

（1）车刀装在刀架上的伸出部分的长度应尽量短，一般为刀杆高度的 1～1.5 倍。伸出过长，会使其刚性变差，车削时容易引起振动。

（2）车刀垫片应平整、无毛刺、厚度均匀。每把车刀下面所用垫片数量应尽量少（以 1～2 片为宜）。垫片应与刀架边缘对齐，且至少用两个螺钉压紧。

（3）车刀刀杆中心线应与进给方向垂直或平行。

（4）车刀的刀尖必须对准工件的回转中心。

2. 车刀刀尖对中心的方法

（1）根据车床主轴的中心高，用钢直尺测量装刀。

（2）利用车床尾座后顶尖对刀、装夹车刀。

（3）将车刀靠近工件端面，用目测估计车刀的高低，然后夹紧车刀，试车端面，再根据端面的中心来调整车刀。

3. 夹紧车刀

用刀架上的螺钉压紧车刀，每把车刀的压紧螺钉应不少于 2 个，注意不要产生虚压（车刀刀杆下面和压紧螺钉正下方短缺垫片）。

（三）粗车和精车

车削工件，一般分粗车和精车。

粗车的目的是切除加工表面的绝大部分的加工余量。粗车时，对加工表面没有严格的要求，只需留有一定的半精车余量（1~2mm）和精车余量（0.1~0.5mm）即可。因此，粗车时主要考虑的是提高生产率和保证车刀有一定的寿命。在车床动力许可的条件下，粗车时采用大的切削深度（通常是一次走刀切除应留余量之外所剩余的所有余量）和大的进给量，而切削速度不是很高。由于粗车时切削力很大，所以工件装夹必须牢固可靠。粗车的另一个作用是可以及时发现毛坯材料内部的缺陷，如夹渣、砂眼、裂纹等，也能消除毛坯工件内部的残余应力和防止热变形等。

精车是指车削的末道加工，加工余量较小，主要考虑的是保证加工精度和加工表面质量。精车时切削力较小，车刀磨损不突出，一般将车刀磨得较锋利，选择较高的切削速度，而进给量则选得小些，以减小加工表面粗糙度 R_a 值。

（四）刻度盘的使用

注意消除刻度盘空行程的方法：使用刻度盘时要反向先转动适当角度，再正向慢慢摇动手柄，带动刻度盘到所需的格数；如果摇动时不慎多转动了几格，这时绝不能简单地退回到所需的位置，而必须向相反方向退回全部空行程（通常反向转动1/2圈），再重新摇动手柄使刻度盘转到所需的刻度位置。

车削工件时，为了准确和迅速地掌握切削深度，通常利用中滑板或小滑板上的刻度盘作为进刀的参考依据。利用中、小滑板刻度盘作进刀的参考依据时，必须注意：中滑板刻度控制的切削深度应是工件直径上余量尺寸的1/2，而小滑板刻度盘的刻度值，则直接表示工件长度方向上的切除量。

（五）车外圆常用量具

1. 游标卡尺

游标卡尺是车工应用最多的通用量具，见前面讲述。

2. 外径千分尺

外径千分尺是各种千分尺中应用最多的一种，简称千分尺，主要用于测量工件外径和外形尺寸，其精度为0.01mm，结构和读数原理见前面所述。

（六）车削方法

1. 车外圆

外圆车削步骤，如图6-30所示。

（1）对刀。启动车床，使工件回转。左手摇动床按手轮，右手摇动中滑板手柄，使车刀刀尖趋近并轻轻接触工件待加工表面，以此作为确定切削深度的零点位置。然后反向摇动床鞍手轮（此时中滑板手柄不动），使车刀向右离开工件3~5mm，如图6-30a所示。

（2）进刀。摇动中滑板手柄，使车刀横向进给，进给的量即为切削深度，其大小通过中滑板上刻度盘进行控制和调整，如图6-30b所示。

（3）试切削。试切削的目的是为了控制切削深度，保证工件的加工尺寸。车刀在进刀后，纵向进给切削工件2mm左右时，纵向快速退出车刀，如图6-30c所示，停车测量。根据测量结果，相应调整切削深度，直至试切测量结果为止。

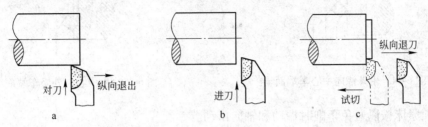

图 6-30　车外圆

a—对刀；b—进刀；c—试切外圆

（4）粗车外圆。

（5）精车外圆。调整切削深度，精车外圆至尺寸。

（6）倒角。

2. 车端面

车端面常用90°偏刀、左偏75°外圆车刀或45°弯头车刀进行。

（1）用90°偏刀车端面时，车刀由工件外缘向中心进给，若背吃刀量a_p较大，切削抗力会使车刀扎入工件而形成凹面，如图6-31a所示，此时可改从中心向外缘进给，但背吃刀量较小，如图6-31b所示。如果切削余量较大，可用端面车刀车削，如图6-32所示。

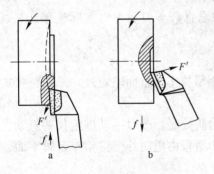

图 6-31　用90°偏刀车端面

a—向中心进给产生凹面；b—由中心向外缘进给

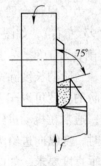

图 6-32　用端面车刀车端面

（2）用左偏75°外圆车刀可以车削铸件、锻件的大端面。装刀时，车刀的刀杆中心线与车床主轴轴线平行，如图6-33所示。

（3）用45°弯头车刀车端面，可由工件外缘向中心车削，如图6-34所示；也可由中心向外缘车削，如图6-35所示。

（4）车端面步骤：

1）启动机床，使主轴带动工件回转。

2）移动床鞍或小滑板，控制切削深度。

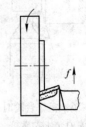

图 6-33　用左偏的75°外圆
车刀车端面

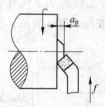
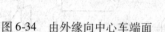
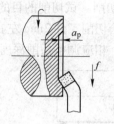

图 6-34　由外缘向中心车端面　　　　　　　图 6-35　由中心向外缘车端面

3）锁紧床鞍以避免车削时振动和轴向窜动。

4）摇动中滑板手柄作横向进给，粗车端面，车削可由工件外缘向中心进行也可由中心向外缘车削。若使用 90°右偏刀车削，应采取由中心向外缘车削的方式。

5）精车端面。

3. 车台阶

车台阶时，不仅要车组成台阶的外圆，还要车环形的端面，它是外圆车削和平面车削的组合。因此，车台阶时既要保证外圆的尺寸精度和台阶面的长度要求，还要保证台阶平面与工件轴线的垂直度要求。

（1）车台阶时，通常选用 90°外圆车刀（偏刀）。车刀的装夹应根据粗车、精车和余量的多少来调整。

粗车时，余量多，为了增大切削深度和减少刀尖的压力，车刀装夹时实际主偏角以小于 90°为宜（一般 $K_r = 85° \sim 90°$），如图 6-36 所示。

精车时，为了保证台阶平面与工件轴线的垂直，车刀装夹时实际主偏角应大于 90°（一般 K_r 为 93°左右），如图 6-37 所示。

（2）车削台阶工件，一般分粗车和精车。

粗车时，台阶的长度除第一级台阶的长度因留精车余量而略短外，采用链接式标注的其余各级台阶的长度可以车至规定要求。

精车时，通常在机动进给精车外圆至接近台阶处时，改以手动进给代替机动进给。当车至台阶面时，变纵向进给为横向进给，移动中滑板由里向外慢慢精车台阶平面，以确保其对轴线的垂直度要求，如图 6-38 所示。

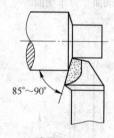
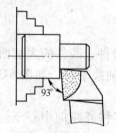
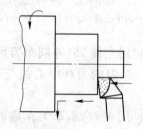

图 6-36　粗车台阶时　　　　图 6-37　精车台阶时　　　　图 6-38　车台阶
　　　　偏刀装夹位置　　　　　　　偏刀装夹位置

（3）台阶长度尺寸的控制方法：

1）刻线法。先用钢直尺或样板量出台阶的长度尺寸，然后用车刀刀尖在台阶的所在位置处刻出一圈细线，按刻线痕车削。

2）挡铁控制法。用挡铁定位控制台阶长度，主要用在成批车削台阶轴时。

3）手轮刻度盘控制法。CA6140 型车床溜板箱(床鞍)的纵向进给手轮刻度盘 1 格，相当于 1mm，利用手轮转过的格数可控制台阶的长度。

（4）台阶工件的检测。台阶长度尺寸可用钢直尺或游标深度尺进行测量，如图 6-39 和 6-40 所示；平面度和直线度误差可用刀口形直尺和塞尺检测；端面、台阶平面对工件轴线的垂直度误差可用 90°角尺（如图 6-41 所示）或标准套和百分表检测，如图 6-42 所示。

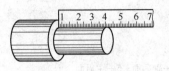

图 6-39 用钢直尺测量台阶长度

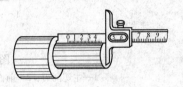

图 6-40 用游标深度尺测量台阶长度

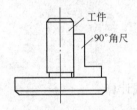

图 6-41 用 90°角尺检测垂直度

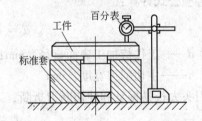

图 6-42 用标准套和百分表检测垂直度

4. 切断

把坯料或工件切成两段（或数段）的加工方法称为切断。在车床上切断一般采用正向切断法，即车床的主轴（工件）正转，切断刀横向进给进行车削，如图 6-43 所示。

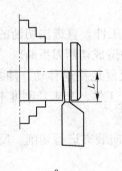

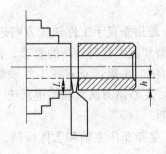

a

b

图 6-43 工件的切断

a—切断实心工件；b—切断空心工件

（1）切断刀。根据材料的不同，切断刀有硬质合金和高速钢两种。高速钢切断刀外形，如图 6-44 所示。其中主切削刃宽度 a 和刀头长度 L 可由下式计算出。

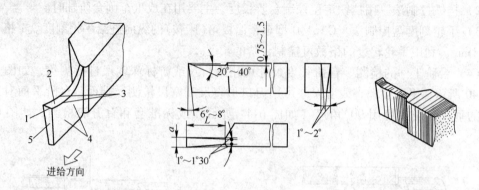

图 6-44　切断刀外形

1—主切削刃；2—前面；3—副切削刃；4—副后面；5—主后面

主切削刃太宽会引起振动，并浪费材料，太窄又削弱刀头强度，主切削刃宽度可用下面的经验公式计算：

$$a \approx (0.5 \sim 0.6) \sqrt{d} \qquad\qquad (6\text{-}3)$$

式中　　d——工件待加工表面直径，mm；

　　　　a——主切削刃宽度，mm。

刀头太长易振动和使切断刀折断，刀头长度可用下式计算：

$$L = h + (2 \sim 3) \qquad\qquad (6\text{-}4)$$

式中　　L——刀头长度，mm；

　　　　h——切入深度，mm。

（2）切断刀的装夹。切断刀装夹是否正确，对切断工件能否顺利进行，切断的工件平面是否平直有直接的关系。切断刀的装夹，必须注意：切断实心工件时，切断刀的主刀刃必须严格对准工件的回转中心，主刀刃中心线与工件轴线垂直；刀杆不宜伸出过长，以增强切断刀的刚性和防止振动。

（3）切断方法：

1）直进法。是指垂直于工件轴线方向进给切断工件。直进法切断的效率高，但对车床、切断刀的刃磨和装夹都有较高的要求，否则容易造成切断刀折断。

2）左右借刀法。是指切断刀在工件轴线方向反复地往返移动，随之两侧径向进给，直至工件被切断。左右借刀法常在切削系统（刀具、工件、车床）刚度不足的情况下，用来对工件进行切断。

3）反切法。是指车床主轴和工件反转，车刀反向装夹进行切削。反切法适用于较大直径工件的切断。

5. 车槽

用车削方法加工工件的槽称为车槽。工件外圆和平面上的沟槽称为外沟槽，工件内孔中的沟槽称为内沟槽。

常见的外沟槽有外圆沟槽、45°外斜沟槽和平面沟槽等，如图6-45所示。

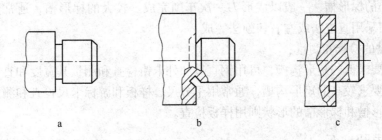

图6-45　常见的外沟槽

a—外圆沟槽；b—45°外斜沟槽；c—平面沟槽

沟槽的形状有矩形、圆弧形和梯形等，如图6-46所示。

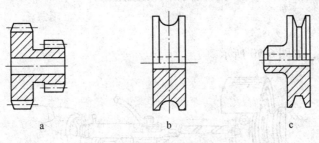

图6-46　沟槽的形状

a—矩形沟槽；b—圆弧形沟槽；c—梯形沟槽

（1）车槽方法。车一般外沟槽的车槽刀的形状和几何参数与切断刀基本相同。

车精度不高且宽度较窄的矩形沟槽时，可用刀宽等于槽宽的车槽刀，采用直进法一次进给车出，如图6-47所示。

车精度要求较高的矩形沟槽时，一般采用二次进给车成。第一次进给车沟槽时，槽壁两侧留有精车余量，第二次进给时用等宽车槽刀修整。也可用原车槽刀根据槽深和槽宽进行精车，如图6-48所示。

车削较宽的矩形沟槽时，可用多次直进法切削，并在槽壁两侧留有精车余量，然后根据槽深和槽宽精车至尺寸要求，如图6-49所示。

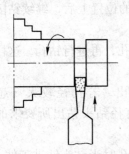 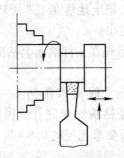 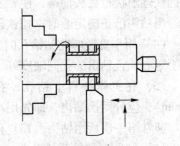

图6-47　直进法车矩形沟槽　　图6-48　矩形沟槽的精车　　图6-49　宽度大的矩形沟槽的车削

车削较小的圆弧形槽，一般以成形刀一次车出。较大的圆弧形槽，可用双手联动车削，以样板检查修整。

车削较小的梯形槽，一般以成形刀一次车削完成。较大的梯形槽，通常先车削直槽，然后用梯形刀采用直进法或左右切削法完成。

（2）沟槽的检查和测量：

1）精度要求低的矩形沟槽，可用钢直尺和外卡钳检查和测量其宽度和直径。

2）精度要求较高的矩形沟槽，通常用千分尺、样板和游标卡尺检查和测量。

3）圆弧形槽和梯形槽的形状则用样板检查。

二、车内圆柱面

在车床上最常用的内孔加工方法为钻孔、扩孔、铰孔和车孔。

在实体材料上加工孔时，先用钻头钻孔，然后可以扩孔、铰孔或车孔。扩孔和铰孔与钻孔相似，钻头和铰刀装在尾座的套筒内由手动进给。

（一）钻孔

在车床上钻孔，如图 6-50 所示。

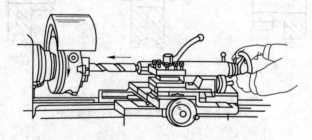

图 6-50　在车床上钻孔

钻孔方法如下：

（1）钻孔前，先将工件平面车平，中心处不允许留有凸台，以利于钻头正确定心。

（2）找正尾座，使钻头中心对准工件回转中心，否则可能会将孔径钻大、钻偏甚至折断钻头。

（3）用细长麻花钻钻孔时，为防止钻头晃动，可在刀架上夹一挡铁，支顶钻头头部、帮助钻头定心。具体办法是：先用钻头尖端少量钻入工件平面，然后缓慢摇动中滑板，移动挡铁逐渐接近钻头前端，使钻头中心稳定地落在工件回转中心的位置上后，继续钻削即可，当钻头已正确定心时，挡铁即可退出。

（4）用小直径麻花钻钻孔时，钻前先在工件端面上钻出中心孔，再进行钻孔，这样既便于定心，且钻出的孔同轴度好。

（5）在实体材料上钻孔，孔径不大时可以用钻头一次钻出，若孔径较大（超过30mm），应分两次钻出，即先用小直径钻头钻出底孔，再用大直径钻头钻出所要求的尺寸。通常第一次所用钻头，其直径为所要求孔径的 0.5～0.7 倍。

（6）钻孔后需铰孔的工件，由于所留铰削余量较少，因此钻孔时当钻头钻进工件 1～2mm 后，应将钻头退出，停车检查孔径，防止因孔径扩大没有铰削余量而报废。

（7）钻不通孔与钻通孔的方法基本相同，只是钻孔时需要控制孔的深度。常用的控制方法是:钻削开始时,摇动尾座手轮,当麻花钻切削部分(钻尖)切入工件端面时,用钢直尺测量尾座套筒的伸出长度,钻孔时用套筒伸出的长度加上孔深来控制尾座套筒的伸出量。

(二)扩孔

用扩孔工具扩大工件孔径的方法称为扩孔。在车床上常用的扩孔工具有麻花钻和扩孔钻等。一般精度要求的工件,扩孔可使用麻花钻,精度要求较高的孔,其半精加工则使用扩孔钻扩孔。

扩孔钻按切削部分材料分,扩孔钻有高速钢扩孔钻和硬质合金扩孔钻两种;按柄部结构分,扩孔钻有直柄和锥柄之分。

(三)铰孔

铰孔是用铰刀从工件孔壁上切除微量金属层,以提高其尺寸精度和减小其表面粗糙度的方法。铰孔是应用较普遍的精加工方法之一,其尺寸精度可达 IT9 ~ IT7,表面粗糙度 R_a 值可达 $1.6 ~ 0.4\mu m$。铰孔方法如图 6-51 和图 6-52 所示。

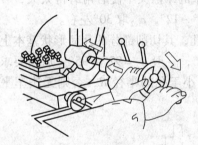

图 6-51 铰通孔

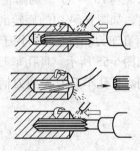

图 6-52 铰盲孔

铰孔注意事项:

(1)选用铰刀时应检查刃口是否锋利、无损,柄部是否光滑。

(2)装夹铰刀时,应注意锥柄与锥套的清洁。

(3)铰孔时铰刀的轴线必须与车床主轴轴线重合。

(4)铰刀由孔内退出时,车床主轴应保持原有转向不变,不允许停车或反转,以防损坏铰刀刃口和加工表面。

(5)应先试铰,以免造成废品。

(四)车孔

用车削方法扩大工件的孔或加工空心工件的内表面称为车孔。车孔是车削加工的主要内容之一,可用作孔的半精加工和精加工。车孔的加工精度一般可达 IT8 ~ IT7,表面粗糙度 R_a 值为 $3.2 ~ 1.6\mu m$,精细车削时 R_a 值可达 $0.8\mu m$。

在车床上车孔,工件旋转做主运动,车刀在刀架带动下做进给运动。车孔主要用来加工较大直径的孔,可以粗加工、半精加工和精加工。车孔可以纠正原来孔轴线的偏斜,提高孔的位置精度。车不通孔或台阶孔时,当车刀纵向进给至末端时,从外向中心做横向进给加工内端面,以保证内端面和孔轴线垂直。车孔方法见图 6-53。

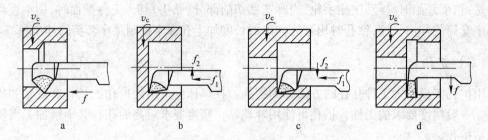

图 6-53　车孔方法

a—车通孔；b—车不通孔；c—车台阶孔；d—车内槽

1. 车孔刀

根据不同的加工情况，内孔车刀可分为通孔车刀和盲孔车刀两种。

（1）通孔车刀。通孔车刀切削部分的几何形状基本上与外圆车刀相似，如图 6-54 所示。

为减小径向切削抗力，防止车孔时振动，主偏角应取得大些，一般 $\kappa_r = 60° \sim 75°$；副偏角一般取 $\kappa_r' = 15° \sim 30°$。为防止车孔刀后面和孔壁的摩擦又不使后角磨得太大，一般磨成两个后角，如图 6-54 中的旋转剖视，其中 α_{o1} 取 $6° \sim 12°$，α_{o2} 取 $30°$ 左右。

（2）盲孔车刀。盲孔车刀用于车削盲孔或台阶孔，其切削部分的几何形状基本上与偏刀相似，如图 6-55 所示。盲孔车刀的主偏角大于 $90°$，一般 $\kappa_r = 92° \sim 95°$。后角要求与通孔车刀相同。盲孔车刀刀尖到刀柄外侧的距离 a 应小于孔的半径 R，否则无法车平孔的底面。

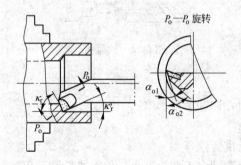

图 6-54　通孔车刀

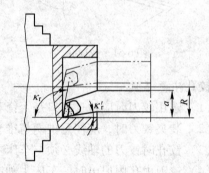

图 6-55　盲孔车刀

2. 车通孔

（1）车孔刀的装夹：

1）车孔刀的刀尖应与工件中心等高或稍高。若刀尖低于工件中心，切削时在切削抗力的作用下，容易将刀柄压低而产生扎刀现象，并可造成孔径扩大。

2）刀柄伸出刀架不宜过长，一般比被加工孔长 $5 \sim 10\text{mm}$。

3）车孔刀刀柄与工件轴线应基本平行，否则在车削到一定深度时刀柄后半部容易碰到工件的孔口。

（2）车通孔方法：

1）直通孔的车削基本上与车外圆相同，只是进刀与退刀的方向相反。

2）在粗车或精车时也要进行试切削，其横向进给量为径向余量的 1/2。当车刀纵向进给切削 2mm 时，纵向快速退出车刀（横向应保持不动），然后停车测试，如果尺寸未至要求，则需微调横向进给，再试切削、测试，直至符合孔径尺寸要求为止。

3）车孔时的切削用量应比车外圆时小一些，尤其是车小孔或深孔时，其切削用量应更小。

3. 车台阶孔和盲孔

（1）车台阶孔和盲孔时车孔刀的装夹与车通孔时一样，车孔刀的装夹应使刀尖与工件中心等高或稍高，刀柄伸出刀架长度应尽可能短些，除此以外，车孔刀的主刀刃应与平面呈 3°～5°的夹角，如图 6-56 所示。

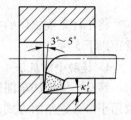

图 6-56　车孔刀的装夹

（2）车台阶孔方法为：

1）车削直径较小的台阶孔时，由于观察困难，尺寸精度不易控制，所以常采用先粗车、精车小孔，再粗车、精车大孔的顺序进行加工。

2）车大的台阶孔时，在便于测量小孔尺寸且视线又不受影响的情况下，一般先粗车大孔和小孔，再精车大孔和小孔。

3）车大、小孔径相差较大的台阶孔时，最好先使用主偏角略小于 90°（一般 κ_r = 85°～88°）的车刀进行粗车，然后用盲孔车刀（即内偏刀）精车至要求。如果直接用内偏刀车削，切削深度不可太大，否则刀尖容易损坏。其原因是刀尖处于刀刃的最前端，切削时刀尖先切入工件，因此其承受切削抗力最大，加上刀尖本身强度较差，所以容易碎裂。其次由于刀柄细长，在轴向抗力作用下切削深度大，容易产生振动和扎刀。

（3）车盲孔（平底孔）方法为：

1）车端面，钻中心孔。

2）钻底孔。选择比孔径小 1.5～2mm 的钻头先钻出底孔，其钻孔深度从麻花钻顶尖量起，并在麻花钻上刻线痕做记号。然后用相同直径的平头钻将底孔扩成平底，底平面处留余量 0.5～1mm。

3）粗车孔和底平面，留精车余量 0.2～0.3mm。

4）精车孔和底平面至要求。

4. 车孔深度的控制

（1）粗车时常采用的方法为：在刀柄上刻线痕做记号；装夹车孔刀时安放限位铜片，利用床鞍刻度盘的刻线控制。

（2）精车时常采用的方法为：利用小滑板刻度盘的刻线控制；用深度游标卡尺测量控制。

5. 车孔的关键技术

车孔的关键技术是解决车孔刀的刚度和排屑问题。

（1）增加车孔刀刚性的主要措施。尽可能增加刀柄的截面积，使车孔刀的刀尖位于刀柄的中心线上，这样刀柄的截面积可达到最大程度。而一般的车孔刀的刀尖位于刀柄的上面，刀柄的截面积较小，仅有刀孔截面积的 1/4 左右；尽可能减小刀柄的伸出长度，刀柄伸出越长，车孔刀刚度越低，越易引起振动。刀柄伸出长度只要略大于孔深即可。

（2）解决排屑问题。排屑问题主要是控制切屑的流出方向。精车孔时要求切屑流向待加工表面（前排屑），为此，采用正刃倾角的车孔刀。车削盲孔时采用负的刃倾角，使切屑从孔口排出（后排削屑）。

三、车内外圆锥面

（一）圆锥面的车削

将工件车成锥体的方法叫车锥面。圆锥面分外圆锥和内圆锥。在普通车床上加工圆锥常用以下 5 种方法：

1. 转动小滑板法

转动小滑板法车削原理为：将小滑板按工件的圆锥半角 $\alpha/2$ 转动一个相应的角度，采取用小滑板进给的方式，使车刀的运动轨迹与所要车削的圆锥素线平行。

转动小滑板法车削示意图，如图 6-57 和图 6-58 所示。

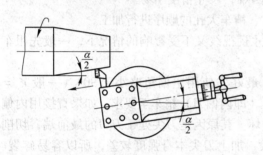

图 6-57　转动小滑板法车外圆锥　　　　　图 6-58　转动小滑板法车内圆锥

车削的外圆锥如果大端靠近主轴、小端靠近尾座，则小滑板应逆时针转过 $\alpha/2$ 角；反之则应顺时针转过 $\alpha/2$ 角；车削内圆锥则与车外圆锥相反。

转动小滑板法车圆锥的适用范围广，能车削各种角度的内外圆锥面，但劳动强度大，不适宜较长锥面的加工，且锥度和表面粗糙度难控制。

2. 偏移尾座法

采用偏移尾座法车外圆锥面，工件必须用两顶尖装夹，把尾座向里（用于车正外圆锥面）或者向外（用于车倒外圆锥面）横向移动一段距离 S 后，使工件回转轴线与车床主轴轴线相交，并使其夹角等于工件圆锥半角 $\alpha/2$。由于床鞍是沿平行于主轴轴线的进给方向移动的，工件就车成了一个圆锥体。

偏移尾座车圆锥示意图，如图 6-59 所示。

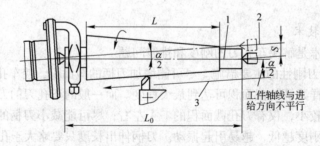

图 6-59　偏移尾座法车圆锥
1—工件回转轴线；2—车床主轴轴线；3—进给方向

尾座偏移量 S 按下式计算：

$$S = L_0 \tan \frac{\alpha}{2} = \frac{D - d}{2L} L_0 \qquad (6\text{-}5)$$

或

$$S = \frac{C}{2L_0} \qquad (6\text{-}6)$$

式中　S——尾座偏移量，mm；

$\quad\quad L_0$——工件全长（或两顶尖间距离），mm；

$\quad\quad \alpha$——圆锥角，(°)；

$\quad\quad D$——最大圆锥直径，mm；

$\quad\quad d$——最小圆锥直径，mm；

$\quad\quad L$——圆锥长度，mm；

$\quad\quad C$——圆锥锥度。

偏移尾座法车圆锥的特点如下：

（1）可以采用纵向机动进给，使表面粗糙度 R_a 值减小，圆锥的表面质量较好。

（2）顶尖在中心孔中是歪斜的，因而接触不良，顶尖和中心孔磨损不均匀，故可采用球头顶尖或 R 形中心孔。

（3）不能加工整锥体或内圆锥。

（4）因受尾座偏移量的限制，不能加工锥度大的圆锥。

3. 仿形（靠模）法

仿形法又称为靠模法。仿形法车圆锥是刀具按照仿形装置（靠模）进给对工件进行加工的方法，如图 6-60 所示。

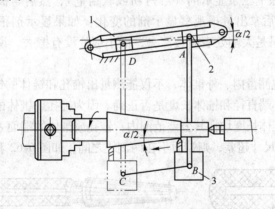

图 6-60　仿形法车圆锥的基本原理

1—靠模板；2—滑块；3—刀架

在卧式车床上安装一套仿形装置，该装置能使车刀作纵向进给的同时作横向进给，从而使车刀的运动轨迹与圆锥面的素线平行，加工出所需的圆锥面。

仿形法车圆锥面的特点：

（1）调整锥度准确、方便，生产率高，因而适合于批量生产。

（2）中心孔接触良好，又能自动进给，因此圆锥表面质量好。

（3）靠模装置角度调整范围较小，一般适用于车削圆锥半角 $\alpha/2 < 12°$ 的工件。

4. 宽刃刀车削法

宽刃刀车圆锥面，实质上属于成形法车削，即用成形刀具对工件进行加工。它是在装夹车刀时，把主切削刃与主轴轴线的夹角调整到与工件的圆锥半角 $\alpha/2$ 相等后，采用横向进给的方法加工出外圆锥面，如图 6-61 所示。

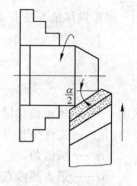

宽刃刀车外圆锥面时，切削刃必须平直，应取刃倾角 $\lambda_s = 0°$，车床、刀具和工件等组成的工艺系统必须具有较高的刚度；而且背吃刀量应小于 0.1mm，切削速度宜低些，否则容易引起振动。

图 6-61　宽刃刀车圆锥

宽刃刀车削法主要适用于较短圆锥面的精车工序。当工件的圆锥表面长度大于切削刃长度时，可以采用多次接刀的方法加工，但接刀处必须平直。

5. 使用铰刀铰削内锥面

车削直径较小的标准圆锥的内锥面，如果采用普通内孔车刀进行加工，由于刀柄的刚度低，很难保证加工出的内圆锥面的精度和表面粗糙度达到要求，这时可用圆锥形铰刀进行加工。用铰削方法加工的内圆锥面比车削的精度高，表面粗糙度 R_a 可达到 $1.6 \sim 0.8\mu m$。

（二）圆锥面的测量

圆锥面的测量主要是测量圆锥半角和锥面尺寸。

1. 用锥度套规和锥度塞规测量

锥度套规用于测量外锥面。锥度塞规用于测量内锥面。测量时，先在套规或塞规内外表面圆锥母线上均匀涂上三条显示剂（红丹粉或软铅笔），然后与被测锥面配合，将量规转动 $1/3 \sim 1/2$ 转，然后拿出量规观察显示剂的变化：如果显示剂很均匀地被擦掉，说明锥角正确；如果套规只是大端处表面被擦去，而小端处没有擦去，说明锥孔角度太小，反之，则锥度过大。

用锥度塞规和套规测量内、外锥体，不仅能测量出锥孔和锥体的锥度大小是否正确，而且能同时判断出大、小端直径和锥体长度是否正确。因为锥孔或锥体的锥度正确时，只有大端直径、小端直径、锥体长度均在其公差范围内，锥孔或锥体的端面才会刚好位于两条刻线（或缺口）之间。如果尺寸超差，则端面不在两刻线之间，如图 6-62 和图 6-63 所示。

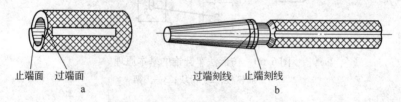

止端面　过端面　　　　　　　　　　　过端刻线　　止端刻线
　　　a　　　　　　　　　　　　　　　　　　　b

图 6-62　锥度套规和锥度塞规
a—锥度套规；b—锥度塞规

2. 用万能角度尺或专用样板测量锥度

圆锥体的角度也可以用万能角度尺测量，其测量角度范围更大。在大批量生产中，对于精度要求不高的锥度，可以用专用样板来测量。

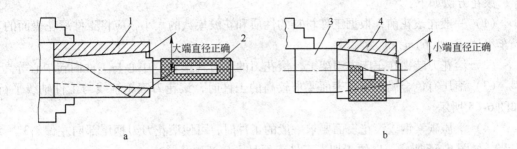

图 6-63　用锥度套规和锥度塞规检验锥面尺寸
a—检验内圆锥的最大圆锥直径；b—检验外圆锥的最小圆锥直径
1，3—工件；2—圆锥塞规；4—圆锥套规

四、滚花和车成形面

（一）滚花

某些工具和机器零件的手捏部位，为了增加表面摩擦，便于使用或使零件表面美观，常在零件表面上滚压出各种不同的花纹，如千分尺的微分筒、车床中滑板刻度盘表面等。用滚花工具在工件表面上滚压出花纹的加工称为滚花。

滚花的花纹有直纹和网纹两种。花纹有粗细之分，并用模数 m 区分。模数越大，花纹越粗。

滚花的花纹粗细应根据工件滚花表面的直径大小选择，直径大选用大模数花纹；直径小则选用小模数花纹。

单轮滚花刀由直纹滚轮和刀柄组成，用来滚直纹；双轮滚花刀由两只旋向不同的滚轮、浮动连接头及刀柄组成，用来滚网纹；六轮滚花刀由 3 对不同模数的滚轮，通过浮动连接头与刀柄组成一体，可以根据需要滚出 3 种不同模数的网纹，如图 6-64 所示。

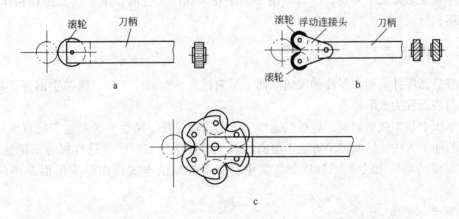

图 6-64　滚花刀
a—单轮（直纹）滚花刀；b—双轮（网纹）滚花刀；c—六轮（3 种网纹）滚花刀

滚花方法如下：

（1）一般在滚花前，根据工件材料的性质和花纹模数的大小，应将工件滚花表面的直径车小$(0.8 \sim 1.6)m$，m 为模数。

（2）滚花刀装夹在车床方刀架上，滚花刀的装刀（滚轮）中心与工件回转中心等高。

（3）滚压有色金属或滚花表面要求较高的工件时，滚花刀滚轮轴线与工件轴线平行，如图 6-65 所示。

（4）滚压碳素钢或滚花表面要求一般的工件时，可使滚花刀刀柄尾部向左偏斜3°~5°安装，如图 6-66 所示，以便于切入工件表面且不易产生乱纹。

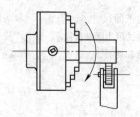

图 6-65　滚花刀平行装夹

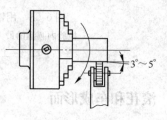

图 6-66　滚花刀偏斜装夹

（5）在滚花刀接触工件开始滚压时，挤压力要大且猛一些，使工件圆周上一开始就形成较深的花纹，这样就不易产生乱纹。

（6）为了减小滚花开始时的径向压力，可以使滚轮表面宽度的1/3~1/2与工件接触，使滚花刀容易切入工件表面。在停车检查花纹符合要求后，即可纵向机动进给。反复滚压1~3次，直至花纹凸出达到要求为止。

（7）滚花时，应选低的切削速度，一般为 5~10m/min。纵向进给量可选择大些，一般为 0.3~0.6mm/r。

（8）滚花时，应充分浇注切削液以润滑滚轮和防止滚轮发热损坏，并经常清除滚压产生的切屑。

（9）滚花时径向力很大，所用设备应刚度较高，工件必须装夹牢靠。由于滚花时出现工件移位现象难以完全避免，所以车削带有滚花表面的工件时，滚花应安排在粗车之后、精车之前进行。

（二）车成形面

有些机器零件表面在零件的轴向剖面中呈曲线形，如圆球手柄、橄榄手柄等，具有这些特征的表面称为成形面。

在车床上加工成形面时，应根据这些工件的表面特征、精度要求和生产批量大小，采用不同的加工方法。这些加工方法主要有：双手控制法、成形法（即样板刀车削法）、仿形法（靠模仿形）和专用工具法等。其中，双手控制法车成形面是成形面车削的基本方法。

1. 双手控制法

用双手控制中、小滑板或者控制中滑板与床鞍的合成运动，使刀尖的运动轨迹与工件所要求的成形面曲线重合，以实现车成形面目的的方法称双手控制法，如图 6-67 所示。

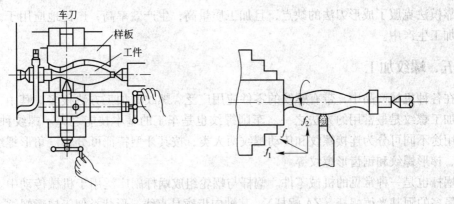

图 6-67　双手控制法车成形面

车削时，右手控制小滑板纵向进给，同时，左手控制中滑板纵向进给，（或右手控制中滑板横向进给，同时左手控制大滑板纵向进给）使刀具的移动轨迹与成形面的素线相同，从而车出成形面。

双手控制法车成形面的特点是：灵活、方便，不需要其他辅助工具，但需较高的技术水平。

双手控制法主要用于单件或数量较少的成形面工件的加工。

2. 成形刀法

成形刀法即样板刀车削法。成形刀法是利用刀刃形状与成形面轮廓相对应的成形刀（样板刀）进行成形面的车削加工，如图 6-68 所示。

样板车刀的切削刃形状与工件表面素线形状吻合，车削成形面时，工件做回转运动，样板车刀只做横向进给运动，由于切削面积较大，易引起振动，故切削时切削用量必须要小，并保持良好的冷却润滑条件。此法的优点是操作方便，能获得准确的表面形状，生产效率高。缺点是受表面形状和尺寸的限制，刀具制备和刃磨困难，所以多在成批加工较短的成形面时使用。

3. 靠模法

用靠模法车削成形面的原理和方法与用靠模板法车圆锥面相似。只是要把滑板换成滚柱，把锥度靠模板换成带有所需曲线的靠模板，如图 6-69 所示。

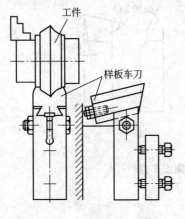

图 6-68　成形法车成形面

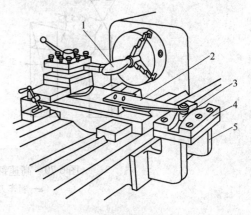

图 6-69　靠模板仿形法
1—工件；2—拉杆；3—滚柱；4—靠模板；5—支架

靠模法克服了成形刀法的缺点，且加工质量高，生产效率高，广泛地应用于大批量工件的加工生产中。

五、螺纹加工

在各种机械产品中，带有螺纹的零件应用广泛。螺纹的加工方法很多，其中，用车削方法加工螺纹是最常用的方法之一。车削螺纹也是车工的基本技能之一。螺纹种类很多，按其用途不同可分为连接螺纹和传动螺纹两大类；按其牙型特征可分为三角形螺纹、矩形螺纹、梯形螺纹和锯齿形螺纹等。

蜗杆也是一种常见的机械零件。蜗杆与蜗轮组成蜗杆副广泛用于机械传动中。蜗杆中应用最多的阿基米德蜗杆（ZA 蜗杆），其轴向齿廓是直线，形状类似于梯形螺纹，其加工方法也与车削梯形螺纹的方法相似。

（一）螺纹车刀

1. 种类及外形

螺纹车刀按其切削部分材质不同有高速钢螺纹车刀和硬质合金螺纹车刀两种。高速钢车刀刃磨方便，切削刃锋利，韧性好，车削时刀尖不易崩裂，车出螺纹的表面粗糙度值小。但其热硬性差，不宜高速车削，常用在低速切削，加工塑性材料的螺纹或作为螺纹精车刀。硬质合金车刀硬度高，耐磨性好，热硬性好，常用在高速切削，加工脆性材料螺纹，其缺点是抗冲击能力差。

螺纹车刀按加工性质属于成形刀具，其切削部分的几何形状应当和螺纹牙型（即在通过螺纹轴线的剖面上，螺纹的轮廓形状）相符合，即车刀的刀尖角应等于螺纹牙型角。

A　三角形螺纹车刀

高速钢三角形外螺纹车刀和内螺纹车刀，如图 6-70 和图 6-71 所示。

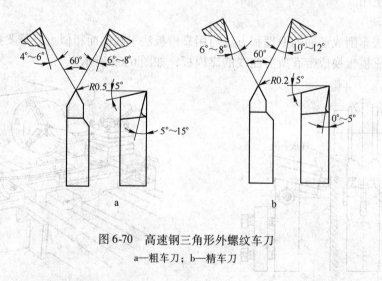

图 6-70　高速钢三角形外螺纹车刀

a—粗车刀；b—精车刀

对于三角形螺纹车刀，其几何角度一般为：

（1）刀尖角 ε_r 等于牙型角 α，车普通螺纹时，$\varepsilon_r = 60°$；车英制螺纹时，$\varepsilon_r = 55°$。

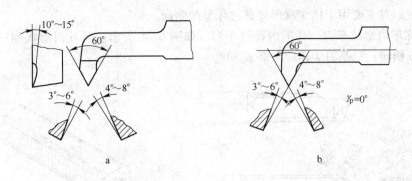

图 6-71　高速钢三角形内螺纹车刀

a—粗车刀；b—精车刀

（2）径向前角一般为 $0° \sim 15°$。螺纹车刀的径向前角对牙型角有很大影响。粗车时，为了切削顺利，径向前角可取得大一些，$\gamma_p = 5° \sim 15°$；精车时，为了减小对牙型角的影响，径向前角应取得小一些，$\gamma_p = 0° \sim 5°$。

（3）工作后角 α_o 一般取 $3° \sim 5°$。由于螺纹升角会使车刀沿进给方向一侧的工作后角变小，使另一侧的工作后角增大，为避免车刀后面与螺纹牙侧发生干涉，保证切削顺利进行，车刀沿进给方向一侧的后角磨成工作后角加上螺纹升角；为了保证车刀的强度，另一侧的后角则磨成工作后角减去螺纹升角。对于车削右旋螺纹，即 $\alpha_{0L} = (3° \sim 5°) + \varphi$；$\alpha_{0R} = (3° \sim 5°) - \varphi$。

B　梯形螺纹车刀

（1）高速钢梯形外螺纹粗车刀。高速钢梯形外螺纹粗车刀的几何形状，如图 6-72 所示，车刀刀尖角 ε_r 应小于螺纹牙型角 $30'$，为了便于左右切削并留有精车余量，刀头宽度应小于牙槽底宽 W。

（2）高速钢梯形外螺纹精车刀。高速钢梯形外螺纹精车刀的几何形状如图 6-73 所示。车刀背前角 $\gamma_p = 0°$，车刀刀尖角 ε_r 等于牙型角 α，为了保证两侧切削刃切削顺利，都磨有较大前角（$\gamma_o = 12° \sim 16°$）的卷屑槽。但在使用时必须注意，车刀前端切削刃不能参

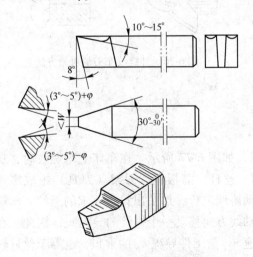

图 6-72　高速钢梯形外螺纹粗车刀

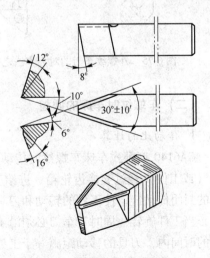

图 6-73　高速钢梯形外螺纹精车刀

加切削。该车刀主要用于精车梯形外螺纹牙型两侧面。

（3）梯形内螺纹车刀。梯形内螺纹车刀，如图6-74所示。其几何形状和三角形内螺纹车刀基本相同，只是刀尖角应刃磨成30°。

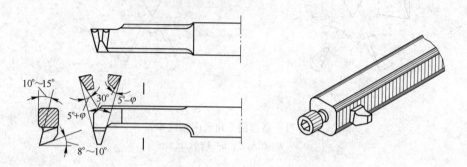

图6-74　高速钢梯形内螺纹车刀

2. 螺纹车刀的刃磨及安装

为了获得正确的牙型，需要正确刃磨车刀和安装车刀。

正确刃磨车刀包括两方面的内容：一是使车刀切削部分的形状应与螺纹沟槽截面形状相吻合，即车刀的刀尖角等于牙型角 α；二是使车刀背前角 $\gamma_p = 0°$。粗车螺纹时，为了改善切削条件，可用带正前角的车刀，但精车时一定要使用背前角 $\gamma_p = 0°$的车刀。

正确安装车刀也包括两方面的内容：一是车刀刀尖角的平分线必须垂直于工件的轴线，为了保证这一要求，安装车刀时常用对刀样板对刀；二是车刀刀尖必须与工件的回转中心等高。

图6-75和图6-76所示为三角形螺纹车刀的对刀方法。

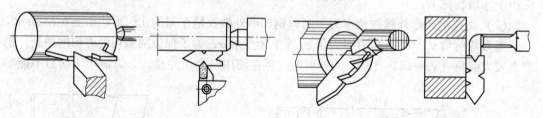

图6-75　外螺纹车刀的对刀方法之一　　　　图6-76　外螺纹车刀的对刀方法之二

（二）车螺纹时车床的调整

1. 传动比的计算

CA6140型卧式车床车螺纹时传动示意图，如图6-77所示。在车床上车螺纹时，从主轴（或工件）经过交换齿轮箱、进给变速箱、丝杆、溜板箱、刀架（刀具）组成螺纹车削的封闭传动链，使工件的转动和刀具的移动协调进行，加工出符合要求的螺纹。车螺纹中，当工件旋转一周时，车刀必须沿工件的轴线方向移动一个螺纹的导程 n_p。因此，在一定的时间内，刀具的移动距离等于工件的转速 $n_工$ 与工件导程 n_p 的乘积，也等于丝杠转数 $n_丝$ 与丝杠螺距 $P_丝$ 的乘积。即：

$$n_{\text{工}} \times n_{\text{p}} = n_{\text{丝}} \times P_{\text{丝}} \tag{6-5}$$

$$\frac{n_{\text{丝}}}{n_{\text{工}}} = \frac{n_{\text{p}}}{P_{\text{丝}}} \qquad 传动比\ i = \frac{n_{\text{丝}}}{n_{\text{工}}} = \frac{n_{\text{p}}}{P_{\text{丝}}}$$

$$传动比\ i = \frac{n_{\text{丝}}}{n_{\text{工}}} = \frac{n_{\text{p}}}{P_{\text{丝}}} = \frac{Z_1}{Z_2} = \frac{Z_1}{Z_0} \times \frac{Z_0}{Z_2} \tag{6-6}$$

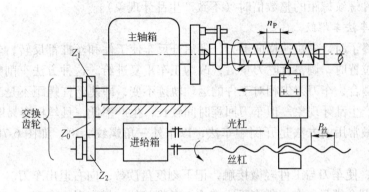

图 6-77 CA6140 型卧式车床车螺纹时传动示意图

2. 主轴箱的调整

确定主轴的转速；根据螺纹旋向调整旋向手柄位置。

3. 交换齿轮箱调整

车螺纹用 63∶100∶75 的交换齿轮传动；车蜗杆时用 64∶100∶97 的传动。

4. 进给箱调整

在机床铭牌上找到工件的螺距数值（多线螺纹按导程调整），根据此数值的要求调整进给箱各手柄的位置及配换挂轮箱齿轮的齿数以获得所需的工件螺距或导程。

5. 其他调整

机床各导轨间隙应调小些，主轴箱内的摩擦片间隙应合适，以便正反车控制灵活。

（三）车削螺纹的操作方法

车螺纹时，需经过多次走刀才能切成。在多次走刀中，必须保证车刀总是落在第一次切出的螺纹槽内，否则就叫"乱扣"。如果乱扣，工件即成废品。如果车床丝杠的螺距是工件螺距的整数倍时，可任意打开开合螺母，当再合上开合螺母时，车刀仍会落入原来已切出的螺纹槽内，不会乱扣。如果车床丝杠的螺距不是工件螺距的整数倍时，则会产生"乱扣"，此时一旦合上开合螺母，就不能再打开，纵向退刀须开反车退回。在车削过程中，如果换刀或"乱扣"，则应重新对刀。"对刀"是指闭合开合螺母，移动小刀架，使车刀落入已切出的螺纹槽内。由于传动系统有间隙，对刀须在车刀沿切削方向走一段距离待平稳停车后再进行（注意主轴不能有反转），再调整中滑板和小滑板使车刀的刀尖进入螺纹的牙槽中，记下中滑板的刻度，继续车削。

按车床调整的不同，螺纹的车削方法常采用的有提开合螺母法和开倒顺车法两种。

1. 提开合螺母法车螺纹

每次进给终了时，横向退刀，同时提起开合螺母，然后手动将溜板箱返回起始位置，调整好背吃刀量后，压下开合螺母再次进给车削螺纹，如此重复循环使总背吃刀量等于牙型深度，螺纹符合规定要求为止。车削过程中，每次提、压开合螺母应果断、有力。

这种方法车削螺纹可以节省车刀回程的辅助时间和减少丝杠的磨损，但只能用于车床丝杠螺距是工件螺纹螺距的整数倍时（不致产生乱牙现象）。

2. 开倒顺车法车螺纹

每次进给终了时，先快速横向退刀，随后开反车使工件和丝杠都反转，丝杠驱动溜板箱返回到起始位置时，调整背吃刀量后，改为正车重复进给。这种方法车削螺纹，开合螺母始终与丝杠啮合，车刀刀尖相对工件的运动轨迹不变，即使丝杠螺距不是工件螺距的整数倍，也不会产生乱牙现象。但车刀回程时间较长，生产率低，且丝杠容易磨损。

车削螺纹最常用的方法是开倒顺车法，以车外三角螺纹为例，如图 6-78 所示，具体步骤如下：

（1）开车，使车刀与工件轻微接触，记下刻度盘读数，向右退出车刀。

（2）合上开合螺母，在工件表面上车出一条螺旋线，横向退出车刀。

（3）开反车使车刀退到工件右端停车，用钢尺检查螺距是否正确。

（4）利用刻度盘调整切深，开车切削。

（5）车刀将至行程终了时，应做好退刀停车准备，先快速退出车刀然后开反车退回刀架。

（6）再次横向进刀，继续切削，反复几次，直到达到尺寸要求为止。

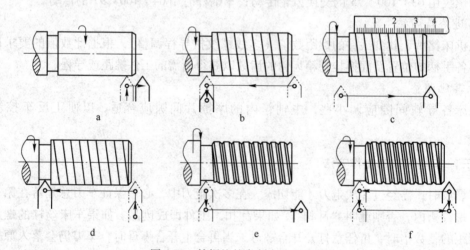

图 6-78　外螺纹的车削方法和步骤

（四）螺纹的测量

螺纹的测量主要是测量螺距、牙型角和螺纹中径。依据螺纹的精度等级、生产批量和设备条件的不同，三角螺纹的测量主要有以下几种方法：

1. 螺距

螺距是由车床的运动关系来保证的，所以用钢直尺测量即可。

2. 牙型角

牙型角是由车刀的刀尖以及正确的安装方法来保证的，一般用样板测量，也可用螺距规同时测量螺距和牙型角，如图 6-79 所示。

3. 螺纹中径

螺纹中径常用螺纹千分尺测量，如图 6-80 所示。在大批量生产中，多用螺纹量规综合测量。

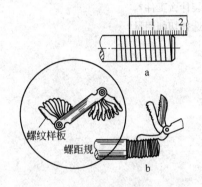

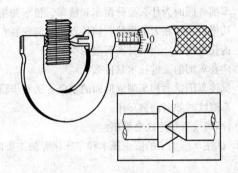

图 6-79　螺距和牙型角的测量
a—用钢直尺测量；b—用螺距规测量

图 6-80　螺纹中径的测量

（五）车螺纹注意事项

（1）车螺纹前应首先调整好床鞍和中、小滑板的松紧程度。

（2）车螺纹时思想要集中，特别是初学者在开始练习时，主轴转速不宜过高，待操作熟练后，逐步提高主轴转速，最终达到能高速车削三角形螺纹。

（3）车螺纹时，应始终保持螺纹车刀锋利。中途换刀或刃磨后重新装刀，必须重新调整螺纹车刀刀尖的高低和对刀。

（4）车螺纹时，应注意不可将中滑板手柄多摇进一圈，否则会造成车刀刀尖崩刃或损坏工件。

（5）车螺纹过程中，不准用手摸或用棉纱去擦螺纹，以免伤手。

（6）车无退刀槽螺纹时，应保证每次收尾均在 1/2 圈左右，且每次退刀位置大致相同，否则容易损坏螺纹车刀刀尖。

（7）车脆性材料螺纹时，径向进给量（背吃刀量）不宜过大，否则会使螺纹牙尖爆裂，造成废品。低速精车螺纹时，最后几刀采取微量进给或无进给车削，以车光螺纹侧面。

（8）刀尖出现积屑瘤时应及时清除。

（9）一旦刀尖"扎入"工件引起崩刃，应停车清除嵌入工件的硬质合金碎粒，然后用高速钢螺纹车刀低速修整螺纹牙侧。

（10）粗、精车分开车削螺纹时，应留适当的精车余量。

习题

1. 卧式车床由哪几部分组成，各部分有何作用？

2. 车刀按其用途和结构可分为哪几种，其切削部分材料有哪些？各有何特点？

3. 车床上主要有哪些安装工件的方法，各种方法适合于安装什么工件？

4. 车削外圆时为什么要分粗车和精车，粗车和精车应如何选择切削用量？

5. 切槽刀和切断刀的形状有何特点，如何安装？

6. 内孔车削为什么比外圆车削困难？

7. 内孔车削的关键技术是什么？

8. 试述车削锥面和车削成形面的主要方法和步骤。

9. 车螺纹时如何调整车床？

10. 车螺纹有哪些注意事项？

11. 试述车削加工的安全技术和车床保养的主要内容。

实训项目一：车外圆锥

实训目的

- 能正确使用车床
- 掌握车外圆锥的基本操作方法

实训器材

CA6140 车床、钢直尺、游标卡尺、千分尺、万能角度尺。

实训指导

1. 准备工作

（1）润滑车床，准备工、夹、量具。

（2）准备毛坯材料。

（3）读懂零件图。零件图样如图 6-81 所示。

2. 操作步骤

（1）用三爪自定心卡盘夹持毛坯外圆，伸出长度 25mm 左右，校正并夹紧。

（2）车端面 A，粗、精车外圆 $\phi52$mm，长 18mm 至要求，倒角 $C1$。

（3）调头，夹持 $\phi52$mm 外圆，长 15mm 左右，校正并夹紧。

（4）车端面 B，保持总长 96mm，粗、精车外圆 $\phi60$mm 至要求。

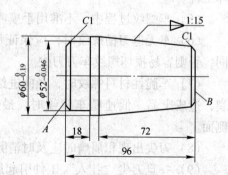

图 6-81　锥体

材料：HT150ϕ65mm×100mm，1 件

（5）小滑板逆时针转动圆锥半角（$\alpha/2 = 1°54'33''$），粗车外圆锥面。

（6）用万能角度尺检查圆锥半角并调整小滑板转角。

（7）精车圆锥面至尺寸要求。

（8）倒角 $C1$，去毛刺。

（9）检查各尺寸合格后卸下工件。

实训成绩评定

学生实训评定成绩填写在表 6-4 中。

表 6-4 实训成绩评定

序号	项 目	考核内容	配 分	检测工具	得 分
1	外 圆	$\phi52^{0}_{-0.046}$ mm	16	游标卡尺	
		$R_a = 3.2\mu m$	4		
2		$\phi60^{0}_{-0.19}$ mm	16	千分尺	
		$R_a = 3.2\mu m$	4		
9	锥 度	$\alpha/2 = 1°54'33''$	20	游标卡尺	
		72	10	游标卡尺	
10	锥长/mm	18	4	游标卡尺	
12		96	2	游标卡尺	
13	其 他	$1 \times 45°$（2 处）	4	目 测	
15	工具、设备的使用与维护	合理使用工具、刀具、夹具、量具	4		
16		正确操作车床，按规定维护保养车床	6		
17	安全及其他	文明生产、安全操作	10		
	合 计		100		

评分标准：尺寸精度超差时扣该项全部分，粗糙度降一级扣 2 分

实训项目二：车螺杆

实训目的

- 能正确使用车床
- 掌握车削加工的方法

实训器材

CA6140 车床、钢直尺、游标卡尺、千分尺、角度样板、螺纹环规。

实训指导

1. 准备工作

（1）润滑车床，准备工、夹、量具。

（2）准备毛坯材料。

（3）读懂零件图。零件图样如图 6-82 所示。

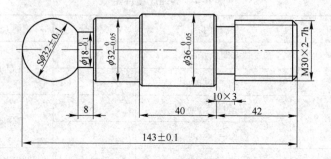

图 6-82　轴

材料：45 钢 $\phi40 \times 145mm$

技术要求

1. 未注公差尺寸按 IT14 加工。

2. 球部分不允许使用成形刀具及锉刀。

3. 圆球若用样板检验，间隙小于 0.1mm。

4. 未注倒角均为 $1 \times 45°$。

2. 操作步骤

（1）夹持棒料外圆，伸出长度不少于 60mm，校正并夹紧。

（2）车端面。

（3）车外圆至 $\phi38mm$，长 44mm。

（4）掉头装夹车外圆至 $\phi33mm$，长 61mm。

（5）车槽 $\phi18mm$，宽 8mm，并保证圆球长度。

（6）精车外圆、槽到尺寸。

（7）用圆头车刀粗车、精车球面至 $S\phi32 \pm 0.1mm$ 尺寸。

（8）清角，修整。

（9）掉头装夹，车外圆、车螺纹 M30 ×2 至尺寸。

（10）检查。

实训成绩评定

学生实训评定成绩填写在表 6-5 中。

表 6-5 实训成绩评定

序号	项 目	考核内容	配 分	检测工具	得 分
1	外 圆	$\phi 52_{-0.046}^{0}$ mm	16	游标卡尺	
		$R_a = 3.2\mu m$	4		
2		$\phi 60_{-0.19}^{0}$ mm	16	千分尺	
		$R_a = 3.2\mu m$	4		
9	锥 度	$\alpha/2 = 1°54'33''$	20	游标卡尺	
	锥长/mm	72	10	游标卡尺	
10		18	4	游标卡尺	
12		96	2	游标卡尺	
13	其 他	$1 \times 45°$（2 处）	4	目 测	
15	工具、设备的使用与维护	合理使用工具、刀具、夹具、量具	4		
16		正确操作车床，按规定维护保养车床	6		
17	安全及其他	文明生产、安全操作	10		
	合 计		100		

评分标准：尺寸精度超差时扣该项全部分，粗糙度降一级扣 2 分

项目七　铣削加工

项目导语

铣削加工是金属切削加工中常用的方法之一，和车削不同之处在于铣削时，铣刀作旋转的主运动，工件做缓慢直线的进给运动。铣削可以加工平面、台阶、沟槽、特形面和切断材料、齿轮和螺旋槽等。在铣床上还可以进行钻孔、铰孔和铣孔等工作。

铣削加工的经济精度为 IT9～IT7，最高可达 IT6，工件表面的粗糙度 $R_a = 6.3～3.2$，最小 0.8。

在铣削加工的过程中，工件材料的强度，硬度，铣削用量，铣削方式对铣刀耐用度、加工工件的稳定性与生产率有很大关系，所以在加工时采取合理的铣削方式很重要。

学习目标

知识目标：
- 了解铣削的工艺特点及基本知识
- 了解常用铣床的组成、运动和用途，了解铣床常用刀具和附件的大致结构与用途
- 理解分度头的分度原理
- 掌握铣削基本加工方法（铣平面、键槽和成形面）

能力目标：
- 能写出安全、文明生产的有关知识，养成安全、文明生产的习惯
- 能正确使用工、夹、量具，能合理地选择铣削用量和切削液
- 能操作完成铣平面、沟槽的加工

任务一　铣削概述

铣削是铣刀旋转做主运动、工件或铣刀做进给运动的切削加工方法。铣削的切削运动由铣床提供。

一、铣削用量

在铣削过程中所选用的切削用量称为铣削用量。

铣削用量的要素包括：铣削速度 v_c、进给量 f、背吃刀量 a_p 和铣削宽度 a_e。铣削用量的选择对提高铣削的加工精度、改善加工表面质量和提高生产率有着密切的关系。

（一）铣削速度

铣削时铣刀切削刃上选定点在主运动中的线速度称为铣削速度。通常以切削刃上离铣刀轴线距离最大的点在1min内所经过的路程表示。铣削速度的单位是 m/min。铣削速度与铣刀直径、铣刀转速有关，其计算公式为：

$$v_c = \frac{\pi d n}{1000} \tag{7-1}$$

式中　v_c——铣削速度，m/min；

　　　d——铣刀直径，mm；

　　　n——铣刀（或铣床主轴）转速，r/min。

（二）进给量

铣刀在进给运动方向上相对工件的单位位移量称为进给量。铣削中的进给量根据具体情况，有三种表达和度量的方法。

1. 每转进给量 f

铣刀每回转一周，在进给运动方向上相对工件的位移量，单位为 mm/r。

2. 每齿进给量 f_z

铣刀每转中每一刀齿在进给运动方向上相对工件的位移量，单位为 mm/z。

3. 进给速度 v_f

又称每分钟进给量。铣刀每回转1min，在进给运动方向上相对工件的位移量，单位为 mm/min。

三种进给量的关系为：

$$v_f = f n = f_z z n \tag{7-2}$$

式中　n——铣刀（或铣床主轴）转速，r/min；

　　　z——铣刀齿数。

铣削时，根据加工性质先确定每齿进给量 f_z，然后根据所选用铣刀的齿数 z 和铣刀的转速 n 计算出进给速度 v_f，并以此对铣床进给量进行调整（铣床铭牌上的进给量用进给速度表示）。

（三）背吃刀量与铣削宽度

背吃刀量 a_p 是指在平行于铣刀轴线方向上测得的切削层尺寸，单位为 mm。

铣削宽度 a_e 是指在垂直于铣刀轴线方向、工件进给方向上测得的切削层尺寸，单位为 mm。铣削时，由于采用的铣削方法和选用的铣刀不同，背吃刀量 a_p 和铣削宽度 a_e 的表示也不同。用圆柱形铣刀进行圆周铣与用端铣刀进行端铣时，背吃刀量与铣削宽度的表示，如图 7-1 所示。

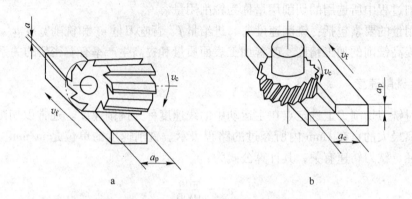

图 7-1 圆周铣与端铣的铣削用量
a—圆周铣；b—端铣

不难看出，不论是采用圆周铣或是端铣，铣削宽度 a_e 都表示铣削弧深。因为不论使用哪种铣刀铣削，其铣削弧深的方向均垂直于铣刀轴线。

铣削用量选择的原则：通常粗加工为了保证必要的刀具耐用度，应优先采用较大的侧吃刀量或背吃刀量，其次是加大进给量，最后才是根据刀具耐用度的要求选择适宜的切削速度；精加工时为减小工艺系统的弹性变形，必须采用较小的进给量，同时为了抑制积屑瘤的产生。对于硬质合金铣刀应采用较高的切削速度，对高速钢铣刀应采用较低的切削速度，如铣削过程中不产生积屑瘤时，也应采用较大的切削速度。

二、铣削加工的主要内容

铣削是加工平面的主要方法之一，在铣床上使用不同的铣刀可以加工平面（水平面、垂直平面、斜面）、台阶、沟槽（直角沟槽、V 形槽等）。此外，使用分度装置可加工需周向等分的花键 T 形槽、燕尾槽、特形面和切断材料、齿轮和螺旋槽等。在铣床上还可以进行钻孔、铰孔和铣孔等工作。

铣削的主要内容，如图 7-2 所示。

三、铣工安全文明生产

1. 衣帽穿戴

（1）工作服要紧身，袖口要扎紧或戴袖套。

（2）女工要戴工作帽，将头发全部塞入帽内。

（3）不准戴手套操作铣床，以免发生事故。

（4）高速铣削时要戴好防护镜，防止高速切削飞出的铁屑损伤眼睛。

（5）铣削铸铁工件时最好戴上口罩。

2. 防止铣刀、切屑切伤

（1）装拆铣刀时要用揩布衬垫，不要用手直接接触铣刀。

（2）当铣刀尚未完全停止前，不得用手去触摸、制动。

图 7-2　铣削的主要内容

a—圆柱形铣刀铣平面；b—端铣刀铣平面；c—铣台阶；d—铣直角通槽；e—铣键槽；f—切断；
g—铣特形面；h—铣特形沟槽；i—铣齿轮；j—铣螺旋槽；k—铣牙嵌式离合器

（3）使用扳手时，用力方向尽量避开铣刀，以免扳手打滑时造成不必要的损伤。

（4）在切削过程中，不能用手触摸工件和清理切屑，以免被铣刀损伤手指。

（5）铣削完毕，要用毛刷清除切屑，不要用手抓或用嘴吹。

（6）若有切屑飞入眼睛，千万不要用手揉擦，应及时请医生治疗。

3. 安全用电

（1）当铣床电器损坏时，要及时请电工修理。

（2）注意周围环境安全用电的可靠程度，排除一切不安全的因素。

4. 铣床的维护保养

（1）铣床的润滑。根据铣床说明书的要求，每天定点对需要润滑的各运动部位加注润滑油。铣床启动后，检查其床身上各油窗的正常出油和油标油位。定期加油和更换润滑油。润滑油泵和油路发生故障时要及时维修或更换。

（2）铣床的清洁保养。开机前必须将导轨、丝杆等部件的表面进行清洁并加上润滑油；工作时不要把工夹量具放置在导轨面或工作台表面上，以防不测；工作完毕后，一定要清除铁屑和油污，擦干净机床，并在各运动部位适当加油，以防生锈。

（3）合理使用铣床。合理选用铣削用量、铣削刀具及铣削方法，正确使用各种工夹具，熟悉所操作铣床的性能。不能超负荷工作，工件和夹具的重量不能超过机床的载重量。

（4）做好机床交接班工作等。

任务二　铣床及其附件

铣床的种类很多，主要有卧式及立式升降台铣床、工具铣床、龙门铣床、仿形铣床、仪表铣床和床身铣床等。其中，应用最普遍的为卧式升降台铣床。

一、X6132 型万能升降台铣床

（一）铣床外形

卧式万能升降台铣床简称万能铣床，它是铣床中应用最多的一种。他的主轴是水平放置的，与工作台面平行。工作台可沿纵、横和垂直三个方向运动。万能铣床的工作台还可在水平面内回转一定角度，以铣削螺旋槽。X6132 型卧式万能升降台铣床，如图7-3所示。

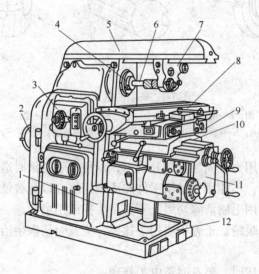

图 7-3　X6132 型卧式万能升降台铣床

1—床身；2—电动机；3—变速机构；4—主轴；5—横梁；6—刀杆；
7—刀杆支架；8—纵向工作台；9—转台；10—横向工作台；
11—升降台；12—底座

在 X6132 型号中字母和数字的含义如下：

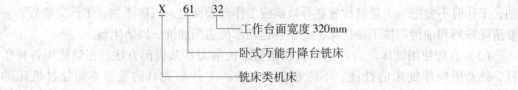

（二）铣床主要组成部分及作用

1. 主轴变速机构

主轴变速机构安装在床身内，其功用是将主电动机的额定转速通过齿轮变速，变换成18 种不同的转速，传递给主轴，以适应铣削的需要。

2. 床身

床身用来固定和支撑铣床上所有的部件。电动机、主轴及主轴变速机构等安装在它的内部。

3. 横梁

横梁的上面安装吊架，用来支承刀杆外伸的一端，以加强刀杆的刚性。横梁可沿床身的水平导轨移动，以调整其伸出的长度。

4. 主轴

主轴是空心轴，前端有 7：24 的精密锥孔，其用途是安装铣刀刀杆并带动铣刀旋转。

5. 纵向工作台

纵向工作台在转台的导轨上作纵向移动，带动台面上的工件作纵向进给。

6. 横向工作台

横向工作台位于升降台上面的水平导轨上，带动纵向工作一起作横向进给。

7. 转台

转台的作用是能将纵向工作台在水平面内扳转一定的角度，以便铣削螺旋槽。

8. 升降台

升降台可以使整个工作台沿床身的垂直导轨上下移动，以调整工作台面到铣刀的距离，并作垂直进给。带有转台的卧铣，由于其工作台除了能作纵向、横向和垂直方向移动外，尚能在水平面内左右扳转45°，因此称为万能卧式铣床。

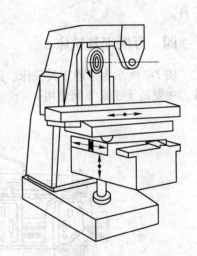

（三）铣床的运动

X6132 型铣床的运动如图 7-4 所示。

1. 主运动——主轴（铣刀）的回转运动

主电动机的回转运动，经主轴变速机构传递到主轴，使主轴回转。

2. 进给运动——工作台（工件）的纵向、横向和垂直方向的移动

图 7-4 卧式铣床运动示意图

进给电动机的回转运动，经进给变速机构，分别传递给三个进给方向的进给丝杠，获得工作台的纵向运动、横向溜板的横向运动和升降台的垂直方向运动。

二、X5032 型立式升降台铣床

X5032 型立式升降台铣床，如图 7-5 所示。其规格、操纵机构、传动变速情形等与X6132 型铣床基本相同。主要不同点是：

（1）X5032 型铣床的主轴位置与工作台台面垂直，安装在可以偏转的铣头壳体内。有时根据加工的需要，可以将立铣头（主轴）偏转一定的角度。

（2）X5032 型铣床的工作台与横向溜板连接处没有回转盘，所以，工作台在水平面内不能扳转角度。

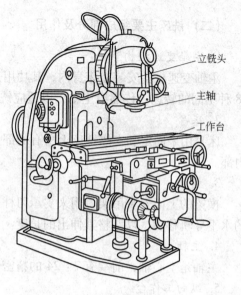

图 7-5　X5032 型立式升降台铣床

三、X2010C 型龙门铣床

龙门铣床属大型机床之一，X2010C 型四轴龙门铣床外形图，如图 7-6 所示。

该铣床具有框架式结构，刚性好，有三轴和四轴两种布局形式。图 7-6 所示的四轴龙门铣床，带有两个垂直主轴箱（三轴结构只有一个垂直主轴箱）和两个水平主轴箱，能安装 4 把（或 3 把）铣刀同时进行铣削。垂直主轴能在 ±30°范围内按需要偏转，水平主轴的偏转范围为 −15°~30°，以满足不同铣削要求的需要。

横向和垂直方向的进给运动由主轴箱和主轴或横梁完成，工作台只能做纵向进给运动。机床工作台直接安放在床身上，载重量大，可加工重型工件。由于机床刚性好，适宜进行高速铣削和强力铣削。它一般用来加工卧式、立式铣床不能加工的大型工件。

四、万能工具铣床

图 7-7 所示为万能工具铣床。这种铣床的特点是操纵灵便，精度较高，并备有多种附件，主要适于工具车间使用。

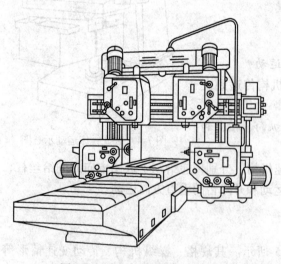

图 7-6　X2010C 型四轴龙门铣床

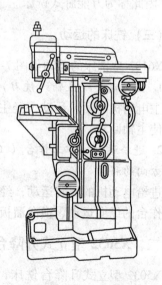

图 7-7　万能工具铣床

任务三 铣刀及铣削方式

一、铣刀的种类

铣刀的分类方法很多，根据铣刀安装方法的不同可分为两大类，即带孔铣刀和带柄铣刀。带孔铣刀多用在卧式铣床上，带柄铣刀多用在立式铣床上。带柄铣刀又分为直柄铣刀和锥柄铣刀。铣刀按其用途可分为铣削平面用铣刀、铣削直角沟槽用铣刀、铣削特形沟槽用铣刀和铣削特形面用铣刀四类，见表7-1。

表 7-1 铣刀的种类及用途

种 类		图 示	用 途
铣削平面用铣刀	圆柱形铣刀	整体式圆柱铣刀 镶齿圆柱铣刀	圆柱形铣刀分粗齿和细齿两种，用于粗铣及半精铣平面
	端铣刀	套式端铣刀 可转位硬质合金刀片端铣刀	端铣刀有整体式、镶齿式和可转位（机械夹固）式等几种，用于粗铣、精铣各种平面
铣削直角沟槽用铣刀	立铣刀	立铣刀	用于铣削沟槽、螺旋槽及工件上各种形状的孔；铣削台阶平面、侧面；铣削各种盘形凸轮与圆柱凸轮；以及按照靠模铣削内、外曲面
	三面刃铣刀	直齿三面刃铣刀 镶齿三面刃铣刀	三面刃铣刀分直齿与错齿、整体式与镶齿式。用于铣削各种槽、台阶平面、工件的侧面及其凸台平面

种　类		图　示	用　途
铣削直角沟槽用铣刀	键槽铣刀		用于铣削键槽
	盘形槽铣刀		用于铣削螺钉槽及其他工件上的槽
	锯片铣刀		用于铣削各种槽以及板料、棒料和各种型材的切断
铣削特形沟槽用铣刀	T 形槽铣刀		用于铣削 T 形槽
	燕尾槽铣刀		用于铣削燕尾和燕尾槽
	单角铣刀		用于各种刀具的外圆齿槽与端面齿槽的开齿，铣削各种锯齿形齿离合器与棘轮的齿形
	对称双角铣刀		用于铣削各种 V 形槽和尖齿、梯形齿离合器的齿形
铣削特形面用铣刀	凹半圆铣刀		用于铣削凸半圆成形面
	凸半圆铣刀		用于铣削半圆槽和凹半圆成形面
	模数齿轮铣刀		用于铣削渐开线齿形的齿轮
	叶片内弧成形铣刀		用于铣削蜗轮叶片的叶盆内弧形表面

二、铣刀的装夹

（一）圆柱铣刀等带孔铣刀的装夹

在卧式铣床上都使用刀杆安装带孔的铣刀，如图 7-8 所示。

（1）根据铣刀的孔径，选用合适的刀轴，用拉紧螺杆吊紧刀轴。

（2）调整横梁位置，使它与刀轴处于大致相同的位置。

（3）把铣刀安置在方便切削的合适位置，用轴套进行调整。

（4）安装托架，用套筒使刀轴在托架上有个支点，然后用螺母固定铣刀。

（二）安装端面铣刀

先将铣刀装在短刀轴上，再将刀轴装入机床的主轴并用拉杆拉紧安装到铣床的主轴上，如图 7-9 所示。

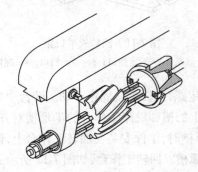

图 7-8　圆柱铣刀的安装

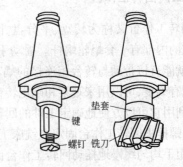

图 7-9　端面铣刀的安装

（三）立铣刀等带柄铣刀的装夹

一般柄式铣刀都是立铣刀。它有两种安装形式：一种是用莫氏锥套安装锥柄铣刀，另一种是用弹簧夹头安装直柄铣刀，如图 7-10 所示。

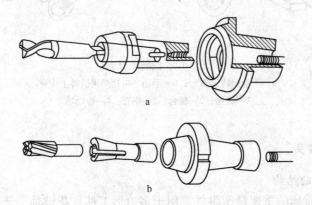

a

b

图 7-10　两种立式铣刀的安装

a—锥柄铣刀；b—直柄铣刀

任务四　铣床附件及工件安装

一、铣床主要附件

（一）平口钳

平口钳是铣床上常用来装夹工件的附件，有非回转式和回转式两种，两种平口钳的结构基本相同，只是回转式平口钳的底座设有转盘，钳体可绕转盘轴线在 360° 范围内任意扳转，使用方便，适应性强。回转式平口钳的结构，如图 7-11 所示。

（二）回转工作台

回转工作台又称为转盘、平分盘、圆形工作台等。它的内部有一套蜗轮蜗杆。摇动手轮，通过蜗杆轴，就能直接带动与转台相连接的蜗轮转动。转

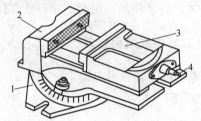

图 7-11　回转式平口钳
1—底座；2—固定钳口；3—活动钳口；4—螺杆

台周围有刻度，可以用来观察和确定转台位置。拧紧固定螺钉，转台就固定不动。转台中央有一孔，利用它可以方便地确定工件的回转中心。当底座上的槽和铣床工作台的 T 形槽对齐后，即可用螺栓把回转工作台固定在铣床工作台上。铣圆弧槽时，工件安装在回转工作台上，铣刀旋转，用手均匀缓慢地摇动回转工作台而使工件铣出圆弧槽。回转工作台，如图 7-12 所示。

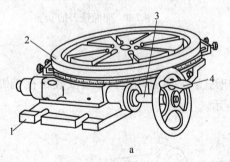
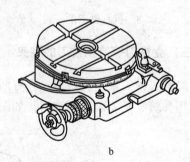

a　　　　　　　　　　　　　　　　　　b

图 7-12　回转工作台
a—手动回转工作台；b—手动、机动两用回转工作台
1—底座；2—转台；3—蜗杆；4—传动轴

（三）万能分度头

1. 万能分度头的结构

万能分度头是铣床的重要精密附件，用于多边形工件、花键轴、牙嵌式离合器、齿轮等的圆周分度和螺旋槽的加工。按夹持工件的最大直径，万能分度头常用规格有 160mm、200mm、250mm、320mm 等几种，其中 FW250 型万能分度头是铣床上应用最普遍的一种。

位于分度头前端的主轴 1 上有螺纹，可安装卡盘，主轴的标准莫氏锥孔可插入顶尖，用以装夹工件。转动手柄，可通过分度头内部的传动机构，带动主轴转动。手柄在分度盘 8 孔圈上转过的圈数和孔数，应根据工件所需的等分要求，通过计算确定。

分度头的主轴是空心的，两端均为锥孔，前锥孔可装入顶尖（莫氏 4 号），后锥孔可装入心轴，以便在差动分度时挂轮，把主轴的运动传给侧轴可带动分度盘旋转。主轴前端外部有螺纹，用来安装三爪卡盘。

万能分度头的使用，如图 7-13 所示。万能分度头的外形，如图 7-14 所示。万能分度头的传动系统，如图 7-15 所示。

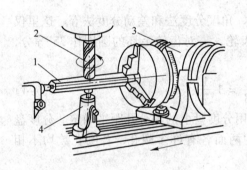

图 7-13　铣六方体示意图

1—六方体工件；2—立铣刀；
3—分度头；4—辅助支撑

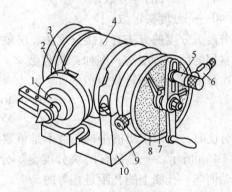

图 7-14　万能分度头

1—主轴；2—刻度环；3—游标；4—回转体；5—插销；
6—侧轴；7—扇形夹；8—分度盘；9—紧固螺钉；10—基座

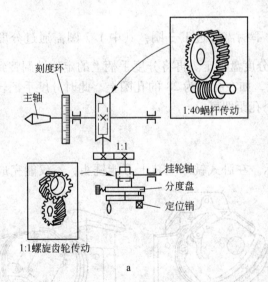

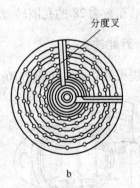

a　　　　　　　　　　　　　　b

图 7-15　万能分度头的传动系统示意图和分度盘

a—传动系统示意图；b—分度盘

2. 分度方法

分度头内部的传动系统如图 7-15a 所示，可转动分度手柄，通过传动机构（传动比1：1 的一对齿轮，1：40 的蜗轮蜗杆），使分度头主轴带动工件转动一定角度。手柄转一圈，主轴带动工件转 1/40 圈。

如果要将工件的圆周等分为 Z 等分，则每次分度工件应转过 $1/Z$ 圈。设每次分度手柄的转数为 n，则手柄转数与工件等分数 Z 之间有如下关系：

$$1 : 40 = \frac{1}{Z} : n$$

$$n = \frac{40}{Z} \tag{7-3}$$

式中　n——手柄每次分度时的转数；

　　　Z——工件的等分数；

　　40——分度头定数。

分度头分度的方法有直接分度法、简单分度法、角度分度法和差动分度法等。这里仅介绍常用的简单分度法。例如：铣齿数 $Z = 35$ 的齿轮，需对齿轮毛坯的圆周作 35 等分，每一次分度时，手柄转数为：

$$n = \frac{40}{Z} = \frac{40}{35} = 1\frac{4}{28} = 1\frac{1}{7} \tag{7-4}$$

分度时，如果求出的手柄转数不是整数，可利用分度盘上的等分孔距来确定。分度盘如图 7-15b 所示，一般备有两块分度盘。分度盘的两面各有许多圈孔，各圈孔数均不相等，然而同一孔圈上的孔距是相等的。

分度头第一块分度盘正面各圈孔数依次为 24、25、28、30、34、37；反面各圈孔数依次为 38、39、41、42、43。

第二块分度盘正面各圈孔数依次为 46、47、49、51、53、54；反面各圈孔数依次为 57、58、59、62、66。

按上例计算结果，即每分一齿，手柄需转过 $1\frac{1}{7}$ 圈，其中 1/7 圈需通过分度盘（图 7-15b）来控制。用简单分度法需先将分度盘固定。再将分度手柄上的定位销调整到孔数为 7 的倍数（如 28、42、49）的孔圈上，如在孔数为 28 的孔圈上。此时分度手柄转过 1 整圈后，再沿孔数为 28 的孔圈转过 4 个孔距即可。

（四）万能铣头

万能铣头的外形，如图 7-16 所示。在卧式铣床上装上万能铣头，不仅能完成各种立

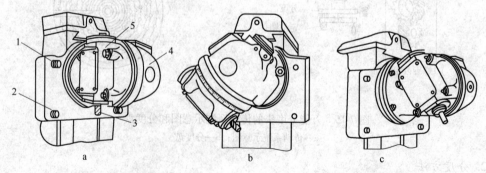

图 7-16　万能铣头

1—螺栓；2—底座；3—主轴；4—壳体；5—主轴壳体

铣的工作，而且还可以根据铣削的需要，把铣头主轴扳成任意角度。万能铣头的底座用螺栓固定在铣床的垂直导轨上。铣床主轴的运动通过铣头内的两对锥齿轮传到铣头主轴上，如图7-16a所示。铣头的壳体可绕铣床主轴轴线偏转任意角度，如图7-16b所示。铣头主轴的壳体还能在铣头壳体上偏转任意角度，如图7-16c所示。因此，铣头主轴就能在空间偏转成所需要的任意角度。

二、工件装夹方法

铣床上常用的工件装夹方法有以下几种，见表7-2。

表7-2　工件装夹方法

方　法	图　示	适用范围
用平口钳装夹	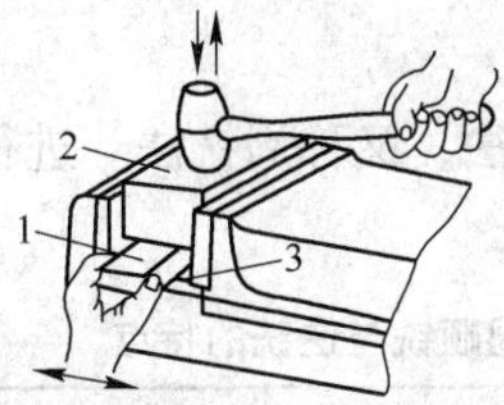 1—平行垫铁；2—工件；3—钳体导轨面	铣削长方体工件的平面、台阶面、斜面和轴类工件上的键槽时，都可以用平口钳来装夹
用压板、螺栓装夹	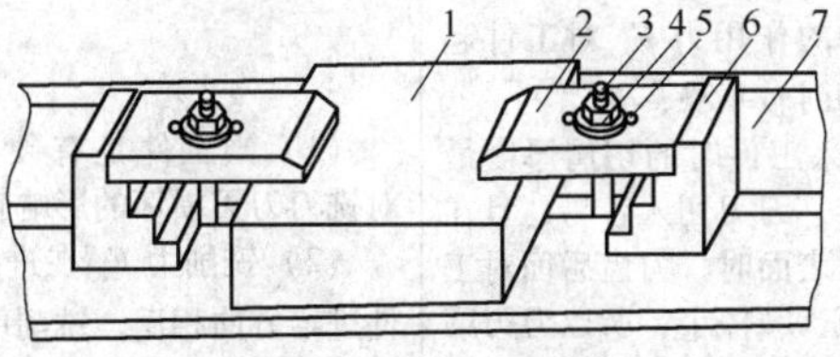 1—工件；2—压板；3—T形螺栓；4—螺母； 5—垫圈；6—台阶垫铁；7—工作台面	对于大型工件或平口钳难以安装的工件，可用压板、螺栓和垫铁将工件直接固定在工作台上
用分度头装夹	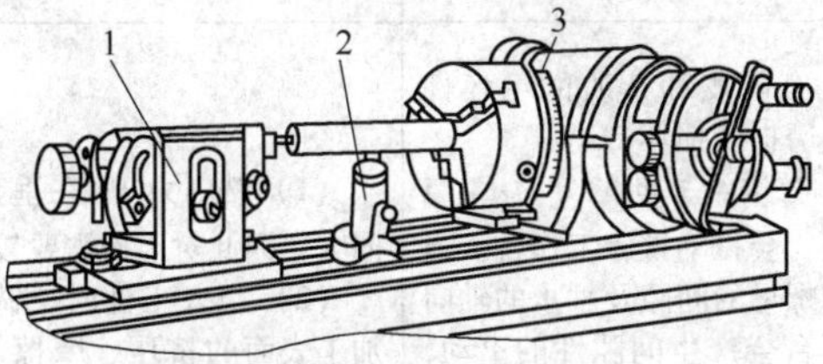 1—尾架；2—千斤顶；3—分度头	分度头安装工件一般用在等分工作中。它既可以用分度头卡盘（或顶尖）与尾架顶尖一起使用安装轴类零件。也可以只使用分度头卡盘安装工件，又由于分度头的主轴可以在垂直平面内转动，因此可以利用分度头在水平、垂直及倾斜位置安装工件
用专用夹具装夹	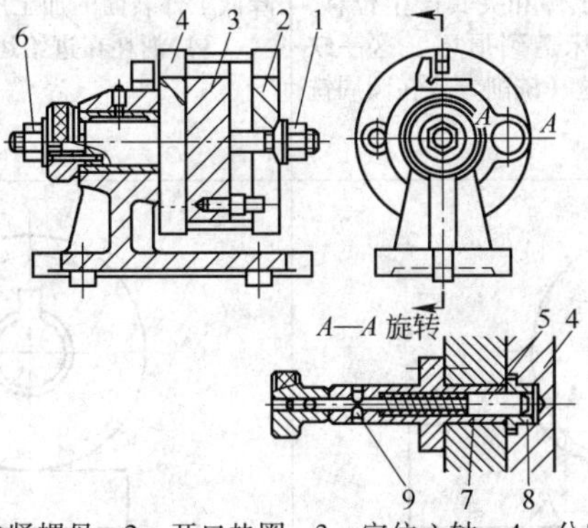 A—A旋转 1—夹紧螺母；2—开口垫圈；3—定位心轴；4—分度盘； 5—对定销；6—锁紧螺母；7—导套；8—定位套；9—止动销	当零件的生产批量较大时，可采用专用夹具或组合夹具装夹工件，这样既能提高生产效率，又能保证产品质量

三、铣削方式

（一）两种铣削方式

铣削有顺铣与逆铣两种铣削方式。

1. 顺铣

铣削时，铣刀对工件的作用力（铣削力）在进给方向上的分力与工件进给方向相同的铣削方式。

2. 逆铣

铣削时，铣刀对工件的作用力在进给方向上的分力与工件进给方向相反的铣削方式。

（二）圆周铣时的顺铣与逆铣

用圆柱形铣刀加工平面，称为圆周铣法，又称周铣法。进行圆周铣时，顺铣与逆铣的特点见表 7-3。

表 7-3　圆周顺铣与逆铣的特点

项　目	圆周铣时的顺铣	圆周铣时的逆铣
优　点	（1）铣刀对工件的作用力 F_c 对工件起压紧作用，因此铣削时较平稳； （2）铣刀刀刃切入工件时的切屑厚度最大，并逐渐减小到零，刀刃切入容易，且在刀刃切到工件已加工表面时，刀齿后面对工件已加工表面的挤压、摩擦小，所以刀刃磨损慢，加工出的工件表面质量较高； （3）消耗在进给运动方面的功率较小	（1）当工件是有硬皮和杂质的毛坯件时，对铣刀刀刃损坏的影响较小； （2）铣削力 F_c 在进给方向的分力 F_f，与工件进给方向相反，铣削中不会拉动工作台
缺　点	（1）当工件是有硬皮和杂质的毛坯件时，铣刀刀刃容易磨损及损坏； （2）铣削力 F_c 在进给方向的分力 F_f 与工件进给方向相同，会拉动铣床工作台。当工作台进给丝杠与螺母的间隙及轴承的轴向间隙较大时，工作台会产生间隙性的窜动，使每齿进给量突然增大，从而导致铣刀刀齿折断、铣刀杆弯曲、工件和夹具产生位移，使工件、夹具甚至机床遭到损坏（这一缺点严重地影响了顺铣这一铣削方式在圆周铣中的使用）	（1）铣削力 F_c 在垂直方向的分力 F_N 始终向上，因此对工件需要较大的夹紧力； （2）切入工件时，铣刀刀齿后面对工件已加工表面的挤压、摩擦严重，刀齿磨损加快，铣刀耐用度降低，且工件加工表面产生硬化层，降低工件表面的加工质量； （3）消耗在进给运动方面的功率较大
铣削力及其分力		

综合上述比较，在铣床上进行圆周铣削时，一般都采用逆铣方式，只有在下列情况下才选用顺铣：

（1）工作台丝杠、螺母传动副有间隙调整机构，并将轴向间隙调整到足够小（0.03 ~ 0.05mm）。

（2）F_c 在水平方向的分力 F_f 小于工作台与导轨之间的摩擦力。

（3）铣削不易夹紧且薄而细长的工件。

（三）端铣时的顺铣与逆铣

用端铣刀的端面刀刃加工平面，称为端铣。端铣时，根据铣刀与工件之间的相对位置不同，分为对称铣削与非对称铣削两种。端铣也存在顺铣和逆铣的现象。

1. 对称铣削

铣削宽度 a_e 对称于铣刀轴线的端铣称为对称铣削。对称铣削只在铣削宽度 a_e 接近铣刀直径时才采用。

2. 非对称铣削

铣削宽度 a_e 不对称于铣刀轴线的端铣称为非对称铣削。按切入边和切出边所占铣削宽度 a_e 比例的不同，非对称铣削分为非对称顺铣和非对称逆铣两种，如图 7-17 所示。

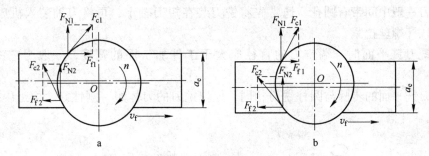

图 7-17 端铣非对称铣削

a—非对称顺铣；b—非对称逆铣

（1）非对称顺铣

切入边所占的铣削宽度小于切出边所占的铣削宽度。端铣时一般都不采用非对称顺铣。

（2）非对称逆铣

切入边所占的铣削宽度大于切出边所占的铣削宽度。端铣时应采取非对称逆铣。

任务五 铣削的基本操作

一、铣平面

铣平面可以用圆柱铣刀、端铣刀或三面刃盘铣刀在卧式铣床或立式铣床上进行铣削。

（一）用圆柱铣刀铣平面

在卧式铣床上用圆柱铣刀圆周铣平面时，所用圆柱铣刀，一般为螺旋齿圆柱铣刀，铣刀的宽度必须大于所铣平面的宽度，螺旋线的方向应使铣削时所产生的轴向力将铣刀推向主轴轴承方向。

操作方法：根据工艺卡的规定调整机床的转速和进给量，再根据加工余量的多少来调整铣削深度，然后开始铣削。铣削时，先用手动使工作台纵向靠近铣刀，而后改为自动进给；当进给行程尚未完毕时不要停止进给运动，否则铣刀在停止的地方切入金属就比较深，形成表面深啃现象；铣削铸铁时不加切削液（因铸铁中的石墨可起润滑作用）；铣削钢料时要用切削液，通常用含硫矿物油作切削液，如图 7-18 所示。

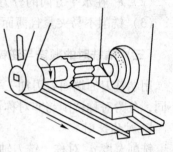

图 7-18　用圆柱铣刀铣平面

（二）用端铣刀铣平面

端铣刀一般用于立式铣床上铣平面，有时也用于卧式铣床上铣垂直面，如图 7-19 所示。

端铣刀一般中间带有圆孔。通常先将铣刀装在短刀轴上，再将刀轴装入机床的主轴上，并用拉杆螺丝拉紧。

用端铣刀铣平面时，端铣刀的直径应大于工件加工面的宽度，一般为它的 1.2 ~ 1.5 倍。

端铣刀铣平面的步骤与圆柱铣刀相同，但端铣刀的刀体短，刚性好，加工中振动小，切削平稳。

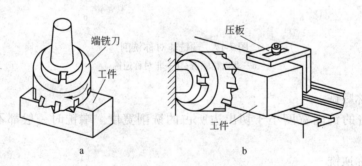

图 7-19　用端铣刀铣平面
a—在立式铣床上铣平面；b—在卧式铣床上铣垂直面

二、铣斜面

工件上具有斜面的结构很常见，铣削斜面的方法也很多，下面介绍常用的几种方法。

（一）使用倾斜垫铁定位工件铣斜面

如图 7-20a 所示，在零件设计基准的下面垫一块倾斜的垫铁，则铣出的平面就与设计基准面成倾斜位置，改变倾斜垫铁的角度，即可加工不同角度的斜面。

（二）　用万能铣头使铣刀倾斜铣斜面

如图 7-20b 所示，由于万能铣头能方便地改变刀轴的空间位置，因此我们可以转动铣头以使刀具相对工件倾斜一定角度来铣斜面。

（三）　用角度铣刀铣斜面

如图 7-20c 所示，斜面的倾斜角度由角度铣刀保证。受铣刀刀刃宽度的限制，用角度铣刀铣削斜面只适用于宽度较窄的斜面。

（四）　用分度头铣斜面

如图 7-20d 所示，在一些圆柱形和特殊形状的零件上加工斜面时，可利用分度头将工件转成所需位置而铣出斜面。

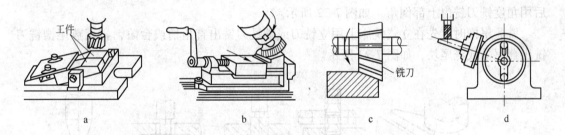

图 7-20　铣斜面的几种方法

a—用斜垫铁铣斜面；b—用万能铣头铣斜面；c—用角度铣刀铣斜面；d—用分度头铣斜面

三、铣沟槽

在铣床上能加工的沟槽种类很多，如直槽、角度槽、V 形槽、T 形槽、燕尾槽和键槽等。现仅介绍键槽、T 形槽和燕尾槽的加工。

（一）　铣键槽

常见的键槽有封闭式和敞开式两种。

在轴上铣封闭式键槽，一般用键槽铣刀加工，如图 7-21a 所示。键槽铣刀一次轴向进给不能太大，切削时要注意逐层切下。若用立铣刀加工，则由于立铣刀中央无切削刃，不能向下进刀，因此必须预先在槽的一端钻一个落刀孔，才能用立铣刀铣键槽。

敞开式键槽多在卧式铣床上采用三面刃铣刀进行加工，如图 7-21b 所示。注意在铣削键槽前，做好对刀工作，以保证键槽的对称度。

（二）　铣 T 形槽及燕尾槽

T 形槽应用很多，如铣床和刨床的工作台上用来安放紧固螺栓的槽就是 T 形槽。要加工 T 形槽，必须首先用立铣刀或三面刃铣刀铣出直角槽，然后用 T 形槽铣刀铣出下部宽槽。由于 T 形槽铣刀工作时排屑困难，因此切削用量应选得小些，同时应多加冷却液，最

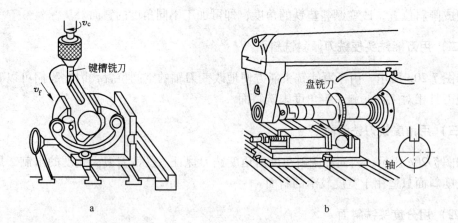

图 7-21 铣键槽

a—在立式铣床上铣封闭式键槽；b—在卧式铣床上铣敞开式键槽

后用角度铣刀铣出上部倒角，如图 7-22 所示。

铣燕尾槽时，先在立式铣床上用立铣刀或端铣刀铣出直角槽或台阶，再用燕尾槽铣刀铣出燕尾槽或燕尾块，如图 7-23 所示。

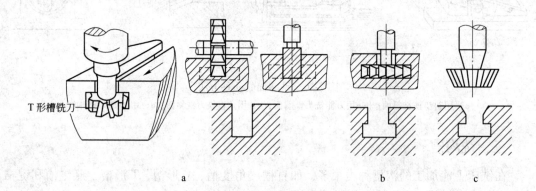

图 7-22 铣 T 形槽

a—先铣出直槽；b—铣 T 形槽；c—槽口倒角

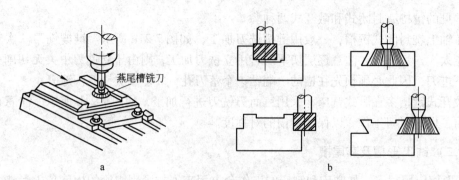

图 7-23 铣燕尾槽

a—先铣出直槽或台阶；b—铣燕尾槽或燕尾块

四、铣成形面

如零件的某一表面在截面上的轮廓线是由曲线和直线所组成，这个面就是成形面。成形面一般在卧式铣床上用成形铣刀来加工，如图7-24a所示。成形铣刀的形状要与成形面的形状相吻合。如零件的外形轮廓是由不规则的直线和曲线组成，这种零件就称为具有曲线外形表面的零件。这种零件一般在立式铣床上铣削，加工方法有：按划线用手动进给铣削；用圆形工作台铣削；用靠模铣削，如图7-24b、c所示。

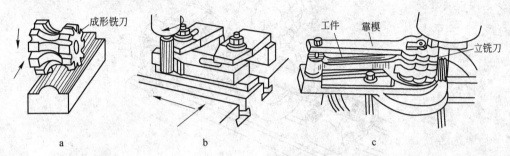

图 7-24　铣成形面
a—用成形铣刀铣成形面；b—划线铣曲面；c—用靠模铣曲面

对于要求不高的曲线外形表面，可按工件上划出的线迹移动工作台进行加工，顺着线迹将打出的样冲眼铣掉一半。在成批及大量生产中，可以采用靠模夹具或专用的靠模铣床来对曲线外形面进行加工。

五、铣齿形

齿轮齿形的加工原理可分为展成法和成形法两大类。

展成法（又称范成法），它是利用齿轮刀具与被切齿轮的互相啮合运转而切出齿形的方法，如插齿和滚齿加工等。

成形法（又称型铣法），它是利用仿照与被切齿轮齿槽形状相符的盘状铣刀或指状铣刀切出齿形的方法。齿面的成形加工方法有铣齿、成形插齿、拉齿和成形磨齿等，最常用的是铣齿。铣齿是用成形齿轮铣刀（盘状或指状模数铣刀）在铣床上直接切制轮齿的方法。可用盘状模数铣刀在卧式铣床上铣齿，如图7-25a所示。也可用指状模数铣刀在立式

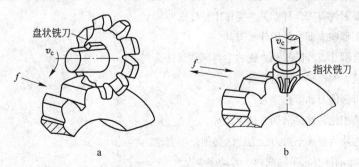

图 7-25　用盘状铣刀和指状铣刀加工齿轮
a—盘状铣刀铣齿轮；b—指状铣刀铣齿轮

铣床上铣齿，如图7-25b所示。

铣齿逐齿进行，每切制完一个齿槽，须用分度头按齿轮的齿数进行分度，再铣切另一个齿槽，依次铣削，将所有齿槽加工完。

齿轮的模数 $m \leqslant 16mm$ 时，用盘状模数铣刀在卧式铣床上加工，铣削时，常用分度头和尾架装夹工件，如图7-26所示。

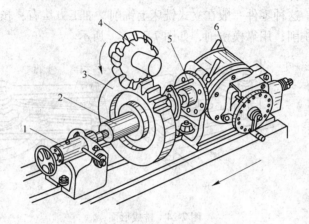

图7-26　用盘状模数铣刀铣齿轮
1—尾架；2—心轴；3—齿坯（工件）；4—盘状模数铣刀；5—卡箍；6—分度头

圆柱形齿轮和圆锥齿轮，可在卧式铣床或立式铣床上加工。人字形齿轮在立式铣床上加工。蜗轮则可以在卧式铣床上加工。卧式铣床加工齿轮一般用盘状铣刀，而在立式铣床上则使用指状铣刀。

习题与实训

习题

1. X6132型万能卧式铣床主要由哪几部分组成？各部分的主要作用是什么？

2. 铣削的主运动和进给运动各是什么？

3. 铣床的主要附件有哪几种？其主要作用是什么？

4. 铣床能加工哪些表面？各用什么刀具？

5. 铣床主要有哪几类？卧铣和立铣的主要区别是什么？

6. 用来制造铣刀的材料主要是什么？

7. 如何安装带柄铣刀和带孔铣刀？

8. 逆铣和顺铣相比，其突出优点是什么？

9. 在铣床上为什么要开车对刀？为什么必须停车变速？

10. 分度头的转动体在水平轴线内可转动多少度？

11. 在轴上铣封闭式和敞开式键槽可选用什么铣床和刀具？

12. 铣床上工件的主要安装方法有哪几种？

实训项目：双凹凸配合

实训目的

- 能正确使用铣床
- 掌握铣削的基本操作方法

实训器材

X6132 型万能升降台铣床、直角尺、游标卡尺、千分尺、塞尺、游标深度尺。

实训指导

1. 准备工作：

（1）检查铣床，准备工、夹、量具。

（2）准备毛坯材料。

（3）读懂零件图。零件图样如图 7-27 所示。

2. 操作步骤：

（1）铣两端面，保证尺寸 60 ± 0.06；

（2）铁凸台 $14_{-0.07}^{0}$ 两个；

（3）铣凹槽，保证尺寸 $14_{0}^{+0.07}$，铁凸台保证 $14_{-0.07}^{0}$；

（4）铁凹槽，保证尺寸 $14_{0}^{+0.07}$ 两个。

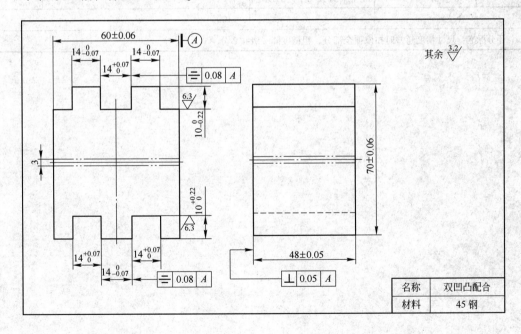

图 7-27　零件图样

实训成绩评定

学生实训评定成绩填写在表 7-4 中。

表 7-4　实训成绩评定

序号	项目	考核内容	配分	检测工具	得分
1	配合间隙/mm	0.01	20	塞尺	
2	六面体尺寸/mm	70 ± 0.06 60 ± 0.06 48 ± 0.05	12	千分尺、游标卡尺	
3	凹槽宽/mm	$14^{+0.07}_{0}$（3处）	12	游标卡尺	
4	凸键宽/mm	$14^{0}_{-0.07}$（3处）	12	千分尺、游标卡尺	
5	凹槽对称度/mm	0.08	5	游标卡尺	
6	凸键对称度/mm	0.08	7	游标卡尺	
7	垂直度/mm	0.05	7	直角尺	
8	凸键深/mm	$10^{0}_{-0.22}$	3	游标深度尺	
9	凹槽深/mm	$10^{+0.22}_{0}$	3	游标深度尺	
10	表面粗糙度值 R_a/μm	3.2 6.3	12	目测	
11	安全文明生产	国颁安全生产法规有关规定或企业自定有关实施规定	4		
		企业有关文明生产的规定	3		
	合计		100		

评分标准：尺寸精度超差时扣该项全部分，粗糙度降一级扣2分

项目八　刨削与插削加工

项目导语

刨插床是金属切削机床中常用的一类机床。一般指牛头刨床、龙门刨床和插床。插床的结构原理与牛头刨床类似，因此插床实际上是一种立式刨床。

插削与刨削的切削方式相同，只是刨削是用刨刀对工件做水平相对直线往复运动的切削加工，插削是在铅垂方向进行切削的。此外，刨削是以加工工件外表面上的平面、沟槽为主；而插削是以加工工件内表面上的平面、沟槽为主。在插床上可以插削孔内键槽、方孔、多边形孔和花键孔等，对于不通孔或有碍台肩的内孔键槽，插削几乎是唯一的加工方法。

刨削与插削的效率和精度都不高，一般多用于工具车间、机修车间和单件小批量生产中。

学习目标

知识目标：

- 了解刨削与插削的工艺特点及加工过程
- 了解常用刨床与插床的组成、种类和加工范围及刨刀和插刀的种类和用途
- 掌握刨削与插削的基本加工方法
- 理解刨削与插削的异同

能力目标：

- 能写出安全、文明生产的有关知识，养成安全、文明生产的习惯
- 能正确安装刨刀、插刀及工件
- 能操作刨床和插床完成内外平面的加工

任务一　刨削加工

一、刨削概述

（一）刨削运动

刨削是用刨刀对工件做水平相对直线往复运动的切削加工方法。刨削在刨床上进行，

刨床分为牛头刨床、龙门刨床（包括悬臂刨床）两大类。刨削时，刨刀（或工件）的直线往复运动是主运动，工件（或刨刀）在垂直于主运动方向的间隙移动是进给运动。在牛头刨床和龙门刨床上刨削平面时的切削运动，如图8-1所示。

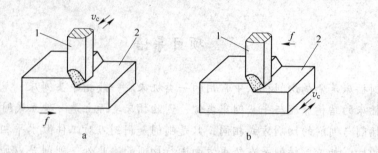

图8-1　刨削运动

a—在牛头刨床上刨削平面；b—在龙门刨床上刨削平面

1—刨刀；2—工件

（二）刨削用量

在牛头刨床上刨削时，刨刀的直线往复运动是主运动，工件在垂直于主运动方向的间隙移动是进给运动。刨削用量如图8-2所示。

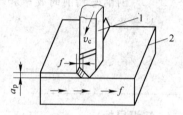

图8-2　牛头刨床的切削用量

1—刨刀；2—工件

1. 刨削速度 v_c

刨削速度是刨刀或工件在刨削时的平均速度 v_c（单位：m/min），计算公式如下：

$$v_c = 2Ln_r/1000 \tag{8-1}$$

式中　L——刀具往复行程长度，mm；

　　　n_r——刀具每分钟往复次数。

2. 进给量 f

牛头刨床刨削进给量 f 是刨刀每往复一次，工件移动的距离（单位：mm/往复行程）。

3. 刨削深度 a_p

刨削深度是工件已加工表面和待加工表面之间的垂直距离（单位：mm）。

（三）刨削的主要内容

刨削是平面加工的主要方法之一。在刨床上可以刨平面（水平面、垂直面和斜面）、沟槽（直槽、V形槽、T形槽和燕尾槽）和曲面等，如图8-3所示。

（四）刨工操作的安全技术

（1）工作时，操作者要穿好工作服，女工要戴工作帽。

（2）装夹工件要安全可靠，工作台和横梁上不准堆放任何物品。开车前要前后照顾，避免发生机床或人身事故。

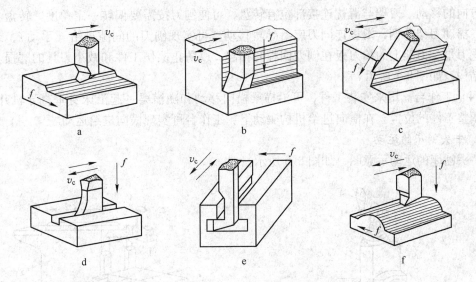

图 8-3　刨削的主要内容

a—刨水平面；b—刨垂直平面；c—刨斜面；d—刨直槽；e—刨 T 形槽；f—刨曲面

（3）机床在运行时，禁止进行变速、调整机床、清除切屑、测量工件等操作。清除切屑要用刷子，不可直接用手，以免刺伤手指。

（4）机床在运转时，绝不允许离开机床。

（5）工作中如发现机床有异常情况，应立即停车检查。

二、刨床

（一）牛头刨床

牛头刨床是刨床类机床中应用较广的一种。它适于刨削长度不超过 1000mm 的中、小型工件。

1. 牛头刨床的主要部件及其功用

牛头刨床的外形，如图 8-4 所示。牛头刨床由床身、滑枕、刀架、工作台等主要部件组成。

（1）床身。用以支承刨床的各个部件。床身的顶部和前侧面分别有水平导轨和垂直导轨。滑枕连同刀架可沿水平导轨做直线往复运动（主运动）；横梁连同工作台可沿垂直导轨实现升降。床身内部有变速机构和驱动滑枕的摆动导杆机构。

（2）滑枕。前端装有刀架，用来带动刨刀做直线往复运动，实现刨削。

（3）刀架。用来装夹刨刀和实现刨刀沿

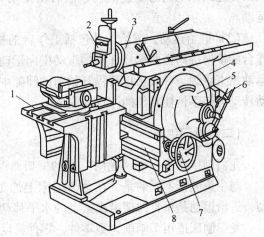

图 8-4　B6065 型牛头刨床外形图

1—工作台；2—刀架；3—滑枕；4—床身；5—摆杆机构；

6—变速机构；7—进给机构；8—横梁

所需方向的移动。刀架与滑枕连接部位有转盘，可使刨刀按需要偏转一定角度。转盘上有导轨，摇动刀架手柄，滑板连同刀座沿导轨移动，可实现刨刀的间隙进给（手动），或调整背吃刀量。刀架上的抬刀板在刨刀回程时抬起，以防止擦伤工件和减小刀具的磨损。刀架的结构，如图 8-5 所示。

（4）工作台。用来安装工件，可沿横梁横向移动和随横梁一起沿床身垂直导轨升降，以便调整工件的位置。在横向进给机构驱动下，工作台可实现横向进给运动。

2. 牛头刨床的运动

牛头刨床的运动示意图，如图 8-6 所示。

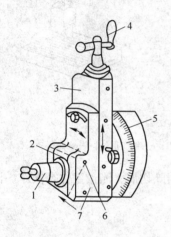
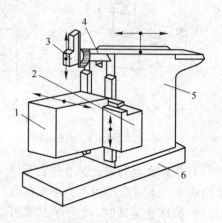

图 8-5　牛头刨床的刀架　　　　　　　　图 8-6　牛头刨床的运动示意图

1—刀架；2—抬刀板；3—滑板；4—刀架手柄；　　　　1—工作台；2—横梁；3—刀架；4—滑枕；

5—转盘；6—转销；7—刀座　　　　　　　　　　　5—床身；6—底座

（1）主运动。主运动为刀架（滑枕）的直线往复运动。电动机的回转运动经带传动机构传递到床身内的变速机构，然后由摆动导杆机构将回转运动转换成滑枕的直线往复运动。

（2）进给运动。进给运动包括工作台的横向移动和刨刀的垂直（或斜向）移动。工作台的横向进给由曲柄摇杆机构带动横向运动丝杠间隙转动实现，在滑枕每一次直线往复运动结束后到下一次工作行程开始前的间隙中完成。刨刀的垂直（或倾斜）进给则通过手动转动刀架手柄使其作间隙移动完成。

（二）龙门刨床

龙门刨床因有一个"龙门"式的框架而得名。龙门刨床的外形如图 8-7 所示。

与牛头刨床不同的是，在龙门刨床上加工时，零件随工作台的往复直线运动为主运动，进给运动是垂直刀架沿横梁上的水平移动和侧刀架在立柱上的垂直移动。

龙门刨床适用于刨削大型零件，零件长度可达几米、十几米甚至几十米。也可在工作台上同时装夹几个中、小型零件，用几把刀具同时加工，故生产率较高。龙门刨床特别适于加工各种水平面、垂直面及各种平面组合的导轨面、T 形槽等。

龙门刨床的主要特点是，自动化程度高，各主要运动的操纵都集中在机床的悬挂按钮站和电气柜的操纵台上，操纵十分方便；工作台的工作行程和空回行程可在不停车的情况下实现无级变速；横梁可沿立柱上下移动，以适应不同高度零件的加工；所有刀架都有自动抬刀装置，并可单独或同时进行自动或手动进给；垂直刀架还可转动一定的角度，用来加工斜面。

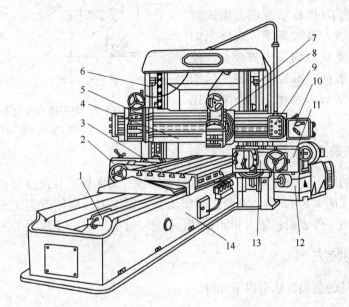

图 8-7 B2010A 型龙门刨床

1—液压安全器；2—左侧刀架进给箱；3—工作台；4—横梁；5—左垂直刀架；
6—左立柱；7—右立柱；8—右垂直刀架；9—悬挂按钮站；10—垂直刀架进给箱；
11—右侧刀架进给箱；12—工作台减速箱；13—右侧刀架；14—床身

三、刨刀及其安装

（一）刨刀种类及应用

刨刀的种类很多，常用的刨刀及其应用，如图 8-8 所示。其中平面刨刀用来刨平面；偏刀用来刨垂直面或斜面；角度偏刀用来刨燕尾槽；弯刀用来刨 T 形槽及侧面槽；切刀用来刨沟槽或切断工件。此外还有成形刀，用来刨特殊形状的表面。

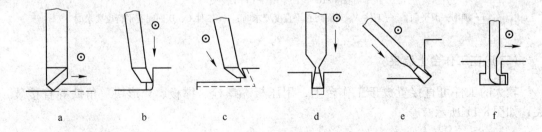

图 8-8 常用刨刀及应用

a—平面刨刀；b—偏刀；c—角度偏刀；d, e—切刀；f—弯刀刨刀属单刃刀具，其几何形状与车刀相似，但刀杆的截面积比车刀大 1.25～1.5 倍，以承受较大的冲击力。刨刀的一个显著特点是刨刀的刀头往往做成弯头。图 8-9 所示为弯、直头刨刀比较示意图。做成弯头的目的是为了当刀具碰到零件表面上的硬点时，刀头能绕 O 点向后上方弹起，使切削刃离开零件表面，不会啃入零件已加工表面或损坏切削刃，因此，弯头刨刀比直头刨刀应用更广泛。

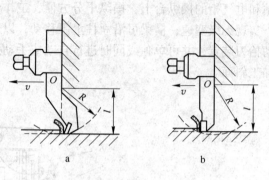

图 8-9　弯头刨刀和直头刨刀
a—弯头刨刀；b—直头刨刀

（二）刨刀的装夹

刨刀装夹时的要点：位置要正，将转盘对准零线；刀头伸出长度应尽可能短，伸出长度一般为刀杆厚度的 1.5～2 倍；夹紧必须牢固，夹紧刨刀时应使刀尖离开工件表面，防止碰坏刀具和擦伤工件表面；装刀和卸刀时，必须一手扶刀，一手用扳手夹紧或放松。

四、工件的装夹

在刨床上工件的装夹方法有以下几种。

（一）平口钳装夹

较小的工件可用固定在工作台上的平口钳装夹，如图 8-10 所示。平口钳在工作台上的位置应准确，必要时应用百分表校正。装夹工件时应注意工件高出钳口或伸出钳口两端不宜过多，以保证夹紧可靠。

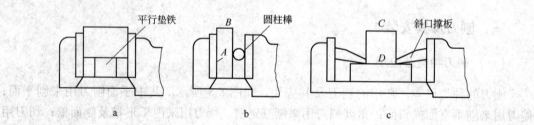

图 8-10　工件用平口钳装夹
a—刨削一般平面；b—工件 A、B 面间有垂直度要求时；c—工件 C、D 面间有平行度要求时

（二）在工作台上装夹

较大的工件可直接置放于工作台上，用压板、螺栓、撑板、V 形块、角铁等直接装夹，如图 8-11 所示。

（三）用专用夹具装夹

专用夹具是根据工件某一工序的具体要求而设计的，可以迅速而准确地装夹工件，这

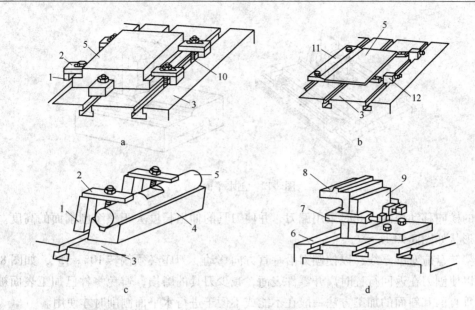

图 8-11　工作台上装夹工件

a—用压板和螺栓装夹；b—用撑板装夹；c—用 V 形铁装夹；d—用 C 形铁装夹

1—垫铁；2—压板；3，6—工作台；4—V 形块；5，8—工件；7—C 形铁；

9—角铁；10—压紧螺栓；11—固定撑板；12—活动撑板

种方法多用于批量生产。

在刨床上还经常使用组合夹具装夹工件，以适应单件小批生产和满足加工要求。

五、刨削的基本操作

刨削主要用于加工平面、沟槽和成形面。

（一）刨平面

1. 刨水平面

刨削水平面的顺序如下：

（1）正确安装刀具和零件。

（2）调整工作台的高度，使刀尖轻微接触零件表面。

（3）调整滑枕的行程长度和起始位置。

（4）根据零件材料、形状、尺寸等要求，合理选择切削用量。

（5）试切，先用手动试切。进给 1～1.5mm 后停车，测量尺寸，根据测得结果调整背吃刀量，再自动进给进行刨削。当零件表面粗糙度 R_a 值低于 6.3μm 时，应先粗刨，再精刨。精刨时，背吃刀量和进给量应小些，切削速度应适当高些。此外，在刨刀返回行程时，用手掀起刀座上的抬刀板，使刀具离开已加工表面，以保证零件表面质量。

（6）检验。零件刨削完工后，停车检验，尺寸和加工精度合格后即可卸下。

刨水平面示意图，如图 8-12 所示。

2. 刨垂直面

刨削垂直平面时，摇动刀架手柄使刀架滑板（刀具）作手动垂直进给，背吃刀量通过

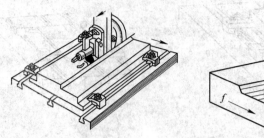
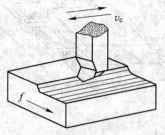

图 8-12　刨水平面

工作台的横向移动控制。此时采用偏刀，并使刀具的伸出长度大于整个刨削面的高度。偏刀几何形状如图 8-13 所示。

　　刀架转盘应对准零线，以使刨刀沿垂直方向移动。刀座必须偏转 10°～15°，如图 8-14 所示，以使刨刀在返回行程时离开零件表面，减少刀具的磨损，避免零件已加工表面被划伤。刨垂直面和斜面的加工方法一般在不能或不便于进行水平面刨削时才使用。

　　3. 刨倾斜平面

　　刨倾斜平面有两种方法：一是倾斜装夹工件，使工件被加工斜面处于水平位置，用刨水平面的方法加工；二是将刀架转盘旋转所需角度，摇动刀架手柄使刀架滑板（刀具）作手动倾斜进给，如图 8-15 所示。

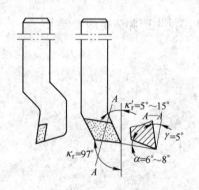
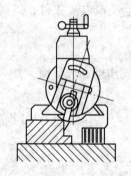
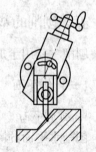

图 8-13　偏刀的几何形状　　　　图 8-14　刨垂直平面　　　　图 8-15　旋转刀架
　　　　　　　　　　　　　　　　　　时偏转刀座　　　　　　转盘刨倾斜平面

（二）刨沟槽

　　1. 刨直槽

　　刨直槽时，如果沟槽宽度不大，可用宽度与槽宽相当的直槽刨刀直接刨到所需宽度，旋转刀架手柄实现垂直进给，如图 8-16 所示；如果沟槽宽度较大，则可横向移动工作台，分几次刨削达到所需槽宽。

　　2. 刨 V 形槽

　　刨 V 形槽的方法，如图 8-17 所示，先按刨平面的方法把 V 形槽粗刨出大致形状，如图 8-17a 所示；然后用切刀刨 V 形槽底的直角槽，如图 8-17b 所示；再按刨斜面的方法用

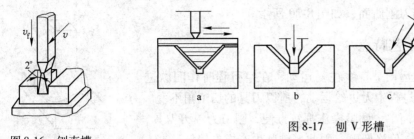

图 8-16 刨直槽

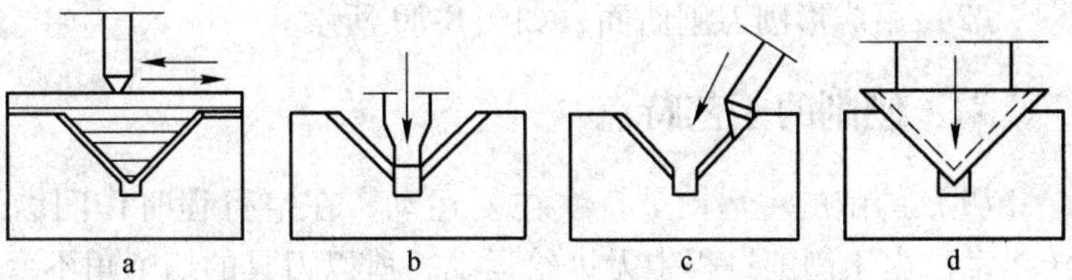

图 8-17 刨 V 形槽

a—刨平面；b—刨直角槽；c—刨斜面；d—样板刀精刨

偏刀刨 V 形槽的两斜面如图 8-17c 所示；最后用样板刀精刨至图样要求的尺寸精度和表面粗糙度，如图 8-17d 所示。

3. 刨燕尾槽

刨燕尾槽的方法与刨 V 形槽相似，采用左、右偏刀按划线分别刨削燕尾槽斜面。其加工顺序如图 8-18 所示。

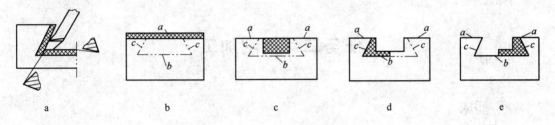

图 8-18 刨燕尾槽

a—刨燕尾槽用角度偏刀；b—刨顶平面；c—刨直槽；d—刨左斜面；e—刨右斜面

4. 刨 T 形槽

刨 T 形槽时，应先在零件端面和上平面划出加工线，需用直槽刀、左右弯切刀和倒角刀，按划线依次刨直槽、两侧横槽和倒角，如图 8-19 所示。

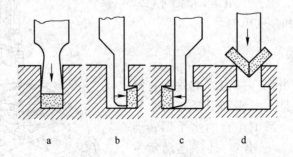

图 8-19 刨 T 形槽

a—刨直槽；b—刨右横槽；c—刨左横槽；d—倒角

（三）刨曲面

刨削曲面有两种方法：

（1）按划线通过工作台横向进给和手动刀架垂直进给刨出曲面。

（2）用成形刨刀刨曲面，如图 8-20 所示。

六、刨削的工艺特点

（1）刨削的主运动是直线往复运动，在空行程时作间歇进给运动。由于刨削过程中无进给运动，所以刀具的切削角不变。

（2）刨床结构简单，调整操作都较方便；刨刀为单刃刀具，制造和刃磨较容易，价格低廉。因此，刨削生产成本较低。

（3）由于刨削的主运动是直线往复运动，刀具切入和切离工件时有冲击负载，因而限制了切削速度的提高。此外，还存在空行程损失，故刨削生产率较低。

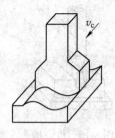

图 8-20　用成形刨刀刨曲面

（4）刨削的加工精度通常为 IT10 ~ IT8，表面粗糙度值一般为 $R_a = 12.5 ~ 1.6\mu m$；采用宽刃刀精刨时，加工精度可达 IT6，表面粗糙度 R_a 值可达 $0.8 ~ 0.2\mu m$。

基于以上特点，牛头刨床主要适于各种小型工件的单件、小批量生产。

任务二　插削加工

一、插床

插削是用插刀对工件作垂直相对直线往复运动的切削加工方法。插削在插床上进行。

（一）插床的主要部件

插床的外形，如图 8-21 所示。插床的结构原理与牛头刨床相似，可视为立式刨床。插床的主要部件有：床身，上、下滑座，圆工作台，滑枕，立柱，变速箱和分度机构等。

（二）插床的运动

插床的主运动是滑枕（插刀）的垂直直线往复运动。进给运动是上滑座和下滑座的水平纵向和横向移动，以及圆工作台的水平回转运动（在运动示意图中未标出）。插床运动示意图，如图 8-22 所示。插削时，滑枕带动插刀在垂直方向上做上、下直线往复运动；工件装夹在工作台上，随工作台可以实现纵向、横向及圆周进给运动。

插床主要用于加工工件的内表面，如方孔、长方孔、各种多边形孔和孔内键槽等。在插床上加工孔内表面时，刀具要穿入工件的孔内进

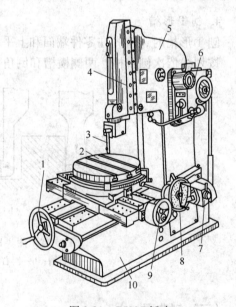

图 8-21　B5020 插床

1—工作台纵向移动手轮；2—工作台；3—插刀；
4—滑枕；5—床身；6—变速箱；7—进给箱；
8—分度盘；9—工作台横向移动手轮；10—底座

行插削，因此工件的加工部分必须先有一个足够大
的孔，才能进行插削加工。

插床与牛头刨床一样生产效率低，而且要有较
熟练的技术工人，才能加工出要求较高的零件。所
以，插床一般多用于工具车间、修理车间以及单件、
小批生产的车间。

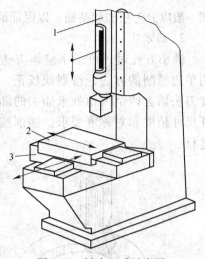

图 8-22 插床运动示意图
1—滑枕；2—上滑座；3—下滑座

二、插削方法

（一）插削的主要内容

插削与刨削的切削方式相同，只是插削是在
铅垂方向进行切削的。此外，刨削是以加工工件
外表面上的平面、沟槽为主；而插削是以加工工
件内表面上的平面、沟槽为主。在插床上可以插
削孔内键槽、方孔、多边形孔和花键孔等，如图 8-23 所示。

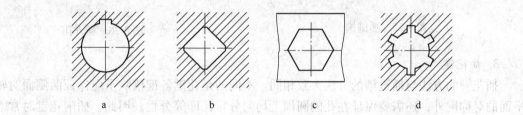

图 8-23 插削的主要内容
a—插键槽；b—插方孔；c—插多边形孔；d—插花键孔

（二）插刀

插刀也属单刃刀具。常用的插刀如图 8-24 所示。与刨刀相比，插刀的前面与后面位
置对调，为了避免刀杆与工件已加工表面碰撞，其主切
削刃偏离刀杆正面。插刀的几何角度一般是：前角 $\gamma_o =$
$0° \sim 12°$，后角 $\alpha_o = 4° \sim 8°$。

常用的尖刃插刀主要用于粗插或插削多边形孔，平
刃插刀主要用于精插或插削直角沟槽。

（三）插削的基本操作

1. 插键槽

插键槽，如图 8-25 所示。装夹工件并按划线校正工
件位置，然后根据工件孔的长度（键槽长度）和孔口位
置，手动调整滑枕和插刀的行程长度和起点及终点位
置，防止插刀在工作中冲撞工作台而造成事故。键槽插

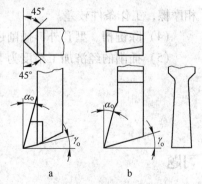

图 8-24 插刀
a—尖刃插刀（尖刀）；
b—平刃插刀（切刀）

削一般应分为粗插和精插，以保证键槽的尺寸精度和键槽对工件孔轴线的对称度要求。

　　2. 插方孔

　　插小方孔时，可采用整体方头插刀插削，如图 8-26 所示。插较大的方孔时，采用单边插削的方法，按划线校正，先粗插（每边留余量 0.2～0.5mm），然后用 90° 角度刀头插去四个内角处未插去的部分。粗插时应注意测量方孔边至基准的尺寸，以保证尺寸精度和对称度要求。插削按第一边、第三边（对边）、第二边、第四边的顺序进行。

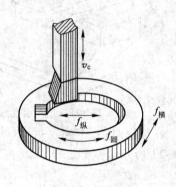

图 8-25　插键槽

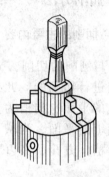

图 8-26　插方孔

　　3. 插花键

　　插花键的方法与插键槽的方法大致相同。不同的是花键各键槽除了应保证两侧面对轴平面的对称度外，还需要保证在孔的圆周上均匀分布，即等分性。因此，插削花键时常需要用分度盘进行分度。

三、插削的工艺特点

　　（1）插床与插刀的结构简单，加工前的准备工作和操作也比较方便，但与刨削一样，插削时也存在冲击和空行程损失，因此，主要用于单件、小批量生产。

　　（2）插削的工作行程受刀杆刚性的限制，槽长尺寸不宜过大。

　　（3）插床的刀架没有抬刀机构，工作台也没有让刀机构，因此，插刀在回程时与工件相摩擦，工作条件较差。

　　（4）除键槽、型孔外，插削还可以加工圆柱齿轮和凸轮等。

　　（5）插削的经济加工精度为 IT9～IT7，表面粗糙度 R_a 值为 6.3～1.6μm。

习题与实训

习题

　　1. 什么是刨削，刨削的切削运动有哪些，哪一个是主运动？

　　2. 牛头刨床由哪些主要部件组成，这些部件各起什么作用？

　　3. 弯颈刨刀有什么优点？

4. 刨削倾斜平面有哪两种方法？比较它们的特点。

5. 刨削有哪些工艺特点？

6. 什么是插削？试比较插削与刨削的异同。

7. 插削有哪些工艺特点？

实训项目：刨削矩形工件

实训目的

- 能正确使用刨床
- 掌握刨削加工的方法

实训器材

B6065 型牛头刨床、钢直尺、游标卡尺、带表卡尺、千分尺。

实训指导

1. 准备工作

（1）润滑刨床，准备工、夹、量具。

（2）准备毛坯材料。

（3）读懂零件图。零件图样如图 8-27 所示。

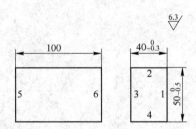

图 8-27　矩形工件

材料：铸铁，数量为两件

2. 操作步骤

（1）用平面刨刀刨削基准平面 1，至尺寸 41.5mm。

（2）以平面 1 为基准，紧贴固定台虎钳口，用平面刨刀刨削平面 2，至尺寸为 51.5mm。

（3）以平面 1 为基准，紧贴固定台虎钳口，并使平面 2 紧贴平行垫铁，刨削平面 4，至尺寸为 $50_{-0.5}^{\;0}$mm，使表面 4 与表面 1 互相垂直。

（4）以平面 1 为基准，紧贴平行垫铁，刨削平面 3，至尺寸为 $40_{-0.3}^{\;0}$mm，使平面 3 与平面 1 平行。

（5）将固定钳口调整至与刀具行程方向相垂直，将工件紧贴于台虎钳导轨面，用刨削垂直面的偏刨刀刨削端面 5，至尺寸为 102mm。

（6）按上述同样方法刨削端面 6，至尺寸为 100mm。

实训成绩评定

学生实训评定成绩填写在表 8-1 中。

表 8-1 实训成绩评定

序 号	项 目	考 核 内 容	配 分	检测工具	得 分
1	平面 1/mm×mm	$100 \times 50_{-0.5}^{0}$	15	带表卡尺	
2	平面 2/mm×mm	$100 \times 40_{-0.3}^{0}$	15	带表卡尺	
3	平面 3/mm×mm	$100 \times 50_{-0.5}^{0}$	15	带表卡尺	
4	平面 4/mm×mm	$100 \times 40_{-0.3}^{0}$	15	带表卡尺	
5	平面 5/mm×mm	$40_{-0.3}^{0} \times 50_{-0.5}^{0}$	15	带表卡尺	
6	平面 6/mm×mm	$40_{-0.3}^{0} \times 50_{-0.5}^{0}$	15	带表卡尺	
7	工具、设备的使用与维护	合理使用工具、刀具、夹具、量具	3		
8		正确操作刨床，按规定维护保养刨床	2		
9	安全及其他	文明生产、安全操作	5		
合 计			100		

评分标准：尺寸精度超差时扣该项全部分，粗糙度降一级扣 2 分

项目九　拉削与镗削加工

项目导语

　　拉削与镗削加工是金属切削加工中常用的加工方法之一。拉削加工是在拉床上用拉刀加工工件的方法。拉削可以看做是按高低顺序排列成队的多把刨刀进行的刨削加工，它是刨削的进一步发展。镗削加工主要在镗床上进行，镗孔是镗床最主要的工作，同时镗床还可以进行钻孔、扩孔、铰孔、切槽、车外圆、车端面和铣平面等工作。由于镗床的万能性好，镗床是大型箱体零件的主要加工设备。

学习目标

知识目标：
- 了解常用拉床的种类及应用、拉刀的种类及应用
- 了解常用镗床的种类及应用、镗刀的种类及应用
- 熟悉拉削、镗削的特点及加工方法

能力目标：
- 能写出安全、文明生产的有关知识，养成安全、文明生产的习惯
- 能正确使用工、夹、量具，能合理地选择切削用量和切削液
- 能具备按照工件的技术要求，合理选用拉床、镗床和工艺的初步能力

任务一　拉削加工

　　用拉刀加工工件内、外表面的方法称为拉削。拉削在拉床上进行。

　　拉削加工从切削性质上看近似刨削。拉削时拉刀的直线移动为主运动，进给运动是靠拉刀的结构来完成，即靠拉刀的每齿升高量来实现的。所以，拉削可以看做是按高低顺序排列成队的多把刨刀进行的刨削加工，它是刨削的进一步发展。拉刀的切削部分由一系列的刀齿组成，这些刀齿按照一定的齿升量排列着。当拉刀相对工件做直线移动时，拉刀上的刀齿一个一个地依次从工件上切削一层层金属。当全部刀齿通过工件后，即完成了工件的加工。所以拉刀经过工件一次即加工完毕，生产效率很高。拉削过程如图 9-1 所示。

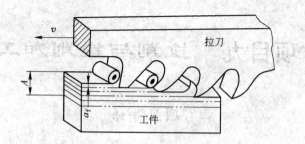

图 9-1　拉削过程示意图

一、拉床

拉床分为卧式拉床和立式拉床两类，如图 9-2 所示。图 9-2c 所示为卧式拉床示意图。其床身内装有液压驱动系统，活塞拉杆的右端装有随动支架和刀架，分别用以支承和夹持拉刀。拉刀左端穿过工件预加工孔，工件贴靠在床身上的"支撑"上。当活塞拉杆向左做直线移动时即带动拉刀完成工件加工。拉削时工作拉力较大，所以拉床一般采用液压传动。常用拉床的额定拉力有 100kN、200kN、400kN 等。由于拉床采用液压传动，拉刀具

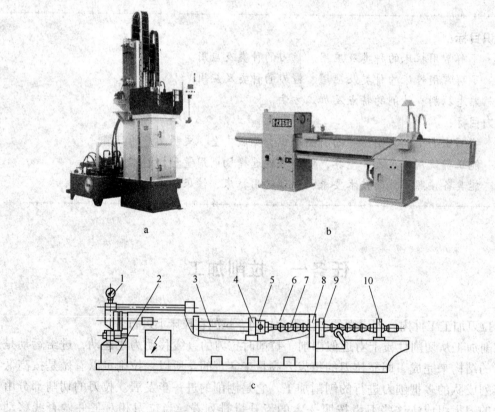

图 9-2　拉床

a—立式拉床；b—卧式拉床；c—卧式拉床示意图

1—压力表；2—液压传动部件；3—活塞拉杆；4—随动支架；5—刀架；

6—床身；7—拉刀；8—支撑；9—工件；10—随动刀架

有良好的修光、校准功能，因而拉削速度低、切削平稳，因而，可获得较高的加工质量。拉削加工的精度一般为 IT9 ~ IT7，表面粗糙度 R_a 值一般为 $1.6 ~ 0.8\mu m$。

二、拉刀

拉削用的刀具称为拉刀。圆孔拉刀的组成部分如图 9-3 所示。

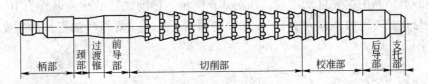

图 9-3　圆孔拉刀的组成部分

拉刀由以下几部分组成：

（1）柄部。柄部是拉床刀架夹持拉刀的部位。

（2）颈部。颈部是柄部与工作部分的连接部位，其直径比其他部分略小，当拉削力过载时，这部分首先断裂，以便在此处焊接修复。

（3）过渡锥。主要起对准中心的作用，使拉刀容易进入被加工孔中。

（4）前导部。引导切削部分进入工件，防止拉刀歪斜。并可检查拉削前的预加工孔径是否太小，以免因切削量过大而损坏拉刀的第一个刀齿。

（5）切削部。它是拉刀的主要部分，担负切削工作。由许多刀齿组成，包括粗切齿和精切齿两部分，后排刀齿比前排刀齿分别高出一个齿升量（每齿升高量）。

（6）校准部。起校正孔径、修光孔壁的作用。

（7）后导部。保持拉刀在拉削过程中最后的正确位置，防止拉刀在即将离开工件时因工件下垂而损坏已加工表面和刀齿。

（8）支托部。对于长而重的拉刀，在后导部后还有带顶尖孔的尾部，可在从拉削开始到行程一半以上，用顶尖及中心架支承，以减小拉刀的摆尾。

三、拉削的主要内容

拉削分内拉削和外拉削。内拉削可以加工圆孔、方孔、多边形孔、键槽、花键孔、内齿轮等各种型孔（直通孔），如图 9-4 所示。外拉削可以加工平面、成形面、花键轴的齿形、蜗轮盘和叶片上的滑槽等不规则表面，如图 9-5 所示。一些用其他加工方法不便加工

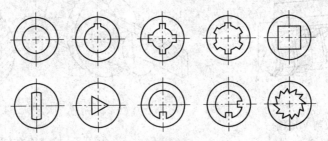

图 9-4　适宜拉削的型孔

的内、外表面，有时也可采用拉削加工。

（一）拉削型孔

拉削各种型孔时，工件一般不需要夹紧，只以工件的端面支承。因此，预加工孔的轴线与端面之间应满足一定的垂直度要求。如果垂直度误差较大，则可将工件端面贴紧在一个球面垫圈上，利用球面自动定位，如图 9-6 所示。拉削加工的孔径通常为 $10\sim100mm$，孔的长度与孔径之比值不宜大于 3。拉削前的预加工孔不需要精确加工，钻削或粗镗后即可进行拉削。

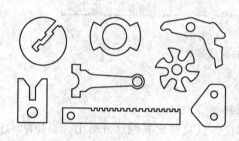

图 9-5　组合面拉削种类

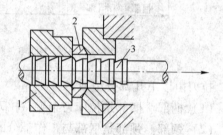

图 9-6　圆孔的拉削
1—工件；2—球面垫圈；3—拉刀

（二）拉削 V 形槽

外表面的拉削，一般为非对称拉削，拉削力偏离拉力和工件轴线，因此，除对拉力采用导向板等限位措施外，还须将工件夹紧，以免拉削时工件位置发生偏离。图 9-7 所示为拉削 V 形槽时，使用导向板和压板的情形。

（三）拉削键槽

拉削键槽，如图 9-8 所示。拉削时，导向心轴 3 的 A 端安装工件，B 端插入拉床的"支撑"中，拉刀 1 穿过工件 4 的圆柱孔及心轴上的导向槽做直线移动，拉刀底部的垫片 2 用以调节工件键槽的深度以及补偿拉刀重磨后齿高的减少量。拉削速度一般较低，常取 $v_c = 2\sim8m/min$，以避免产生积屑瘤。

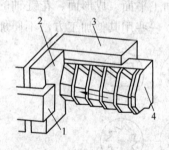

图 9-7　拉削 V 形槽
1—压紧元件；2—工件；
3—导向板；4—拉刀

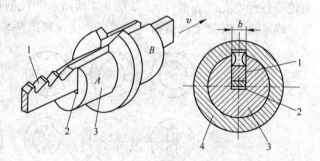

图 9-8　拉键槽的方法
1—拉刀；2—垫片；3—导向心轴；4—工件

四、拉削的工艺特点

（1）拉刀在一次行程中能切除加工表面的全部余量，所以拉削的生产率较高。

（2）拉刀制造精度高，切削部分有粗切和精切之分，校准部分又可对加工表面进行校正和修光，所以拉削的加工精度较高，经济精度可达 IT9～IT7，表面粗糙度 R_a 值一般为 1.6～0.8μm。

（3）拉床结构简单、操作方便，拉床采用液压传动，故拉削过程平稳。

（4）拉刀适应性差，一把拉刀只适于加工某一种尺寸和精度等级的一定形状的加工表面，且不能加工台阶孔、盲孔和特大直径的孔。由于拉削力很大，所以拉削薄壁孔时容易变形，不宜采用拉削。

（5）拉刀结构复杂，制造费用高，因此拉削主要适用于大批量生产。

任务二　镗削加工

镗削加工主要在镗床上进行，其中卧式镗床是应用最广泛的一种。镗床用于对大型或形状复杂的工件进行孔加工。在镗床上除了能进行镗孔工作外，还能进行钻孔、扩孔、铰孔及加工端面、外圆柱面、内、外螺纹等。由于镗刀结构简单，通用性好，既可粗加工，也可半精加工及精加工，因此特别适用于批量较小的加工。镗孔的质量（指孔的形状和位置精度）主要取决于机床的精度。

一、镗床

常用的镗床有立式镗床、卧式镗床、坐标镗床等，以卧式镗床应用最普遍。

（一）卧式镗床

卧式镗床的外形，如图9-9所示。其主要部件有：

（1）主轴箱。主轴箱7上装有主轴4和平旋盘5。主轴可回转作主运动，并可沿其轴向移动实现进给运动。主轴前端的莫氏5号锥孔，用来安装各类刀夹、镗刀杆等。平旋盘

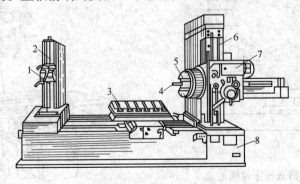

图9-9　卧式镗床

1—镗刀杆支承座；2—尾立柱；3—工作台；4—主轴；

5—平旋盘；6—主立柱；7—主轴箱；8—床身

上有数条 T 形槽，用来安装刀架。利用刀架上的溜板，可在镗削浅的大直径孔时调节背吃刀量，或在加工孔侧端面时作径向进给。主轴箱可沿主立柱 6 上的导轨上、下移动，调节主轴的竖直位置和实现沿主立柱方向的上、下进给运动。

（2）工作台。工作台 3 用于装夹工件。由下滑座或上滑座实现工作台的纵向或横向进给运动。上滑座的圆导轨还可实现工作台在水平面内的回转，以适应轴线互成一定角度的孔或平面的加工。

（3）床身。床身 8 用于支承镗床各部件，其上的导轨为工作台的纵向进给运动导向。

（4）主立柱。主立柱用于支承主轴箱，其上的导轨引导主轴箱（主轴）的上升或下降。

（5）尾立柱。尾立柱 2 上有镗刀杆支承座 1，用于支承长镗刀杆的尾端，以实现镗刀杆跨越工作台的镗孔。支承座可沿尾立柱上的导轨升降，以调节镗刀杆的竖直位置。

卧式镗床各部件的位置关系及运动简图，如图 9-10 所示。床身上装有前立柱，后立柱和工作台。装有主轴和转盘的主轴箱装在前立柱上。后立柱上装有可上下移动的尾座。镗床进行切削加工时，镗刀可以安装在镗刀杆上，也可以安装在主轴箱外端的大转盘上，它们都可以旋转，以实现纵向进给。进给运动可以由工作台带动工件来完成，安放工件的工作台可作横向和纵向的进给运动，还可回转任意角度，以适应在工件不同方向的垂直面上镗孔的需要。此外镗刀主轴可轴向移动，以实现纵向进给。当镗刀安装在大转盘上时，还可以实现径向的调整和进给。镗床主轴箱可沿主立柱的导轨作垂直的进给运动。当镗深孔或离主轴端面较远的孔时，镗杆长、刚性差，可用尾座支承或镗模支承镗杆。

（二）坐标镗床

坐标镗床多用来加工轴线平行的直角坐标精密孔系；利用精密附件——水平回转台、角度工作台，还可以加工极坐标和轴线相交或交叉的精密孔系；也可用于检验精密工件和进行精密工件的划线工作。

坐标镗床按结构形式基本上可分为单柱式及双柱式两种。图 9-11 所示为单柱式坐标

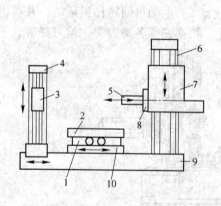

图 9-10　卧式镗床镗削运动

1—上滑板；2—工作台；3—尾座；4—后立柱；
5—主轴；6—前立柱；7—主轴箱；
8—转盘；9—床身；10—下滑板

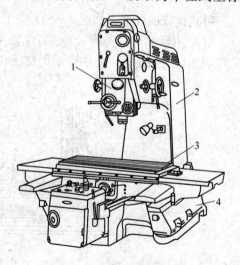

图 9-11　单柱式坐标镗床

1—主轴箱；2—立柱；3—工作台；4—床身

镗床的外形。

单柱式坐标镗床的特点是，两个坐标方向的运动是靠移动工作台来实现的。机床由床身、工作台、主轴箱以及立柱等组成。床身上装有工作台。主轴箱沿着立柱导轨上下移动，以调整镗头高低位置，以适应不同高度的零件加工。

单柱式坐标镗床一般适合于加工板状零件，如钻模板、镗模板等。加工时，机床主轴带动刀具旋转作主运动，主轴套筒沿轴向作进给运动。

二、镗刀

镗孔所用的刀具称镗刀。镗刀有三个基本元件：可转位刀片、刀杆和镗座。镗座用于夹持刀杆，夹持长度通常约为刀杆直径的 4 倍。可转位刀片装于镗刀杆中，根据所镗孔径的大小，调整其伸出量，镗刀种类很多，一般分为单刃镗刀和双刃镗刀两大类。

（一）单刃镗刀

刀头与车刀相似，刀头装于镗刀杆中，根据所镗孔径的大小，调整其伸出量，用螺钉紧固，如图 9-12 和图 9-13 所示。

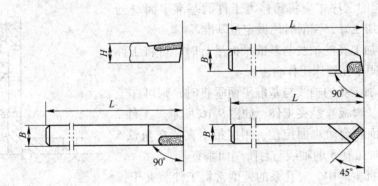

图 9-12　装在镗刀杆上的单刃镗刀

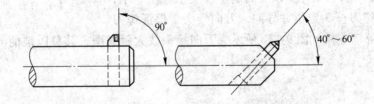

图 9-13　单刃镗刀在镗刀杆上的安装形式

（二）双刃镗刀

双刃镗刀是将矩形镗刀片装夹在镗刀杆中进行镗削的。

尺寸固定双刃镗刀的镗刀片与镗刀杆固紧，镗刀尺寸不可调节，如图 9-14 所示。

尺寸可调节的可调浮动镗刀，其直径尺寸可调节，镗刀片与镗刀杆采用浮动连接，镗削时靠作用在对称刀刃上的径向切削抗力来平衡镗刀的中心位置，实现自动定心，如图 9-15 所示。

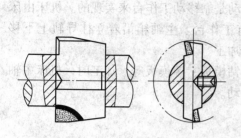

图 9-14　尺寸固定双刃镗刀

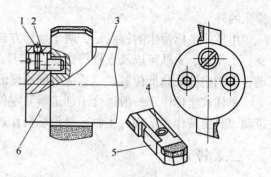

图 9-15　尺寸可调节浮动双刃镗刀

1—螺钉；2—偏心销；3—镗刀杆；

4—内六角螺钉；5—镗刀片；6—端盖

三、工件的装夹

在镗床上主要是加工箱体类工件上的孔或孔系（同轴、轴线相互平行或垂直的若干个孔）。在镗削前的工序中应将箱体类工件的基准平面（通常为底平面）加工好，镗削时用做定位基准。

（1）当被加工孔的轴线与基准平面平行时，可将工件用压板、螺栓固定在镗床工作台上。

（2）当被加工孔的轴线与基准平面垂直时，则可在工作台上用角铁（弯板）装夹工件，如图 9-16 所示。工件 2 以左端短圆柱面和台阶端面定位，用压板 1 夹紧在角铁 5 上，以保证被加工孔 3 的轴线与台阶端面垂直。

（3）在成批生产中，对孔系的镗削常将工件装夹于镗床夹具（镗模）内，以保证孔系的位置精度和提高生产率。如图 9-17a 所示，工件 4 以底面定位装夹于镗模 5 中，镗模的导套为镗刀杆 3 定位并导向，万向接头 2 保证镗刀杆与主轴 1 成浮动连接。图 9-17b 所示为万向接头放大示意图，其莫氏锥柄与主轴莫氏锥孔配合连接。

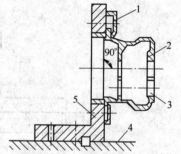

图 9-16　工件在角铁上装夹

1—压板；2—工件；3—被加工孔；

4—工作台；5—角铁

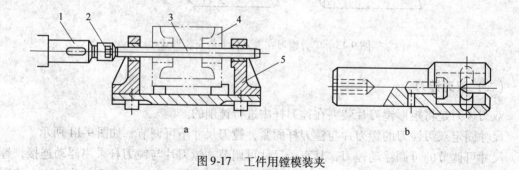

图 9-17　工件用镗模装夹

a—镗模装夹；b—万向接头

1—主轴；2—万向接头；3—镗刀杆；4—工件；5—镗模

四、镗削工作

在镗床上除了能进行镗孔工作外，还能进行钻孔、扩孔、铰孔及加工端面、沟槽和内、外螺纹等。卧式镗床的主要工作内容，如图9-18所示。

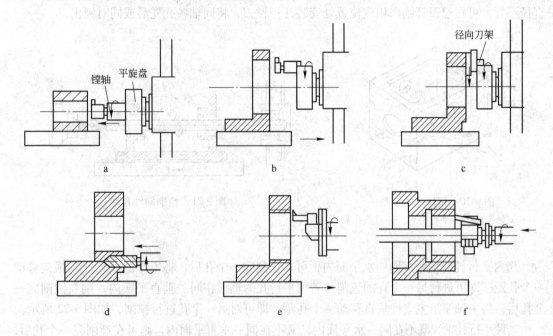

图9-18 卧式镗床的主要工作内容

a—用主轴安装镗刀杆镗小直径孔；b—用平旋盘上镗刀镗大直径孔；c—用平旋盘上径向刀架镗平面；
d—钻孔；e—用工作台进给镗螺纹；f—用主轴进给镗螺纹

（一）单孔镗削

小直径的单一孔的镗削，刀头用镗刀杆夹持，镗刀杆的锥柄插入主轴锥孔并随之回转。镗削时，工作台（工件）固定不动，由镗床主轴实现轴向进给，如图9-18a所示。吃刀量大小通过调节刀头从镗刀杆伸出的长度来控制：粗镗时常采取松开紧定螺钉，轻轻敲击刀头来实现调节；精镗时常采用各种微调装置调节，以保证加工精度。

镗削深度不大而直径较大的孔时，可使用平旋盘，其上安装刀架与镗刀，由平旋盘回转带动刀架和镗刀回转作主运动，工件由工作台带动作纵向进给运动，如图9-18b所示。吃刀量用移动刀架溜板调节。

单孔镗削示意图，如图9-19所示。

（二）孔系镗削

孔系是由两个或两个以上在空间具有一定相对位置的孔组成的。常见的孔系有同轴孔系、平行孔系和垂直孔系，如图9-20所示。

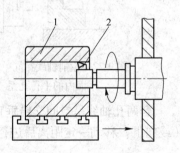

图9-19 单孔镗削示意图

1—工件；2—镗刀

1. 同轴孔系的镗削

镗削同轴孔系使用长镗刀杆，镗刀杆一端插入主轴锥孔，另一端穿越工件预加工孔，由尾立柱支承，主轴带动镗刀回转作主运动，工作台带动工件作纵向进给运动，即可镗出直径相同的（两）同轴孔，如图 9-21 所示。深度大的单一孔也用此方法镗削。若同轴孔系各孔直径不等，可在镗刀杆轴向相应位置处安装几把镗刀，将同轴各孔先后或同时镗出。

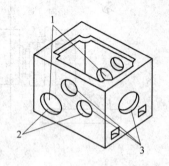

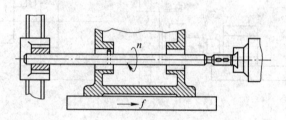

图 9-20　箱体上的孔系　　　　　　　　图 9-21　镗削同轴孔系

1—同轴孔系；2—平行孔系；3—垂直孔系

2. 平行孔系的镗削

当两平行孔的轴线在同一水平面内，可在镗削完一个孔后，将工作台（工件）横向移动一个孔距，即可进行另一个孔的镗削。若两平行孔的轴线在同一垂直平面内，则在镗削完一个孔后，将主轴箱沿主立柱垂直移动一个孔距，即可对另一个孔进行镗削，如图 9-22 所示。

若两平行孔轴线既不在同一水平面内，又不在同一垂直平面内，则可在镗削完一个孔后，横向移动工作台，再垂直移动主轴箱，确定另一个孔轴线的位置（工件与镗刀的相对位置）。

3. 垂直孔系的镗削

当两孔轴线在同一水平面内相交垂直时，在镗削完第一个孔后，将工作台连同工件一起回转 90°再按需要横向移动一定距离，即可镗削第二个孔，如图 9-23 所示。

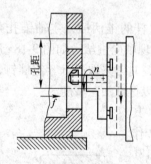

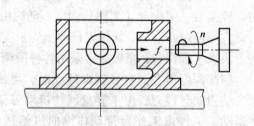

图 9-22　镗削轴线在同一垂直　　　　　　图 9-23　镗削垂直孔系
　　　　平面内的平行孔系

若两孔轴线呈空间交错垂直，则在上述调整方法的基础上，再将主轴箱沿主立柱向上（或向下）移动一定距离后进行第二个孔的镗削。

（三）钻孔、扩孔与铰孔

若孔径不大时，可在镗床主轴中安装钻头、扩孔钻、铰刀等工具，由主轴带动其回转作主运动，主轴在轴向的移动实现进给运动，进行对箱体工件的钻孔、扩孔与铰孔，如图 9-18d 所示。

（四）镗削螺纹

将螺纹镗刀装夹于可调节背吃刀量的特制刀架（或刀夹）上，再将刀架安装在平旋盘上，由主轴箱带动回转，工作台带动工件沿床身按刀具每回转一周移动一个螺距（或导程）的规律作进给运动，便可以镗出箱体工件上的螺纹孔，如图 9-18e 所示。如果将螺纹镗刀刀头指向轴心装夹，则可以镗削长度较短的外螺纹。如果将装有螺纹镗刀的特制刀夹装在镗刀杆上，镗刀杆既回转，又按要求作轴向进给，也可以镗削内螺纹，如图 9-18f 所示。

（五）在镗床上铣削

在镗床主轴锥孔内安装立铣刀或端铣刀，可以进行箱体工件侧面上的平面和沟槽的铣削。

五、镗削的工艺特点

（1）在镗床上镗孔是以刀具的回转为主运动，与以工件回转为主运动的孔加工方法（如车孔）相比，特别适合箱体、机架等结构复杂的大型工件上的孔加工，因为：

1）大型工件回转作主运动时，由于工件外形尺寸大，转速不宜太高，而工件上的孔或孔系直径相对较小，不易实现高速切削。

2）工件结构复杂，外形不规则，孔或孔系在工件上的位置往往不处于对称中心或平衡中心，工件回转时，平衡较困难，容易因平衡不良而引起加工中的振动。

（2）镗削可以方便地加工直径很大的孔。

（3）镗削能方便地实现对孔系的加工。用坐标镗床、数控镗床进行孔系加工，可以获得很高的孔距精度。

（4）镗床多种部件能实现进给运动，因此，工艺适应能力强，能加工形状多样、大小不一的各种工件的多种表面。

（5）镗孔的经济精度等级为 IT9 ~ IT7，表面粗糙度 R_a 值为 3.2 ~ 0.8 μm。

习题与实训

习题

1. 什么是拉削，拉刀由哪几部分组成，各起什么作用？
2. 为什么拉削不适宜于单件或小批量生产？
3. 拉削有哪些工艺特点？
4. 什么是镗削？
5. 卧式镗床由哪些主要部件组成，哪些部件能实现进给运动？
6. 卧式镗床的主要工作内容有哪些？
7. 比较在车床上车孔和在镗床上镗孔，指出两者各有什么特点，分别适用于什么场合？

实训（略）

项目十　磨削加工

项目导语

磨削加工是机械制造中最常用的加工方法之一，它的应用范围很广；可以磨削难以切削的各种高硬超硬材料；可以磨削各种表面；可以用于荒加工（磨削钢坯、割浇冒口等）、粗加工、精加工和超精加工。许多精密铸造成形的铸件、精密锻造成形的锻件和重要配合面也要经过磨削才能达到精度要求。磨削比较容易实现生产过程自动化，在工业发达国家，磨床已占机床总数的25%左右，个别行业可达到40% ~ 50%。因此，磨削在机械制造业中的应用日益广泛。

学习目标

知识目标：
- 了解磨削的工艺特点及加工过程
- 了解常用磨床的组成、运动和用途，了解砂轮的特性、砂轮的使用方法
- 熟悉磨削的概念、加工方法

能力目标：
- 能写出安全、文明生产的有关知识，养成安全、文明生产的习惯
- 能正确使用工、夹、量具，能合理地选择磨削用量和切削液
- 能独立完成简单零件的磨削加工

任务一　磨削概述

磨削是用磨具以较高的线速度对工件表面进行加工的方法。磨削在各类磨床上实现。

磨具（磨削工具）是以磨料为主制造而成的一类切削工具，分固结磨具和涂覆磨具两类。磨削时可采用砂轮、砂带、油石等作为磨具，最常用的磨具是用磨料和黏结剂做成的砂轮。以砂轮为磨具的普通磨削应用最为广泛。

磨削时，砂轮的回转运动是主运动，根据不同的磨削内容，进给运动可以是：砂轮的轴向、径向移动，工件的回转运动，工件的纵向、横向移动等。

一、磨削加工的主要内容

磨削的主要加工内容有：磨外圆，磨孔（磨内圆），磨内、外圆锥面，磨平面，磨成形面，磨螺纹，磨齿轮，以及磨花键、曲轴和各种刀具等，如图 10-1 所示。

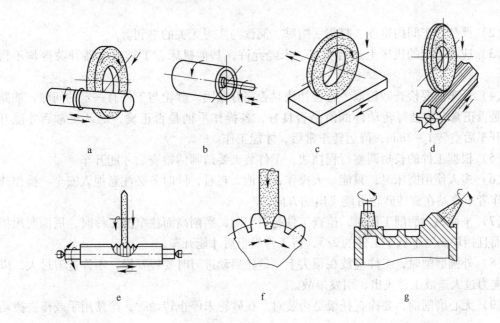

图 10-1　磨削的主要内容

a—磨外圆；b—磨孔；c—磨平面；d—磨花键；e—磨螺纹；f—磨齿轮；g—磨导轨

二、磨削加工的特点

从本质上来说，磨削加工是一种切削加工，但和通常的车削、铣削、刨削等相比却有以下的特点：

（1）磨削属多刃、微刃切削。砂轮上每一磨粒相当于一个切削刃，而且切削刃的形状及分布处于随机状态，每个磨粒的切削角度、切削条件均不相同。

（2）加工精度高。磨削属于微刃切削，切削厚度极薄，每一磨粒切削厚度可小到数微米，故可获得很高的加工精度和低的表面粗糙度值。

（3）磨削速度大。一般砂轮的圆周速度达 2000～3000m/min，目前的高速磨削砂轮线速度已达到 60～250m/s。故磨削时温度很高，磨削区的瞬时高温可达 800～1000℃，因此磨削时必须使用切削液。

（4）加工范围广。磨粒硬度很高，因此磨削不但可以加工碳钢、铸铁等常用金属材料，还能加工一般刀具难以加工的高硬度、高脆性材料，如淬火钢、硬质合金等。但磨削不适宜加工硬度低而塑性大的有色金属材料。

磨削加工是机械制造中重要的加工工艺，已广泛用于各种表面的精密加工。许多精密铸造成形的铸件、精密锻造成形的锻件和重要配合面也要经过磨削才能达到精度要求。因此，磨削在机械制造业中的应用日益广泛。

三、磨工实习安全操作规程

（1）进入车间实习时，要穿好工作服，大袖口要扎紧，衬衫要系入裤内。女同学要戴安全帽，并将发辫纳入帽内。不得穿凉鞋、拖鞋、高跟鞋、背心、裙子和戴围巾进入车间。

（2）严禁在车间内追逐、打闹、喧哗、阅读与实习无关的书刊等。

（3）应在指定的机床上进行实习。未经允许，其他机床、工具或电器开关等均不得乱动。

（4）开车前要检查砂轮罩、行程挡块是否完好紧固，砂轮与工件有一定的间隙，油路系统是否正常，主轴等转动件润滑是否良好，各操作手柄是否正确，确认正常后才能开车。开车后空转 1~2min，待运转正常后，才能工作。

（5）根据工件的长短调整行程挡块，工件装夹要请师傅检查后才能开车。

（6）多人使用磨床时，只能一人操作，其他人观看，同时务必注意他人安全。操作或未操作者不许站在旋转砂轮可能飞出的方向。

（7）平面磁力磨削工件时，检查工件是否牢固，磨削高而狭窄的工件时，周围要用挡铁，而且挡块高度不低于工件的 2/3，待工件吸牢后才能开车。

（8）外圆磨削时，工件应放在顶尖上。砂轮启动进刀时要轻要慢，不许进刀过大，以防径向力过大造成工件飞出，引发事故。

（9）无心磨削前，要检查托架是否装对。在砂轮未停止转动时，严禁用手或棒去拨动工件。

（10）干磨工件时要戴好口罩。湿磨的机床停机前，要先关冷却液，并让砂轮空转 1~2min 进行脱水，然后再关机。

（11）装拆工件、测量工件、调整机床都必须停车。

（12）电器故障须由电工人员检修，不许乱动。

（13）实习完后，应关闭电源，打扫机床及场地，清洁卫生，清点工具，做到文明生产。

任务二 磨 床

磨床按用途不同可分为外圆磨床、内圆磨床、平面磨床、无心磨床、工具磨床、螺纹磨床、齿轮磨床及其他专用磨床等。最常用的是外圆磨床与平面磨床。

一、M1432A 型万能外圆磨床

常用的外圆磨床分为普通外圆磨床和万能外圆磨床。在普通外圆磨床上可磨削零件的外圆柱面和外圆锥面；在万能外圆磨床上由于砂轮架、头架和工作台上都装有转盘，能回转一定的角度，且增加了内圆磨具附件，所以万能外圆磨床除可磨削外圆柱面和外圆锥面外，还可磨削内圆柱面、内圆锥面及端平面，故万能外圆磨床较普通外圆磨床应用更广。

图 10-2 为 M1432A 型万能外圆磨床的外形图。此万能外圆磨床可用来磨削内、外圆柱

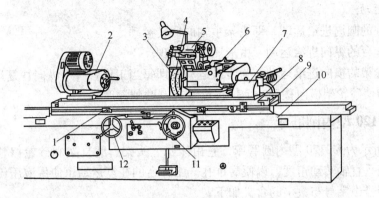

图 10-2 M1432A 型万能外圆磨床

1—换向挡块；2—头架；3—砂轮；4—内圆磨具；5—磨架；6—砂轮架；7—尾架；
8—上工作台；9—下工作台；10—床身；11—横向进给手轮；12—纵向进给手轮

面、圆锥面和轴、孔的台阶端面。M1432A 型号中字母与数字的含义如下：

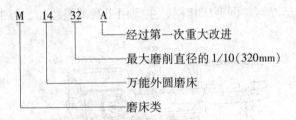

（一） 万能外圆磨床主要部件及其功用

1. 床身

用来安装磨床的各个主要部件，上部装有工作台和砂轮架，内部装有液压传动装置及传动操纵机构。

2. 工作台

磨削时工作台由液压传动带动沿床身上面的纵向导轨做往复直线运动。万能外圆磨床的工作台面还能扳转一个很小的角度，以便磨削圆锥面。

3. 砂轮架

砂轮架主轴端部装砂轮，由单独电机驱动，砂轮架可沿床身上部的横向导轨移动，以完成横向进给。

4. 头架、尾座

安装在工作台的 T 形槽上。头架主轴由单独电机驱动，通过带传动及变速机构，使工件获得不同转速。尾座上装有顶尖，用以支撑长工件。

5. 内圆磨头

内圆磨头的主轴可安装内圆磨削砂轮，并由单独电机驱动，完成内圆面的磨削。

（二） 主运动与进给运动

1. 主运动

磨削外圆时为砂轮的回转运动；磨内圆时为内圆磨头的磨具（砂轮）的回转运动。

2. 进给运动

（1）工件的圆周进给运动，即头架主轴的回转运动。

（2）工作台的纵向进给运动，由液压传动实现。

（3）砂轮架的横向进给运动，为步进运动，即每当工作台一个纵向往复运动终了，由机械传动机构使砂轮架横向移动一个位移量（控制磨削深度）。

二、M2120 型内圆磨床

图 10-3 所示为 M2120 型内圆磨床，它由床身、头架、磨具架和砂轮修整器等部件组成。头架可绕垂直轴转动角度，以便磨锥孔。工作台的往复运动也使用液压传动。

M2120 型号中字母与数字的含义如下：

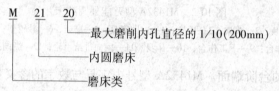

内圆磨床的磨削运动与外圆磨床相同，主要用于磨削圆柱孔、圆锥孔和端面等。

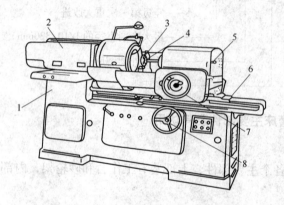

图 10-3　M2120 型内圆磨床

1—床身；2—头架；3—砂轮修整器；4—砂轮；5—砂轮架；
6—工作台；7—操纵砂轮架手轮；8—操纵工作台手轮

三、M7120A 型平面磨床

平面磨床分立轴式和卧轴式两类，工作台有圆形和矩形之分。立轴式平面磨床用砂轮的端面磨削平面；卧轴平面磨床用砂轮的圆周面磨削平面。常用的是卧轴矩台平面磨床。平面磨床的工作台上装有电磁吸盘或其他夹具用以装夹工件。

M7120A 平面磨床型号中字母与数字的含义如下：

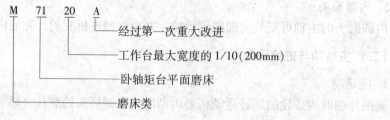

平面磨床M7120A型的主要结构，如图10-4所示。它由床身、工作台、立柱、托板、磨头和砂轮修整器等部件组成。

矩形工作台装在床身的水平纵向导轨上，在其上面有装夹工件用的电磁吸盘。工作台的往复运动使用液压传动，也可用手轮操纵。砂轮装在磨头上，由电动机直接驱动旋转。磨头沿托板的水平导轨作横向进给运动，由液压驱动或手轮操作。托板可沿立柱的垂直导轨移动，以调整磨头的高低位置及垂直进给运动，这一运动是由手轮操纵的。

四、无心磨床

无心外圆磨床的结构完全不同于一般的外圆磨床，M1080无心外圆磨床外形图，如图10-5所示。无心外圆磨床的工作原理，如图10-6所示。

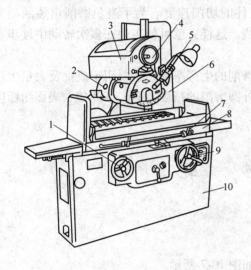

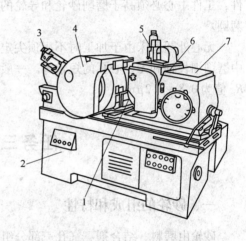

图 10-4　M7120A 型平面磨床

1—驱动工作台手轮；2—磨头；3—滑板；4—轴向进给手轮；5—砂轮修整器；6—立柱；7—行程挡块；8—工作台；9—径向进给手轮；10—床身

图 10-5　M1080 无心外圆磨床

1—工件托板；2—床身；3—砂轮修整器；4—砂轮架；5—导轮修整器；6—导轮架；7—导轮架座

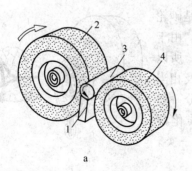

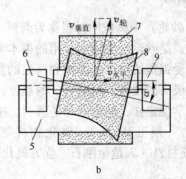

图 10-6　无心外圆磨削原理

a—示意图；b—传动图

1，5—托板；2，7—砂轮；3—工件；4，8—导轮；6—前导板；9—后导板

无心磨床上加工工件，不用顶尖定心和支承，而由工件的被磨削外圆面本身作定位面。工件放在磨削砂轮和导轮之间，由拖板支承进行磨削。工件轴线略高于导轮轴线，以避免工件在磨削时产生圆度误差；工件由橡胶结合剂制成的导轮带着作低速旋转，并由高速旋转着的砂轮进行磨削。

由于导轮轴线与工件轴线不平行，倾斜一个角度 α（$\alpha = 1° \sim 40°$），因而导轮旋转时所产生的线速度垂直于工件轴线，使工件产生旋转运动，而水平方向的速度则平行于工件轴线，使工件作轴向进给运动。

导轮是用树脂或橡胶为黏结剂制成的刚玉砂轮，它和工件之间的摩擦系数较大，所以工件由导轮的摩擦力带动作圆周进给。导轮的线速度通常在 $10 \sim 50 \text{m/min}$ 左右，工件的线速度基本上等于导轮的线速度。磨削砂轮就是一般的砂轮，线速度很高。所以在磨削砂轮与工件之间有很大的相对速度，这就是磨削工件的切削速度。为了避免磨削出棱圆型工件，工件中心必须高于磨削砂轮和导轮的连心线。这样，就可使工件在多次转动中逐步被磨圆。

无心外圆磨床由于加工时不用顶尖定位，磨削的生产率高，主要用于成批及大量生产中磨削细长轴和无中心孔的短轴等。一般无心外圆磨削的精度为 IT6 ~ IT5 级，表面粗糙度 R_a 值为 $0.8 \sim 0.2 \mu m$。

任务三　砂　　轮

一、砂轮的组成和特性

砂轮由磨料、结合剂、气孔三部分组成，如图 10-7 所示。

砂轮的特性由磨料、粒度、结合剂、硬度、组织、形状和尺寸、强度（最高工作速度）七个要素来衡量。各种不同特性的砂轮，均有一定的适用范围，因此，应按照实际的磨削要求合理地选择和使用砂轮。

（一）磨料

磨具（砂轮）中磨粒的材料称为磨料。它是砂轮的主要成分，是砂轮产生切削作用的根本要素。由于磨削时要承受强烈的挤压、摩擦和高温的作用，所以磨料应具有极高的硬度、耐磨性、耐热性，以及相当的韧性和化学稳定性。制造砂轮的磨料，按成分一般分为氧化物（刚玉 Al_2O_3）、碳化物（绿色碳化硅 SiC）和超硬材料（人造金刚石、立方氮化硼）三类。

（二）粒度

表示磨料颗粒尺寸大小的参数称为粒度。按磨料基本颗粒大小，共规定有 41 个粒度号。磨料粒度影

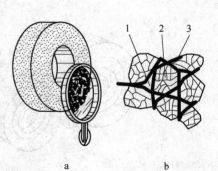

图 10-7　砂轮的组成
a—砂轮；b—组成三要素
1—气孔；2—磨料；3—结合剂

响磨削的质量和生产率。粒度的选择主要根据加工的表面粗糙度要求和加工材料的力学性能。一般来说，粗磨时选用粗粒度（基本粒尺寸大），精磨时选用细粒度（基本粒尺寸小）；磨削质软、塑性大的材料宜用粗粒度，磨削质硬、脆性材料宜用细粒度。

（三）结合剂

结合剂是用来将分散的磨料颗粒黏结成具有一定形状和足够强度的磨具材料。结合剂的种类和性质将影响砂轮的硬度、强度、耐腐蚀性、耐热性及抗冲击性等。用于制造砂轮的结合剂主要是陶瓷结合剂（代号为 V）、树脂结合剂（代号为 B）和橡胶结合剂（代号为 R）。

（四）硬度

砂轮的硬度是指结合剂黏结磨料颗粒的牢固程度，它表示砂轮在外力（磨削抗力）作用下磨料颗粒从砂轮表面脱落的难易程度。磨粒容易脱落的砂轮硬度低，称为软砂轮；磨粒不容易脱落的砂轮硬度高，称为硬砂轮。砂轮的硬度由软至硬按 A、B、…、Y（I、O、U、V、W、X 除外）共分 19 级。

砂轮的硬度对磨削的加工精度和生产率有很大的影响。通常磨削硬度高的材料应选用软砂轮，以保证磨钝的磨粒能及时脱落；磨削硬度低的材料应选用硬砂轮，以充分发挥磨粒的切削作用。

砂轮硬度选择原则：磨削硬材，选软砂轮；磨削软材，选硬砂轮；磨导热性差的材料，不易散热，选软砂轮以免工件烧伤；砂轮与工件接触面积大时，选较软的砂轮；成形磨精磨时，选硬砂轮；粗磨时选较软的砂轮。大体上说，磨硬金属时，用软砂轮；磨软金属时，用硬砂轮。

（五）组织

砂轮组织是指砂轮中磨料、结合剂、空隙三者体积的比例关系。组织号是由磨料所占的百分比来确定的，反映了砂轮中磨料、结合剂和气孔三者体积的比例关系，即砂轮结构的疏密程度。组织分紧密、中等、疏松三类 13 级。紧密组织成形性好，加工质量高，适于成形磨、精密磨和强力磨削。中等组织适于一般磨削工作，如淬火钢、刀具刃磨等。疏松组织不易堵塞砂轮，适于粗磨、磨软材、磨平面、内圆等接触面积较大时，以及磨热敏性强的材料或薄件。

（六）形状和尺寸

根据机床结构与磨削加工的需要，砂轮制成各种形状和尺寸。为方便选用，在砂轮的非工作表面上印有特性代号，如代号 PA60KV6P300×40×75，表示砂轮的磨料为铬刚玉（PA），粒度为 60 号，硬度为中软（K），结合剂为陶瓷（V），组织号 6 号，形状为平形砂轮（P），尺寸外径为 300mm，厚度为 40mm，内径为 75mm。

（七）强度

砂轮的强度是指在惯性力作用下，砂轮抵抗破坏的能力。砂轮回转时产生的惯性力，与砂轮的圆周速度的平方成正比。因此，砂轮的强度通常用最高工作速度（亦称安全圆周速度）表示。

二、砂轮的平衡、安装及修整

（一）砂轮的安装与平衡

砂轮在高速下工作，安装前必须经过外观检查，或通过敲击响声来判断是否有裂纹，以防高速旋转时破裂。砂轮的安装方法如图 10-8 所示。

安装砂轮时，砂轮内孔与砂轮轴配合间隙要适当，过松会使砂轮旋转时偏向一边而产生振动，过紧则磨削时受热膨胀易将砂轮胀裂，一般配合间隙为 0.1 ~ 0.8mm。砂轮用法兰盘与螺帽紧固，在砂轮与法兰盘之间垫以 0.3 ~ 3mm 厚的皮革或耐油橡胶制成的垫片。

为使砂轮平稳的工作，一般直径大于 125mm 时都要进行平衡试验。砂轮的平衡一般采取静平衡方式，在平衡架上进行，如图 10-9 所示。将砂轮装在心轴 2 上，再将心轴放在平衡架 6 的平衡轨道 5 上。若不平衡，较重部分总是转到下面。这时可移动法兰盘端面环槽内的平衡铁 4 进行调整。经反复平衡试验，直到砂轮可在平衡轨道任意位置都能静止，即说明砂轮各部分的质量分布均匀。这种方法称为静平衡。

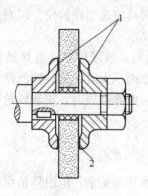

图 10-8　砂轮的安装
1—法兰盘；2—垫片

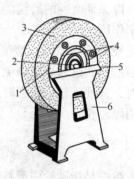

图 10-9　砂轮的平衡
1—砂轮套筒；2—心轴；3—砂轮；
4—平衡铁；5—平衡轨道；6—平衡架

（二）砂轮的修整

砂轮工作一定时间后，磨粒逐渐变钝，这时必须修整。修整时，将砂轮表面一层变钝的磨粒切去，使砂轮重新露出完整锋利的磨粒，以恢复砂轮的几何形状。砂轮常用金刚石笔进行修整，如图 10-10 所示。

砂轮修整除用于磨损砂轮外，还用于以下场合：

（1）砂轮被切屑堵塞；

（2）部分工材黏结在磨粒上；

（3）砂轮廓形失真；

（4）精密磨削中的精细修整等。

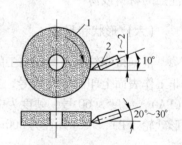

图 10-10　砂轮的修整
1—砂轮；2—金刚石笔

任务四　磨削的基本操作

由于磨削加工精度高，表面粗糙度值小，能磨高硬脆的材料，因此应用十分广泛。现仅就内外圆柱面、内外圆锥面及平面的磨削工艺进行讨论。

一、外圆磨削

（一）工件的安装

磨外圆时常用的工件装夹方法有两顶尖装夹、三爪自定心卡盘装夹（没有中心孔的圆柱形工件）和四爪单动卡盘或花盘装夹（外形不规则的工件）、心轴装夹（套筒类零件）四种装夹方法。

两顶尖装夹工件的方法如图 10-11 所示。由于磨床所用的前、后顶尖都是固定不动的（即死顶尖），尾座顶尖又是依靠弹簧顶紧工件，使工件与顶尖始终保持适当的松紧程度，所以可避免磨削时因顶尖摆动而影响工件的精度。因此，两顶尖装夹工件的方法，定位精度高，装夹工件方便，应用最为普遍。

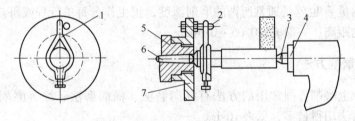

图 10-11　工件在两顶尖装夹

1—鸡心夹头；2—拨杆；3—后顶尖；4—尾架套筒；5—头架主轴；6—前顶尖；7—拨盘

（二）磨削运动和磨削用量

在外圆磨床上磨削外圆，需要下列几种运动，如图 10-12 所示。

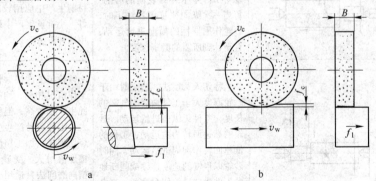

图 10-12　磨削时的运动

a—外圆磨削；b—平面磨削

1. 主运动

即砂轮高速旋转运动。砂轮圆周速度 v_c 按下式计算：

$$v_c = \frac{\pi dn}{1000 \times 60} \qquad (10\text{-}1)$$

式中　v_c——砂轮圆周速度，m/s；

　　　d——砂轮直径，mm；

　　　n——砂轮旋转速度，r/min。

一般外圆磨削时，$v_c = 30 \sim 35\text{m/s}$。

2. 圆周进给运动

即工件绕本身轴线的旋转运动。工件圆周速度 v 一般为 $13 \sim 26\text{m/min}$。粗磨时 v_w 取大值，精磨时 v 取小值。

3. 纵向进给运动

即工件沿着本身的轴线做往复运动。工件每转一转，工件相对于砂轮的轴向移动距离就是纵向进给量 f_1（单位：mm/r）。一般 $f_1 = (0.2 \sim 0.8)B$（B 为砂轮宽度），粗磨时取大值，精磨时取小值。

4. 横向进给运动

即砂轮径向切入工件的运动。它在行程中一般是不进给的，而是在行程终了时周期地进给。横向进给量 f_c 也就是通常所谓的磨削深度，指工作台每单行程或每双行程工件相对砂轮横向移动的距离。一般 $f_c = 0.05 \sim 0.5\text{mm}$。

（三）外圆磨削方法

在外圆磨床上磨削外圆常用的方法有纵向磨法、横向磨法、综合磨削法和深度磨削法，其中以纵磨法用得最多，见表10-1。

表 10-1　磨削方法

方 法	图 示	定 义	特点及应用
纵向磨削法		砂轮的高速回转为主运动，工件的低速回转作圆周进给运动，工作台作纵向往复进给运动，实现对工件整个外圆表面的磨削。每当一次纵向往复行程终了时，砂轮作周期性的横向进给运动，直至达到所需的磨削深度	纵磨法的特点是具有万能性，可用同一砂轮磨削长度不同的各种工件，且加工质量好，但磨削效率低，目前生产中应用较广，特别是在单件、小批量生产中以及精磨时均采用这种方法
横向磨削法		又称切入磨削法。磨削时由于砂轮厚度大于工件被磨削外圆的长度，工件无纵向进给运动。砂轮的高速回转为主运动，工件的低速回转作圆周进给运动，同时砂轮以很慢的速度连续或间断地向工件横向进给切入磨削，直至磨去全部余量	砂轮与工件接触长度内的磨粒的工作情况相同，均起切削作用，因此生产率较高，但磨削力和磨削热大，工件容易产生变形，甚至发生烧伤现象，加工精度降低，表面粗糙度值增大。受砂轮厚度的限制，横向磨削法只适用于磨削长度较短的外圆表面及不能用纵向进给的场合

续表10-1

方　法	图　示	定　义	特点及应用
综合磨削法		横向磨削与纵向磨削的综合。磨削时，先采用横向磨削法分段粗磨外圆，并留精磨余量，然后再用纵向磨削法精磨到规定的尺寸	在一次纵向进给运动中，将工件磨削余量全部切除而达到规定的尺寸要求。这种磨削方法综合了横磨法生产率高、纵磨法精度高的优点。当工件磨削余量较大，加工表面的长度为砂轮宽度的2～3倍，而一边或两边又有台阶时，采用此法最为合适
深度磨削法		在一次纵向进给运动中，将工件磨削余量全部切除而达到规定尺寸要求，磨削方法与纵向磨削法相同，但砂轮的一端外缘需修成阶梯形	深磨法的生产率约比纵磨法高一倍，磨削力大，工件刚性及装夹刚性要好。由于修整砂轮较复杂，故此法只适合大批量生产中允许磨削砂轮越出被加工面两端较大距离的工件

二、内圆磨削

在万能外圆磨床上用内圆磨头磨削内圆主要用于单件、小批量生产，在大批、大量生产中则宜使用内圆磨床磨削。

内圆磨削是常用的内孔精加工方法，可以加工工件上的通孔、盲孔、台阶孔及端面等。

（一）工件的装夹

在内圆磨床上磨工件的内孔，如工件为圆柱体，且外圆柱面已经过精加工，则可用三爪自定心卡盘或四爪单动卡盘找正外圆装夹。如工件外表面较粗糙或形状不规则，则以内圆本身定位找正安装。

在万能外圆磨床上磨圆柱体的内孔，短工件用三爪自定心卡盘或四爪单动卡盘找正外圆装夹。长工件的装夹方法有两种：一种是一端用卡盘夹紧，另一端用中心架支承，如图10-13a所示；另一种是用V形夹具装夹，如图10-13b所示。

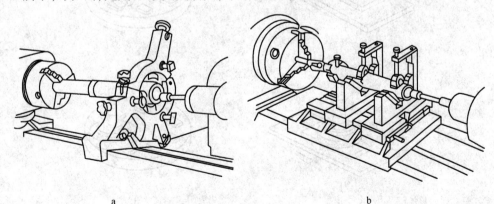

a　　　　　　　　　　　　　　　　b

图10-13　工件磨内孔时的装夹方法

a—用卡盘和中心架装夹；b—用V形夹具装夹

（二）磨内孔的方法

在万能外圆磨床上磨内圆的方法有纵向磨削法和横向磨削法两种，如图 10-14 所示。

内圆磨削方法与外圆磨削相似，只是砂轮的旋转方向与磨削外圆时相反，操作方法以纵磨法应用最广，但生产率较低，磨削质量较低。原因是由于受零件孔径限制使砂轮直径较小，砂轮圆周速度较低，所以生产率较低。又由于冷却排屑条件不好，砂轮轴伸出长度较长，使得表面质量不易提高。但

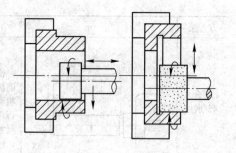

图 10-14　磨内孔的方法
a—纵磨法；b—横磨法

由于磨孔具有万能性，不需成套刀具，故在单件、小批生产中应用较多，特别是淬火零件，磨孔仍是精加工孔的主要方法。

三、平面磨削

各种零件上位置不同的平面，如相互平行、相互垂直以及倾斜一定角度的平面，都可以用磨削进行精加工。磨平面一般使用平面磨床。

（一）磨平面的方法

在平面磨床上磨削平面有周磨法和端磨法两种方式。

1. 周磨法

用砂轮圆周面磨削工件，如图 10-15a 和图 10-15b 所示。

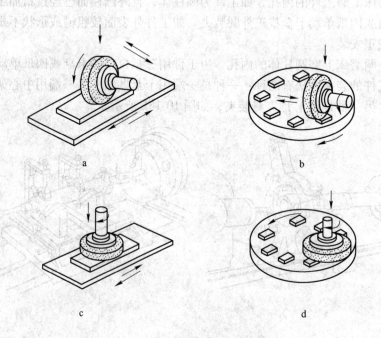

图 10-15　平面磨削示意图
a，b—用砂轮圆周磨平面；c，d—用砂轮端面磨平面

2. 端磨法

用砂轮端面磨削工件，如图 10-15c 和图 10-15d 所示。

周磨时砂轮与工件接触面积小，排屑及冷却条件好，工件发热量少。因此磨削易翘曲变形的薄片零件，能获得较好的加工精度及表面质量，但磨削效率较低。端磨时由于砂轮轴伸出较短，而且主要是受轴向力，所以刚性较好，能采用较大的磨削用量。此外，砂轮与工件接触面积大，因而磨削效率高。但发热量大，不易排屑和冷却，故加工质量较周磨低。周磨和端磨的比较见表 10-2。

表 10-2　周磨和端磨的比较

分类	砂轮与零件的接触面积	排屑及冷却条件	零件发热变形	加工质量	效率	适用场合
周磨	小	好	小	较高	低	精磨
端磨	大	差	大	低	高	粗磨

（二）工件装夹方法

平面磨床上工件的装夹，需要根据工件的形状、尺寸和材料等因素来决定。凡是由钢、铸铁等磁性材料，且具有两个平行平面的工件，一般都用电磁吸盘直接装夹。电磁吸盘体内装有线圈，通入直流电产生磁力，吸牢工件。对于非磁性材料（铜、铝、不锈钢等）或形状复杂的工件，应在电磁吸盘上安放一精密虎钳或简易夹具来装卡；也可以直接在普通工作台上采用虎钳或简易夹具来安装。

四、磨内外圆锥面

磨内外圆锥面与磨内外圆面的主要区别是工件和砂轮的相对位置不同。磨内外圆锥面时，工件轴线相对于砂轮轴线偏斜一圆锥斜角。

（一）磨外圆锥面

工件的装夹方法可参照磨外圆的装夹方法。

外圆锥面的常用磨削方法，见表 10-3。

表 10-3　磨外圆锥面方法

方　法	图　示	适　用　场　合
转动工作台	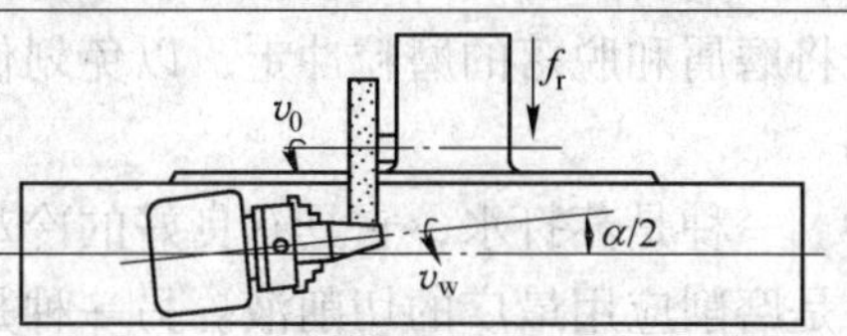	适合磨削锥度小而长度大的工件
转动头架	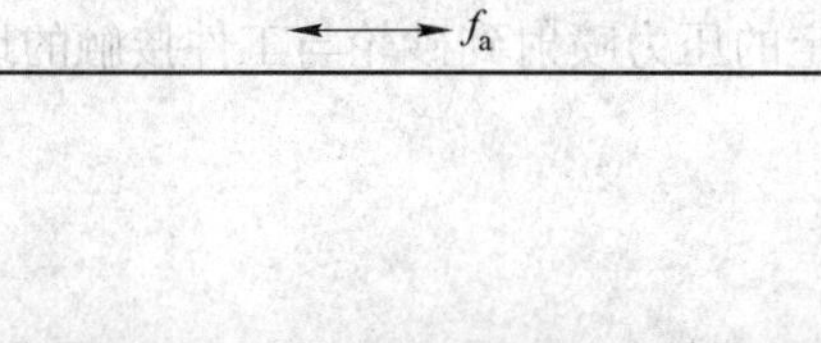	适合磨削锥度大而长度短的工件

方　法	图　示	适 用 场 合
转动砂轮架		适合磨削长工件上锥度较大的圆锥面

（二）磨内圆锥面

工件的装夹方法可参照磨内圆的装夹方法。

内圆锥面的常用磨削方法，见表 10-4。

表 10-4　磨内圆锥面方法

方　法	图　示	适 用 场 合
转动工作台		在万能外圆磨床上转动工作台磨内圆锥面，适合磨削锥度不大的工件
转动头架		在万能外圆磨床上转动头架磨内圆锥面，适合磨削锥度较大的工件
转动床头箱		在内圆磨床上转动床头箱磨内圆锥面，适合磨削各种锥度的内圆锥面

在磨削加工中，正确选用切削液对磨削质量有较大影响。磨削区域内温度常达 1000 ~ 1500℃。在这样高的温度下，可使该处材料变软，产生烧伤等现象。因此应对磨削区进行充分冷却。切削液的另一个作用是将磨屑和脱落的磨粒冲走，以免划伤工件表面或堵塞砂轮。此外，切削液还具有润滑作用。

磨削常用的切削液主要有两种。一种是苏打水，它具有良好的冷却性、防腐性及洗涤性，而且对人体无害，成本低廉，是磨削应用最广的切削液。另一种是乳化液，乳化液具有良好的润滑性能。切削液应以一定的压力喷射到砂轮与工件接触的地方。

习题与实训

习题

1. 磨削加工的特点是什么？
2. 万能外圆磨床由哪几部分组成，各有何作用？
3. 磨削外圆时，工件和砂轮需做哪些运动？
4. 磨削用量有哪些，在磨不同表面时，砂轮的转速是否应改变，为什么？
5. 磨削时需要大量切削液的目的是什么？
6. 常见的磨削方式有哪几种？
7. 平面磨削常用的方法有哪几种，各有何特点，如何选用？
8. 平面磨削时，工件常由什么固定？
9. 砂轮的硬度指的是什么？
10. 表示砂轮特性的内容有哪些？
11. 磨削内圆和磨削外圆相比较有哪些特点，为什么？

实训项目：磨削套类零件

实训目的

- 能正确使用磨床
- 掌握内外圆磨削的基本操作方法

实训器材

M1432A 型万能外圆磨床、钢直尺、游标卡尺、千分尺、游标深度尺、内径百分表。

实训指导

1. 准备工作

（1）检查磨床，准备工、夹、量具。

（2）准备毛坯材料。

（3）读懂零件图。零件图样如图 10-16 所示。

2. 操作步骤

磨削前已经过半精加工，除孔 $\phi 25^{+0.045}_{0}$、$\phi 40^{+0.027}_{0}$ 和外圆 $\phi 45^{0}_{-0.017}$ 及台阶端面外，都已加工至尺寸精度。要求内、外圆同心及与端面互相垂直是这类零件的特点。磨削时，为了达到位置精度的要求，应尽量在一次装夹中完成全部表面加工。如不

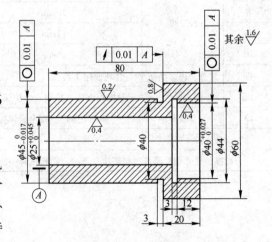

图 10-16 套类零件
材料：45 号调质钢

能做到，则应先加工孔，而后以孔定位，用心轴装夹，加工外圆表面和台阶端面。对图示轴套的磨削加工，为了保证孔 $\phi25^{+0.045}_{0}$ 的加工精度，安排了粗、精磨两个步骤。磨削加工可在万能外圆磨床上进行，具体步骤如下：

（1）以 $\phi45^{0}_{-0.017}$ 外圆定位，将工件夹持在三爪自定心卡盘中，用百分表找正。粗磨 $\phi25$ 内孔。留精磨余量 $0.04\sim0.06\text{mm}$。

（2）更换砂轮，粗、精磨 $\phi40^{+0.027}_{0}$。

（3）更换砂轮，精磨 $\phi25^{+0.045}_{0}$ 内孔。

（4）以 $\phi25^{+0.045}_{0}$ 内孔定位，用心轴安装，粗、精磨 $\phi45^{0}_{-0.017}$ 外圆及台阶面达到要求。

实训成绩评定

学生实训评定成绩填写在表 10-5 中。

表 10-5　实训成绩评定

序　号	项　目	考 核 内 容	配　分	检测工具	得　分
1	外　圆	$\phi45^{0}_{-0.017}\text{mm}$	16	千分尺	
		$R_a0.2\mu\text{m}$	4	目　测	
2		$\phi60\text{mm}$	6	游标卡尺	
		$R_a1.6\mu\text{m}$	4	目　测	
3	内　孔	$\phi44\text{mm}$	6	游标卡尺	
		$R_a1.6\mu\text{m}$	4	目　测	
4		$\phi40^{+0.027}_{0}\text{mm}$	16	游标卡尺	
		$R_a0.4\mu\text{m}$	4	目　测	
5		$\phi25^{+0.045}_{0}\text{mm}$	16	游标卡尺	
		$R_a0.4\mu\text{m}$	4	目　测	
6	沟　槽	$\phi44\text{mm}\times3\text{mm}$	2	游标卡尺	
7	长　度	80mm	2	游标卡尺	
8		20mm	2	游标卡尺	
9		12mm	2	游标深度尺	
10		3mm	2	游标深度尺	
11	工具、设备的使用与维护	合理使用工具、刀具、夹具、量具	2		
12		正确操作磨床，按规定维护保养磨床	3		
13	安全及其他	文明生产、安全操作	5		
	合　计		100		

评分标准：尺寸精度超差时扣该项全部分，粗糙度降一级扣 2 分

项目十一　数控加工

项目导语

　　随着社会生产和科学技术的不断发展，机械产品日趋精密复杂，且改型频繁，尤其是在宇航、军事、造船等领域所需的零件，精度要求高，形状复杂，批量又小。传统的机械加工设备已难以适应市场对产品多样化的要求。正是在这种情况下，一种具有高精度、高效率、灵活、通用性强的"柔性"自动化加工设备——数字程序控制机床（简称数控机床）应运而生。它是机械加工工艺过程自动化与智能化的基础。

学习目标

知识目标：

- 了解数控机床的几种分类方法
- 了解数控加工程序的格式及编程的方法
- 了解数控加工的工艺特点

能力目标：

- 能写出安全、文明生产的有关知识
- 能解释数控机床的控制系统工作原理

任务一　数控机床概述

　　数字控制（Numerical Control，简称 NC）技术是 20 世纪中期发展起来的一种自动控制技术，是用数字化信号进行控制的一种方法。数控机床（Numerical Control Machine Tool）是用数字化信号对机床的运动及其加工过程进行控制的机床，或者说是装备了数控系统的机床。它是一种技术密集度及自动化程度很高的机电一体化加工设备，是数控技术与机床相结合的产物。

　　美国麻省理工学院于 1952 年成功地研制出世界上第一台数控机床。1955 年用于制造航空零件的数控铣床正式问世。此后其他一些工业国家，如德国、日本、英国、俄罗斯等相继开始开发、研制和应用数控机床。我国数控机床的研制是从 1958 年起步的，现在我国众多的机床厂家都能生产各类数控机床。数控机床在制造业中的应用也越来广泛。

一、数控机床的组成

数控机床的种类很多，但任何一种数控机床都主要是由控制介质、数控系统、伺服系统、辅助控制装置及机床本体组成，如图 11-1 所示。

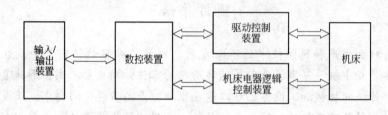

图 11-1　数控机床的组成

（一）控制介质

控制介质是指将零件加工信息传送到控制装置去的程序载体。控制介质有多种形式，它随着数控装置的类型不同而不同，常用的有穿孔纸带、穿孔卡、磁带、磁盘等。近年来，穿孔纸带及穿孔卡已极少使用。有的数控机床还采用数码拨盘或利用键盘直接将程序及数据输入。随着 CAD/CAM 技术的发展，有些 CNC 设备利用 CAD/CAM 软件先在其他计算机上编程，然后通过计算机与数控系统通信，将程序和数据直接传送给数控装置。

（二）数控系统

数控系统是数控机床的核心。现代数控系统通常是一台带有专门系统软件的专用微型计算机。它由输入装置、控制运算器和输出装置等构成。它接受控制介质上的数字化信息，经过控制软件或逻辑电路进行编译、运算和逻辑处理后，输出各种信号和指令控制机床的各个部分，进行规定的、有序的动作。

（三）伺服系统

伺服系统是数控机床的执行机构，是由驱动和执行两大部分组成。它接受数控装置的指令信息，并按指令信息的要求控制执行部件的进给速度、方向和位移。指令信息是以脉冲信息体现的，每一脉冲使机床移动部件产生的位移量叫脉冲当量（常用的脉冲当量为 0.001 ~ 0.01mm）。目前数控机床的伺服系统中，常用的位移执行机构有功率步进电动机、直流伺服电动机和交流伺服电动机，后两者均带有光电编码器等位置测量元件。

（四）辅助控制装置

辅助控制装置是介于数控装置和机床机械、液压部件之间的强电控制装置。它接受数控装置输出的主运动变速、刀具选择交换、辅助装置动作等指令信号，经必要的编译、逻辑判断、功率放大后直接驱动相应的电器、液压、气动和机械部件，以完成各种规定的动作。此外，有些开关信号经辅助控制装置送数控装置进行处理。

（五）机床本体

机床本体是数控机床的主体，是用于完成各种切削加工的机械部分，包括主运动部件、进给运动执行部件，如工作台、滑板及其传动部件和床身立柱支承部件等。

二、数控机床的基本结构特征

由上述数控机床的组成可知，其与普通机床的最主要差别有两点：一是数控机床具有"指挥系统"——数控系统；二是数控机床具有执行运动的驱动系统——伺服系统。其实，数控机床的本体也与普通机床大不相同，从外观上看，数控机床虽然也有普通机床都有的主轴、床身、立柱、工作台、刀架等机械部件，但在设计上已发生了重大变化，集中体现在：

（1）机床刚性大大提高，抗振性能大为改善，如采用加宽机床导轨面、改变立柱和床身内部布肋方式、动平衡等措施。

（2）机床热变形降低。一些重要部件采用强制冷却措施，如有的机床采取了切削液通过主轴外套筒的办法保证主轴处于良好的散热状态。

（3）机床传动结构简化，中间传动环节减少，如用一、二级齿轮传动或"无隙"齿轮传动代替多级齿轮传动，有些结构甚至取消齿轮传动。

（4）机床各运动副的摩擦因数较小，如用精密滚珠丝杠代替普通机床上常见的滑动丝杠，用塑料导轨或滚动导轨代替一般滑动导轨。

（5）机床功能部件增多，如用多刀架、复合刀具或多刀位装置代替单刀架，增加了自动换刀（换砂轮、换电极、换动力头等）装置，实现自动换刀工作台、自动上下料、自动检测等。

三、数控机床的分类

数控机床的种类很多，其分类方法尚无统一规定。一般可按如下几种方式分类。

（一）按控制系统的特点分类

1. 点位控制（Positioning Control）数控机床

点位控制数控机床只控制移动刀具或部件从一点到另一点位置的精确定位，而不控制移动轨迹，在移动和定位过程中不进行任何加工。因此，为了尽可能减少移动刀具或部件的运动与定位时间，通常先以快速移动接近终点坐标，然后以低速准确移动到定位点，以保证定位精度。例如，数控钻床、数控冲床、数控点焊机、数控折弯机等都是点位控制机床。图 11-2 为点位控制系统工作原理图。

2. 直线控制（Straight-line Control）数控机床

直线控制数控机床不仅能控制刀具或移动部件从一个位置到另一个位置的精确移动，而且能以给定的速度，实现平行于坐标轴方向的直线切削加工运动，也称点位直线控制机床。例如一些数控车床、数控磨床、数控镗铣床等都属于直线控制数控机床。图 11-3 为直线控制系统的加工原理图。

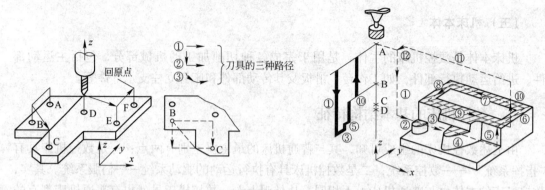

图 11-2　点位控制系统工作原理图　　　　　图 11-3　直线控制系统的加工原理图

3. 轮廓控制（Contour Control）数控机床

轮廓控制数控机床是对两个或两个以上坐标轴同时进行控制。它不仅要控制机床移动部件的起点和终点坐标，而且要控制加工过程中每一点的速度、方向和位移量，即必须控制加工的轨迹，加工出要求的轮廓。运动轨迹是任意斜率的直线、圆弧、螺旋线等，因此轮廓控制又称连续控制。大多数数控机床具有轮廓控制功能，如数控车床、数控铣床、加工中心等。图 11-4 为轮廓控制系统工作示意图。

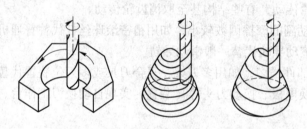

图 11-4　轮廓控制系统工作示意图

（二）按执行机构的控制方式分类

1. 开环控制（Open Loop Control）数控机床

开环数控机床一般采用由功率步进电动机驱动的开环进给伺服系统，即不带反馈装置的控制系统。其执行机构通常采用功率步进电动机或电液脉冲马达（由步进电动机与液压扭矩放大器组成），如图 11-5 所示。数控装置发出的脉冲指令通过环形分配

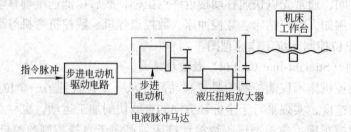

图 11-5　开环控制系统框图

器和驱动电路，使步进电动机转过相应的步距角度，再经过传动系统，带动工作台或刀架移动。

2. 闭环控制（Closed Loop Control）数控机床

闭环数控机床的进给伺服系统是按闭环原理工作的。图 11-6 所示为典型的闭环进给系统。将位置检测装置安装于机床运动部件上，加工中将测量到的实际位置值反馈。数控装置将反馈信号与位移指令随时进行比较，根据其差值与指令进给速度的要求，按一定规律转换后，得到进给伺服系统的速度指令。另外通过与伺服电动机刚性联接的测速元件，随时实测驱动电动机的转速，得到速度反馈信号，将其与速度指令信号相比较，以其比较的差值对伺服电动机的转速随时进行校正，直至实现移动部件工作台的最终精确定位。利用上述位置控制与速度控制两个回路，可获得比开环进给系统精度更高、速度更快等特性指标。

3. 半闭环控制（Semi-Closed Loop Control）数控机床

半闭环数控机床，是将位置检测装置安装于驱动电动机轴端或安装于传动丝杠端部（如图 11-7 中虚线所示），间接地测量移动部件（工作台）的实际位置或位移，如图 11-7 所示。其精度高于开环系统，低于闭环系统。

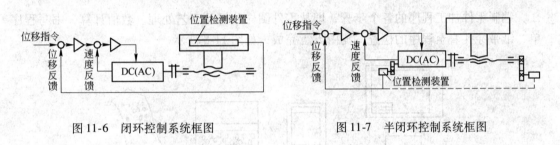

图 11-6 闭环控制系统框图   图 11-7 半闭环控制系统框图

（三）按数控机床的性能分类

1. 低档数控机床

低档数控机床又称经济型数控机床。其特点是根据实际加工要求，合理地简化系统以降低机床价格。在我国，将由单片机或单板机与步进电动机构成的数控系统以及一些功能简单、价格低的系统称为经济型数控系统。主要用于车床、线切割机床以及旧机床的数控改造等。低档数控机床的主 CPU 一般为 8 位或 16 位，用数码管或简单 CRT 显示。采用开环步进电动机驱动，脉冲当量为 $0.01 \sim 0.005$mm，快进速度为 $4 \sim 10$m/min。

2. 中档数控机床

中档数控机床主 CPU 一般为 16 位或 32 位，具备较齐全的 CRT 显示，可以显示字符和图形，进行人机对话，自诊断等。伺服系统为半闭环直流或交流伺服系统，脉冲当量为 $0.005 \sim 0.001$mm，快进速度为 $15 \sim 24$m/min。

3. 高档数控机床

高档数控机床主 CPU 一般为 32 位或 64 位，CRT 显示除具备中档的功能外，还具有三维图形显示等。伺服系统为闭环的直流或交流伺服系统，脉冲当量为 $0.001 \sim 0.0001$mm，快进速度为 15~100m/min。

上述三种分类方法实际上主要是按数控机床所配备的数控系统的功能水平进行横向分类的。若从用户使用角度考虑，按机床加工特性或能完成的主要加工工序即按机床的工艺用途来分类可能更为合适。

（四）按数控机床的工艺用途分类

数控机床是在传统的普通机床的基础上发展起来的，各种类型的数控机床基本上起源于同类型的普通机床，按其工艺用途可分为：（1）数控车床；（2）数控铣床；（3）数控镗床；（4）加工中心；（5）数控磨床；（6）数控钻床；（7）数控拉床；（8）数控刨床；（9）数控齿轮加工机床；（10）数控线切割机床；（11）数控电火花成形机床；（12）数控板材成形加工机床；（13）数控管料成形加工机床；（14）数控激光加工机床；（15）数控超声波加工机床；（16）其他数控机床。

四、数控机床编程方法简述

（一）手工编程

编制零件加工程序的各个步骤，即从零件图样分析及工艺处理、数值计算、书写程序单、纸带穿孔直至程序的检查，均由人工完成，如图 11-8 所示。

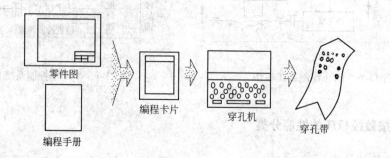

图 11-8　手工编程过程

为了缩短生产周期，提高数控机床的利用率，采用手工编程已不能满足要求，必须采用自动编程。

（二）自动编程

自动编程时，编程人员只要根据图样和工艺要求，使用规定的数控语言编写出一个较简短的零件加工源程序，并将其输入到计算机中，计算机自动地进行处理，计算出刀具中心运动轨迹，编制出零件加工程序，并自动制作出穿孔带。由于计算机可自动绘出零件图形和进刀轨迹，因此程序编制人员可及时检查程序是否正确和及时修改错误，以获得正确的程序。由于计算机代替了人工手工操作计算，并省去了书写程序单及制作穿孔带的工作量，因而可提高工作效率几十倍，甚至上百倍。其编程过程如图 11-9 所示。

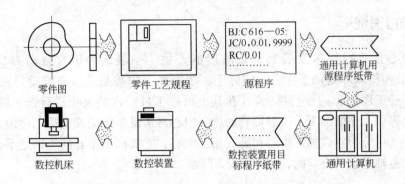

零件图　　　零件工艺规程　　　源程序　　　通用计算机用源程序纸带

数控机床　　　数控装置　　　数控装置用目标程序纸带　　　通用计算机

图 11-9　自动编程过程

任务二　常见数控机床简介

一、数控车床

图 11-10 所示为一台数控车床的外观图。数控车床一般具有两轴联动功能，Z 轴是与主轴方向平行的运动轴，X 轴是在水平面内与主轴方向垂直的运动轴。在车铣加工中心上还多了一个 C 轴。C 轴用于实现工件的分度功能，在刀架中可安放铣刀，对工件进行铣削加工。

二、数控铣床

世界上第一台数控机床就是数控铣床。它适于加工三维复杂曲面，在汽车、航空航天、模具等行业被广泛采用。图 11-11 为数控铣床，随着时代的发展，数控铣床趋于加工中心。

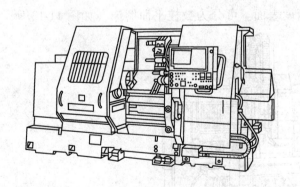

图 11-10　数控车床

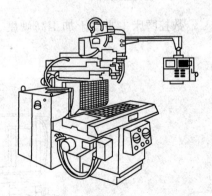

图 11-11　数控铣床

可是，目前由于有较低的价格、方便灵活的操作性能、较短的准备工作时间等原因，数控铣床仍被广泛应用，它可分为数控立式铣床、数控卧式铣床、数控仿形铣床等。

三、加工中心

加工中心是数控机床发展到一定阶段的产物。一般认为带有自动刀具交换装置（ATC）的数控机床即是加工中心。实际上，数控加工中心是"具有自动刀具交换装置，并能进行多种工序加工的数控机床"。在其上可在工件一次装夹中进行铣、镗、钻、扩、铰、攻螺纹等多工序的加工。一般提到的加工中心常常是指能完成上述工序内容的镗铣加工中心。它又可分为立式加工中心和卧式加工中心，立式加工中心的主轴是垂直的，卧式加工中心的主轴是水平方向的，如图 11-12 所示。

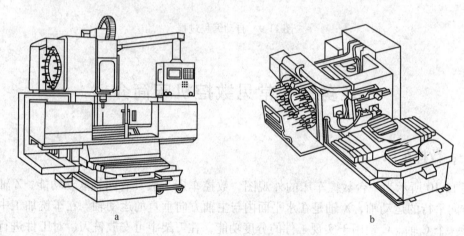

图 11-12　加工中心

a—立式加工中心；b—卧式加工中心

在加工中心上，一个工件可以通过夹具安放在回转工作台或交换托盘上，通过工作台的旋转可以加工多面体，通过托盘的交换可更换加工的工件，提高了加工效率。

四、数控磨床

数控磨床主要用于加工高硬度、高精度表面。可分为数控平面磨床（如图 11-13 所

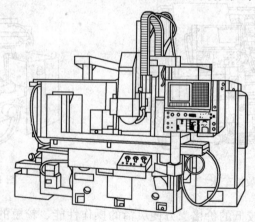

图 11-13　数控平面磨床

示)、数控内圆磨床、数控轮廓磨床等。随着自动砂轮补偿技术、自动砂轮修整技术和磨削固定循环技术的发展，数控磨床的功能越来越强。

五、数控钻床

图 11-14 所示为数控钻床的例子。它主要完成钻孔、攻螺纹功能，同时也可以完成简单的铣削功能，刀库可存放多种刀具。数控钻床可分为数控立式钻床和数控卧式钻床。

六、数控电火花成形机床

图 11-15 所示为数控电火花成形机床，属于一种特种加工机床。其工作原理是利用两个不同极性的电极在绝缘液体中产生放电现象，去除材料进而完成加工。非常适用于形状复杂的模具及难加工材料的加工。

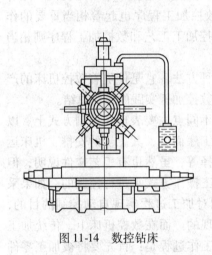

图 11-14　数控钻床

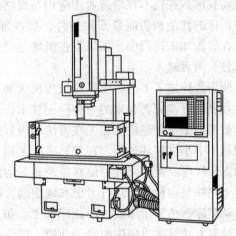

图 11-15　数控电火花成形机床

七、数控线切割机床

数控线切割机床如图 11-16 所示，其工作原理与电火花成形机床一样，其电极是电极

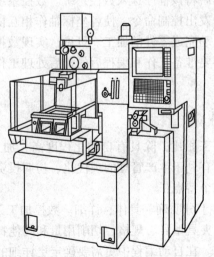

图 11-16　数控线切割机床

丝，加工液一般采用去离子水。

任务三　数控加工工艺

一、数控加工概述

数控加工就是根据零件图样及其加工工艺等要求编制好数控加工程序，并将其输入到数控系统中，控制数控机床刀具与工件之间的相对运动，从而完成零件的加工过程。随着我国数控机床用户的不断增加，应用领域的不断扩大，努力提高数控加工技术水平，已成为推动我国数控技术在制造业中应用与发展的重要环节。数控加工技术水平的提高，除与数控机床的性能和功能紧密相关外，数控加工工艺与数控加工程序也起着相当重要的作用。在数控加工过程中，如果数控机床是硬件的话，数控加工工艺和数控加工程序则相当于软件，两者缺一不可。

所谓数控加工工艺，就是用数控机床加工零件的一种方法。它是伴随着数控机床的产生、发展而逐步完善起来的一种应用技术，是人们大量数控加工实践的经验总结。

数控加工与普遍机床加工在方法和内容上很相似，不同点主要表现在控制方式上。以机械加工中小批零件为例，在普通机床上加工，就某道工序而言，其工步的安排、机床运动的先后次序、走刀路线、位移量及相关切削参数的选择等，虽然也有工艺文件说明，但实际上往往是由操作者自行考虑和确定的，而且是用手工操作方式来进行控制的。如果采用自动车床、仿形车床或仿形铣床加工，虽然也能达到对加工过程实现自动控制的目的，但其控制方式是通过预先配置的凸轮、挡块或靠模来实现的。而在数控机床上，传统加工过程中的人工操作均被数控系统的自动控制所取代。其工作过程是：首先要将被加工零件图上的几何信息和工艺信息及开关量信息数字化，即将刀具与工件的相对运动轨迹、加工过程中主轴转度和进给速度、冷却液的开关、工件和刀具的交换等动作，按规定的代码和格式编成数控加工程序，然后将该程序送入数控系统。数控系统则按照程序的要求，先进行相应的运算、处理，然后发出控制命令，使各坐标轴作相互协调的运动，从而实现刀具与工件之间的相对运动，自动完成零件的加工。可见，实现数控加工，编程是关键。但必须有编程前的数控工艺做必要准备工作和编程后的善后处理工作。严格说来，数控编程也属于数控加工工艺的范畴。

二、数控加工的特点

数控加工与普通机床加工相比，除具有自动化程度高、加工精度高、加工质量稳定、生产效率高、经济效益好、有利于生产管理的现代化、初期投资大、设备使用及维修费用高等特点外，还具有如下几个特点：

（1）数控加工工艺内容十分明确、具体、详细。数控加工工艺不仅包括详细描述的切削加工步骤，而且还包括工夹具型号、规格、切削用量和其他特殊要求的内容以及标有数控加工坐标位置的工序图等。在自动编程中更需要确定更详细的各种工艺参数。

（2）数控加工工艺工作相当准确而且严密。由于数控机床自适应性较差，不能像普通机床加工时可以根据加工过程中出现的问题由操作者自由地进行调整。比如攻螺纹时，在普通机床上操作者可以随时根据孔中是否挤满了切屑而决定是否需要退一下刀或先清理一下切屑再加工，而数控机床却不可以，因此，这些情况必须事先由数控工艺员精心考虑，否则可能会导致严重的后果。另外，普通机床加工零件时，通常是经过多次"试切"来满足零件的加工精度要求，而数控加工则是严格按照程序规定的尺寸进给的，因此要准确无误。在实际工作中，由于一个字符、一个小数点或一个逗号的差错而酿成重大机床事故和质量事故的例子屡见不鲜。因此，数控加工工艺设计要求更加严密、准确，即必须注意加工过程中的每一个细节，做到万无一失。尤其是在对图形进行数学处理、计算和编程时，一定要准确无误。

（3）数控加工工艺的特殊要求。1）由于数控机床较普通机床的刚度高，所配的刀具也较好，因而在同等情况下，所采用的切削用量通常要比普通机床大，加工效率也较高。选择切削用量时要充分考虑这些特点。2）由于数控机床的功能复合化程度越来越高，因此，工序相对集中是现代数控加工工艺的特点，明显表现为工序数目少，工序内容多，并且由于在数控机床上尽可能安排较复杂的工序，所以数控加工的工序内容要比普通机床加工的工序内容复杂。3）由于数控机床加工的零件比较复杂，因此在确定装夹方式和夹具设计时，要特别注意刀具与夹具、工件的干涉问题。

（4）数控加工程序的编写、校验与修改是数控加工工艺的一项特殊内容。制定数控加工工艺的着重点在于整个数控加工过程的分析，关键在确定走刀路线及生成刀具运动轨迹。复杂表面的刀具运动轨迹生成需借助自动编程软件，既是编程问题，当然也是数控加工工艺问题，这也是数控加工工艺与普通机械加工工艺最大的不同之处。

习题与实训

习题

1. 何谓数控机床，数控机床是由哪几部分组成的？
2. 简述数控机床的分类方法。
3. 简述数控机床与普通机床的区别。
4. 简述手工编程的内容与步骤。
5. 简述数控加工的特点。

实训（略）

参 考 文 献

[1] 高美兰. 金工实习[M]. 北京：机械工业出版社，2007.

[2] 单小君. 金属材料与热处理[M]. 北京：中国劳动社会保障出版社，2001.

[3] 王长忠. 电焊工技能训练[M]. 3 版. 北京：中国劳动社会保障出版社，2007.

[4] 邱葭菲. 焊工工艺学[M]. 3 版. 北京：中国劳动社会保障出版社，2005.

[5] 朱江峰，姜英. 钳工技能训练[M]. 北京：北京理工大学出版社，2010.

[6] 马喜法，等. 钳工实训与技能考核训练教程[M]. 北京：机械工业出版社，2008.

[7] 于文强，等. 金工实习教程[M]. 北京：清华大学出版社，2010.

[8] 栾镇涛，等. 金工实习[M]. 北京：机械工业出版社，2001.

[9] 全燕鸣. 金工实训[M]. 北京：机械工业出版社，2001.

[10] 彭德荫，等. 车工工艺与技能训练[M]. 北京：中国劳动社会保障出版社，2001.

[11] 明立军，文恒钧. 车工实训教程[M]. 北京：机械工业出版社，2007.

[12] 王公安. 车工工艺学[M]. 北京：中国劳动社会保障出版社，2005.

[13] 阎红. 金属工艺学[M]. 重庆：重庆出版社，2007.

[14] 陈海魁. 机械制造工艺基础[M]. 北京：中国劳动社会保障出版社，2007.

[15] 陈海魁. 车工技能训练[M]. 北京：中国劳动社会保障出版社，2005.